全国高职高专教育"十二五"规划教材

单片机应用技术项目化教程

——基于 Proteus 与 Keil C

主　编　杨　杰

副主编　余红英　方向红

参　编　杨　静　侯秀丽

向　楠　谭宇硕

东南大学出版社

·南京·

内容简介

本书紧密结合高职高专教育特点，主动适应社会实际需要，突出应用性、针对性，加强实践能力的培养。以项目为载体，以讲清概念、强化应用为重点，循序渐进地阐述了51系列单片机的基本结构和各种应用，突出了在不同应用中的硬件电路设计、单片机程序编写。本书共分8个项目，具体包括：单片机最小系统构建、LED循环灯的设计、数码管的显示设计、开关电路设计、LED点阵显示单元设计、LCD显示屏设计、单片机通信单元设计和综合项目训练。本书还介绍了Proteus仿真软件、Keil编译软件、程序烧写软件及部分字模软件。

本书可作为高等职业院校、高等专科院校、成人高校、民办高校及本科院校举办的二级职业技术学院电子信息类、通信类及相关专业的教学用书，也适用于五年制高职相关专业，并可作为社会从业人士的业务参考书及培训用书。

图书在版编目(CIP)数据

单片机应用技术项目化教程：基于Proteus与Keil C / 杨杰主编. ——南京：东南大学出版社，2014.9
ISBN 978-7-5641-4724-2

Ⅰ. ①单… Ⅱ. ①杨… Ⅲ. ①单片微型计算机—高等职业教育—教材 Ⅳ. ①TP368.1

中国版本图书馆CIP数据核字(2013)第320023号

单片机应用技术项目化教程：基于Proteus与Keil C

出版发行：东南大学出版社
社　　址：南京市四牌楼2号　邮编：210096
出 版 人：江建中
网　　址：http://www.seupress.com
经　　销：全国各地新华书店
印　　刷：南京玉河印刷厂
开　　本：787mm×1092mm　1/16
印　　张：14.25
字　　数：332千字
版　　次：2014年9月第1版
印　　次：2014年9月第1次印刷
印　　数：1—3000册
书　　号：ISBN 978-7-5641-4724-2
定　　价：27.00元

随着电子技术的发展，单片机在现代电子技术方面得到了广泛的应用。本书在编写过程中结合高等职业教育的特点，力求面向应用、面向职业岗位。融入现代高等职业教育的新理念，更新教学观念和内容，以项目为载体，简化了单片机结构和工作原理的讲述，将基本概念、基本原理和基本分析及设计方法、项目仿真和制作相融合，大大增强了项目的实用性和针对性，调动了学生动手练习的积极性，突出了培养学生能力和学以致用的思想。

本书紧密结合高职高专的教育特点，主动适应社会实际需要，突出应用性、针对性，加强实践能力的培养。以项目为载体，能力培养为主线，突出思路与方法的阐述，以讲清概念、强化应用为重点，深入浅出地阐述了 51 系列单片机在实际电路系统中的应用方法。

本书主要内容包括：单片机最小系统构建、LED 循环灯的设计、数码管的显示设计、开关电路设计、LED 点阵显示单元设计、LCD 显示屏设计、单片机通信单元设计和综合项目训练。书中还介绍了 Proteus 仿真软件、Keil 编译软件、程序烧写软件及部分字模软件。项目任务的安排上突出了循序渐进的特点，由浅入深、由易到难，非常容易上手；项目任务的选择上具有很强的针对性和实用性，很好地实现了知识点和项目任务的融合。

本书由芜湖职业技术学院杨杰老师担任主编，芜湖职业技术学院余红英老师、淮南联合大学方向红老师担任副主编，芜湖职业技术学院杨静老师、安徽商贸职业技术学院侯秀丽老师、安徽国防科技职业学院向楠老师和石家庄邮电职业技术学院谭宇硕老师参加了编写工作。编者在本书编写过程中参考了相关文献，还得到了东南大学出版社的大力支持，在此一并表示感谢。

由于时间仓促，加之编者水平有限，疏漏及不妥之处在所难免，恳请读者批评指正。

编者

2013 年 10 月

项目1 单片机最小系统构建

学习目标

1. 熟悉单片机的结构组成及存储器组织,理解各并行口的作用;
2. 掌握Keil、Proteus ISIS软件的使用;
3. 掌握单片机最小系统的组成,学会搭建单片机最小系统和下载电路,并使用STC-ISP软件烧写STC单片机程序。

1.1 工作任务

项目名称 单片机最小系统的构建。

功能要求 构建单片机最小系统,点亮一个发光二极管。

设计要求

(1)用Proteus ISIS软件绘制电路原理图;

(2)使用Keil软件编辑源文件,编译、链接生成目标代码文件;

(3)将目标代码文件载入,在Proteus ISIS软件中仿真,验证结果。

1.2 相关知识链接

1.2.1 数制、编码等相关知识回顾

1. 数制

(1) 数制是计数的规则,按进位规则可分为十进制和其他进制等。在单片机学习中,常用的进制有十进制、二进制和十六进制。

• 十进制:是人们生活中普遍采用的计数制,有0~9十个数码,逢十进一,常在数值后加字母D(通常省略)标识;

• 二进制:是计算机系统中使用的计数制,只有0、1两个数码,逢二进一,常在数值后加字母B标识;

• 十六进制：有 0～9、A～F 共 16 个数码；逢十六进一，常在数值后加字母 H 标识。

(2) 各数制之间的转换原则(仅限整数)

a) 其他进制转换为十进制：按权展开(x 进制的小数点左边第 n 位整数的权是 x^{n-1})。

【例 1-1】 将 110101B 及 A5EDH 转换成十进制数。

解：$110101B=1\times2^5+1\times2^4+1\times2^2+1\times2^0=53$

$A5EDH=10\times16^3+5\times16^2+14\times16^1+13\times16^0=42477$

b) 十进制转换为其他进制：除基数取余数，自下而上(若需转换为 n 进制，其基数即为 n)。

【例 1-2】 将 79 转换成二进制和十六进制数。

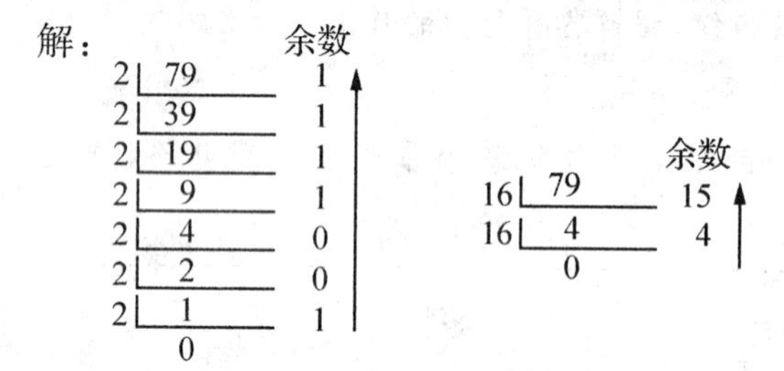

所以 79＝1001111B＝4FH

c) 二进制与十六进制之间的转换：4 位二进制数对应 1 位十六进制数(见表 1-1)。

表 1-1　三种进制数的对应关系

十进制	二进制	十六进制	十进制	二进制	十六进制
0	0000B	0H	8	1000B	8H
1	0001B	1H	9	1001B	9H
2	0010B	2H	10	1010B	AH
3	0011B	3H	11	1011B	BH
4	0100B	4H	12	1100B	CH
5	0101B	5H	13	1101B	DH
6	0110B	6H	14	1110B	EH
7	0111B	7H	15	1111H	FH

2. 字符的 ASCII 编码

由于计算机能识别的是二进制数，所以大小写英文字母及其他常用字符在计算机中存储和操作时需要转换成二进制编码。常用的是美国信息交换标准代码(American Standard Code for Information Interchange，简称 ASCII 码)，它用一个字节(8 位二进制数)编码表示 256 个字符，当最高位为 0 时，表示 128 个标准 ASCII 码字符(见表 1-2)；最高位为 1 时，是扩展 ASCII 码。

表 1-2 标准 ASCII 码表

$D_6D_5D_4$ / $D_3D_2D_1D_0$	000	001	010	011	100	101	110	111
0000	NUL	DLE	SP	0	@	P	、	p
0001	SOH	DC1	!	1	A	Q	a	q
0010	STX	DC2	"	2	B	R	b	r
0011	ETX	DC3	#	3	C	S	c	s
0100	BOT	DC4	$	4	D	T	d	t
0101	ENQ	MAK	%	5	E	U	e	u
0110	ACK	SYN	&	6	F	V	f	v
0111	BEL	ETB	’	7	G	W	g	w
1000	BS	CAN	(	8	H	X	h	x
1001	HT	EM	)	9	I	Y	i	y
1010	LF	SUB	*	:	J	Z	j	z
1011	VT	ESC	+	;	K	[	k	[
1100	FF	FS	,	<	L	\	1	|
1101	CR	GS	—	=	M	]	m	]
1110	SO	RS	.	>	N	ˆ	n	~
1111	ST	US	/	?	0	_	0	DEL

3. 计算机中带符号数的表示方法

计算机中带符号数的存储和运算均采用补码形式，那么什么是原码、反码和补码呢？

(1) 原码

带符号数的最高位为符号位(0 表示正数，1 代表负数)，其余位为数值的二进制表示形式，如：－85 的原码为 11010101B。

(2) 反码

正数的反码与原码一致，负数的反码等于其符号位不变，其余位按位取反，如－85 的反码是 10101010B。

(3) 补码

正数的补码与原码相同，负数的补码等于反码加 1。如－85 的补码是 10101011B。

已知补码求其原码：可对补码求补。

1.2.2 单片机及基本结构

单片机的“片”是指集成电路芯片，在一片集成电路芯片上集成运算器、控制器、存储器、I/O 接口电路，就构成了单片机。单片机是一种通过编程实现控制的微处理器。

单片机体积小、价格低，功能强大，因此被广泛应用于智能仪器仪表、工业测控、机电一体化产品、家用电器、军事国防等领域。

单片机种类很多，常用的有MCS-51系列、PIC系列和AVR系列等，由于MCS-51系列8位单片机结构简单、应用广泛、资料丰富，非常适合初学者作为入门级芯片学习，如图1-1所示。8051是MCS-51中的典型品种，其他型号除了程序存储器结构不同外，其内部结构完全相同。本项目以80C51系列(以8051为基核开发的CHMOS工艺产品)的40引脚双列直插式芯片为例[图1-1(b)]，介绍单片机的内部结构和最小系统组成。

(a) 20引脚双列直插式　(b) 40引脚双列直插式　(c) 贴片封装型

图1-1　常见51系列单片机外形

1. 80C51单片机的基本结构

80C51基本型单片机的组成如图1-2所示，它主要由中央处理单元(CPU)、程序存储器(ROM/EPROM/Flash)、数据存储器(RAM)及特殊功能寄存器(SFR)、四个并行口、一个串行口组成，此外还包括定时/计数器、中断系统和时钟电路等。其典型产品配置见表1-3，注意其中80C31及80C32单片机没有片内程序存储器，所以这两种产品在应用中必然要接外部程序存储器。

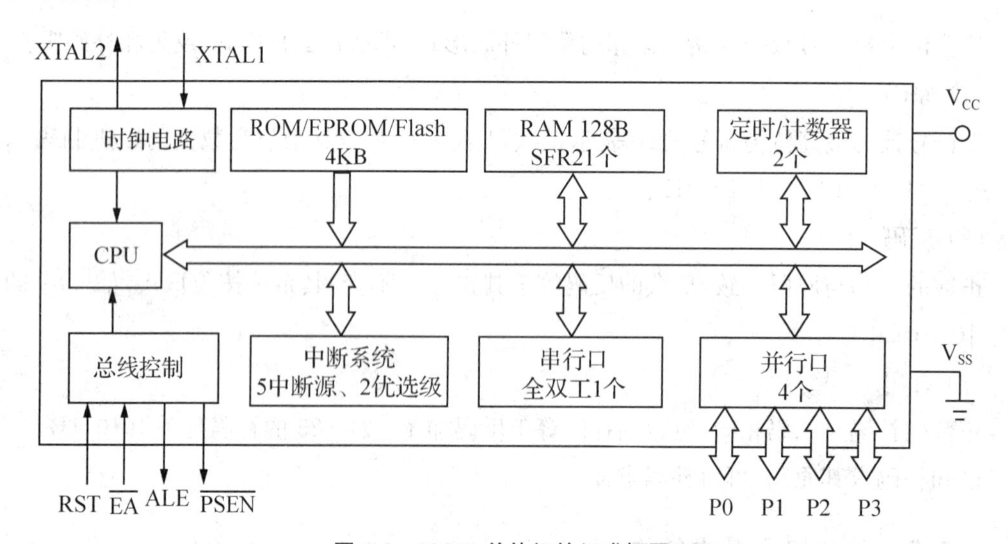

图1-2　80C51单片机的组成框图

CPU是单片机的核心，主要由运算器、控制器组成，运算器包括一个8位算术/逻辑运输单元ALU、累加器ACC、寄存器B、暂存器、程序状态字寄存器PSW等，控制器由指令寄存器 IR、指令译码及控制逻辑单元组成。

CPU 总是以程序计数器 PC 的内容作为地址，从内存中取指令码的。PC 是一个 16 位的计数器，它总是存放着下一个要取指令的存储单元地址。每取完一个字节后，PC 内容自动加 1；单片机上电或复位时，PC 装入地址 0000H，程序自动从头开始执行。

表 1-3　80C51 系列典型产品配置

分类	芯片型号	存储器类型及字节数		片内其他功能单元数量			
		ROM	RAM	并口	串口	定时/计数器	中断源
基本型	80C31	无	128	4 个	1 个	2 个	5 个
	80C581	4K 掩模	128	4 个	1 个	2 个	5 个
	87C51	4K	128	4 个	1 个	2 个	5 个
	89C51	4K Flash	128	4 个	1 个	2 个	5 个
增强型	80C32	无	256	4 个	1 个	3 个	6 个
	80C52	8K 掩模	256	4 个	1 个	3 个	6 个
	87C52	8K	256	4 个	1 个	3 个	6 个
	89S52	8K Flash	256	4 个	1 个	3 个	6 个

2. 80C51 的引脚（图 1-3）

（1）并行口引脚 32 个

- P0.0～P0.7：P0 口。
- P1.0～P1.7：P1 口。
- P2.0～P2.7：P2 口。
- P3.0～P3.7：P3 口，除作为一般 I/O 口，还有以下功能：RXD、TXD 构成串口；$\overline{INT0}$、$\overline{INT1}$为外部中断引脚；T0、T1 为定时/计数器引脚；$\overline{WR}$是读允许，$\overline{RD}$是写允许。

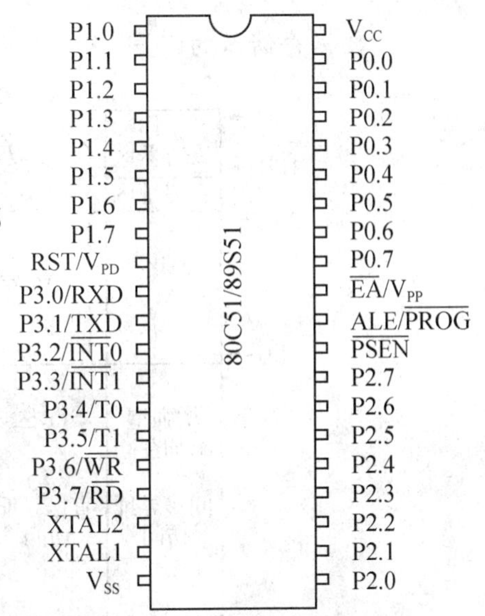

图 1-3　40 引脚单片机封装

（2）电源引脚 2 个

- V_{CC}：电源接入引脚；
- V_{SS}：接地引脚。

（3）时钟引脚 2 个：XTAL1、XTAL2

（4）控制引线引脚 4 个：（只介绍常用功能）

- RST：复位信号输入引脚；
- ALE：地址锁存允许信号输出引脚；
- $\overline{EA}$：内外程序存储器选择引脚；
- $\overline{PSEN}$：外部程序存储器选通信号输出引脚。

各引脚的含义在后续内容中还会涉及，这里只需简单了解即可。

1.2.3 80C51 的存储器组织

1. 程序存储器配置

- $\overline{EA}$的作用：片内外 ROM 的选择端。

$\overline{EA}$=1：先内后外，即当程序存储地址在 0000H～0FFFH 时，选择内部 ROM，而当地址超过 0FFFH 时，选择外部 ROM；

$\overline{EA}$=0：选外部 ROM。80C31、80C32 由于无内部 ROM，必须这样接。

- $\overline{PSEN}$作用：片外 ROM 芯片的选通端，$\overline{PSEN}$=0 时，选通外部 ROM。

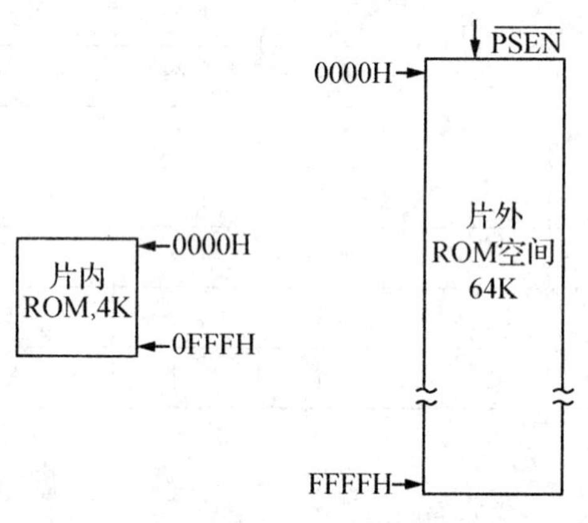

图 1-4 程序存储器配置

2. 数据存储器的配置

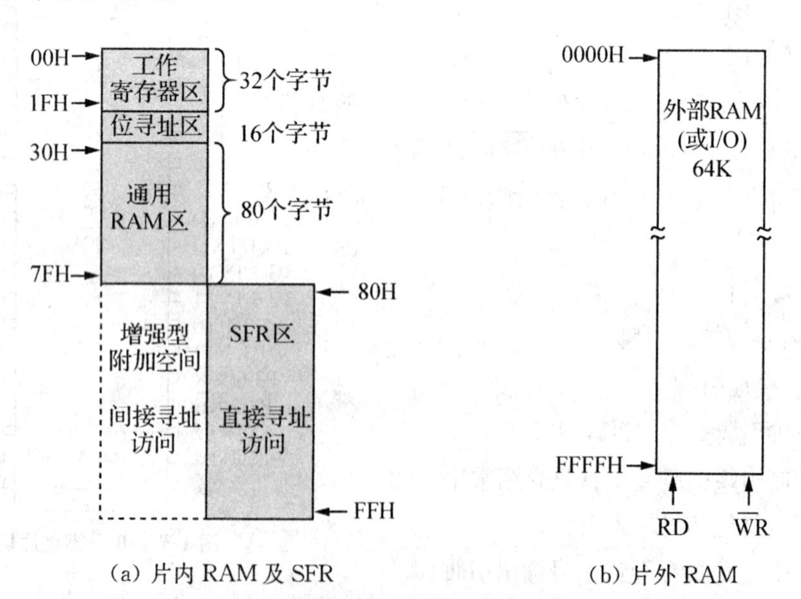

图 1-5 数据存储器与特殊功能寄存器的组成

片内数据存储器共 128 字节，分为三个区：

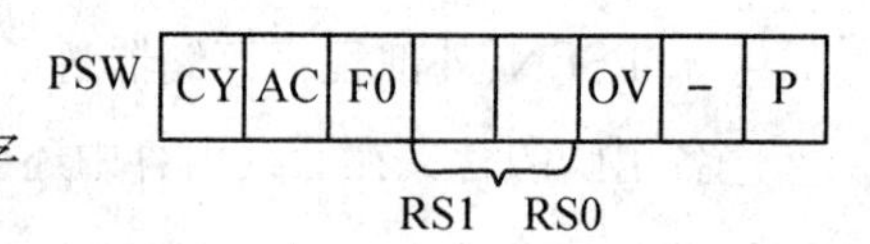

- 工作寄存器区(00H～1FH)共 32 个字节，每个字

节作为一个工作寄存器，分成四个组，每个组都有 8 个寄存器，分别用 R0～R7 表示。任一时刻，CPU 只能使用其中一组寄存器（被称为当前寄存器组）来存放操作数及中间结果。当前工作寄存器组的选择由特殊功能寄存器 PSW 中的 RS1、RS0 的组合来决定（见表 1-4）。

表 1-4　RS1、RS0 与当前工作寄存器组的选择

RS1	RS0	当前工作寄存器组
0	0	第 0 组
0	1	第 1 组
1	0	第 2 组
1	1	第 3 组

• 位寻址区（20H～2FH）：这个区内的每个字节的每一位都有自身的位地址，因而可以位操作。

• 通用 RAM 区：可以作为数据缓存器使用。一般应用中，常把堆栈开辟在此区。

片外程序存储器最多可扩展容量为 64KB，其数据的读/写由 $\overline{RD}$ 和 $\overline{WR}$ 控制（低电平有效）。

凡字节地址能被 8 整除的（即十六进制地址尾数为 0 或 8）的单元是具有位地址的特殊功能寄存器。

下面介绍几个常用的 SFR，其他寄存器的具体含义和应用见以后各项目。

• 累加器 ACC：它是 80C51 中工作最繁忙的寄存器，用于向 ALU 提供操作数及存放运算结果。

• 程序状态字寄存器 PSW：保存 ALU 运算结果的特征和处理器状态，其各位的含义为：

CY——进位（或借位）位，有进位（或借位）时，CY＝1；

AC——半进位（或借位）标志，低半字节向上有进位或借位时，AC＝1；

F0——用户自定义位；

OV——溢出标志位，有溢出时，OV＝1；

P——奇偶标志位，存于 ACC 中的运算结果有奇数个 1 时，P＝1。

• 数据指针 DPTR：由两个 8 位寄存器 DPH 和 DPL 构成的 16 位寄存器，用来存放 16 位地址。

• 堆栈指针 SP：是一个 8 位寄存器，用于存放堆栈的地址，它总是指向堆栈的顶部。

• 并行口寄存器 P0～P3：通过对这四个寄存器的读/写，可以实现数据从对应并行口的输入/输出。

表 1-5 SFR 位地址及字节地址表

SFR 名称	符号	位地址/位定义名/位编号								字节地址
		D_7	D_6	D_5	D_4	D_3	D_2	D_1	D_0	
B 寄存器	B	F7H	F6H	F5H	F4H	F3H	F2H	F1H	F0H	(F0H)
累加器 A	ACC	E7H	E6H	E5H	E4H	E3H	E2H	E1H	E0H	(E0H)
		ACC. 7	ACC. 6	ACC. 5	ACC. 4	ACC. 3	ACC. 2	ACC. 1	ACC. 0	
程序状态字寄存器	PSW	D7H	D6H	D5H	D4H	D3H	D2H	D1H	D0H	(D0H)
		CY	AC	F0	RS1	RS0	OV	F1	P	
		PSW. 7	PSW. 6	PSW. 5	PSW. 4	PSW. 3	PSW. 2	PSW. 1	PSW. 0	
中断优先级控制寄存器	IP	BFH	BEH	BDH	BCH	BBH	BAH	B9H	B8H	(B8H)
					PS	PT1	PX1	PT0	PX0	
I/O 端口 3	P3	B7H	B6H	B5H	B4H	B3H	B2H	B1H	B0H	(B0H)
		P3. 7	P3. 6	P3. 5	P3. 4	P3. 3	P3. 2	P3. 1	P3. 0	
中断允许控制寄存器	IE	AFH	AEH	ADH	ACH	ABH	AAH	A9H	A8H	(A8H)
		EA			ES	ET1	EX1	ET0	EX0	
I/O 端口 2	P2	A7H	A6H	A5H	A4H	A3H	A2H	A1H	A0H	(A0H)
		P2. 7	P2. 6	P2. 5	P2. 4	P2. 3	P2. 2	P2. 1	P2. 0	
串行数据缓冲器	SBUF									99H
串行控制寄存器	SCON	9FH	9EH	9DH	9CH	9BH	9AH	99H	98H	(98H)
		SM0	SM1	SM2	REN	TB8	RB8	TI	RI	
I/O 端口 1	P1	97H	96H	95H	94H	93H	92H	91H	90H	(90H)
		P1. 7	P1. 6	P1. 5	P1. 4	P1. 3	P1. 2	P1. 1	P1. 0	
定时/计数器 1（高字节）	TH1									8DH
定时/计数器 0（高字节）	TH0									8CH
定时/计数器 1（低字节）	TL1									8BH
定时/计数器 0（低字节）	TL0									8AH
定时/计数器方式选择	TMOD	GATE	$C/\overline{T}$	M1	M0	GATE	$C/\overline{T}$	M1	M0	89H

续表

SFR 名称	符号	位地址/位定义名/位编号								字节地址
		D_7	D_6	D_5	D_4	D_3	D_2	D_1	D_0	
定时/计数器控制寄存器	TCON	8FH	8EH	8DH	8CH	8BH	8AH	89H	88H	(88H)
		TF1	TR1	TF0	TR0	IE1	IT1	IE0	IT0	
电源控制及波特率选择	PCON	SMOD				GF1	GF0	PD	IDL	87H
数据指针（高字节）	DPH									83H
数据指针（低字节）	DPL									82H
堆栈指针	SP									81H
I/O 端口 0	P0	87H	86H	85H	84H	83H	82H	81H	80H	(80H)
		P0.7	P0.6	P0.5	P0.4	P0.3	P0.2	P0.1	P0.0	

1.2.4 80C51 的并行口结构与功能

80C51 有四个并行 I/O 口 P0、P1、P2、P3，各口均由口锁存器、输入缓冲器和输出驱动器构成，除可作为一般的 I/O 口使用外，还有各自的结构特点和应用特性。

1. P0 口

如图 1-6 所示为 P0 口的位结构，实际的 P0 口由八个同样的位结构构成。电路由一个输出 D 锁存器、一个可控混合开关 MUX、两个三态缓冲器、输出驱动电路、一个反相器和一个与门组成。输出驱动电路由场效应管 T0 和 T1 组成，当栅极加高电平时，场效应管截止，栅极加高电平，场效应管导通。P0 口由于漏极开路，因此必须外接上拉电阻。

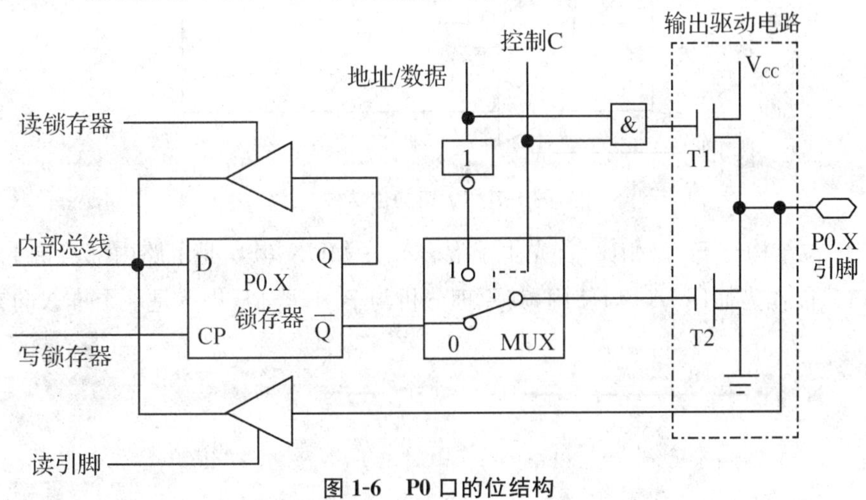

图 1-6 P0 口的位结构

(1) 作为通用I/O口(硬件自动使控制C=0，MUX打向如图1-6所示位置)

作为输出口线时：由于C=0，T1截止，当写锁存器信号有效时，$\overline{Q}$将内部总线的数据取反，通过MUX加到T2的栅极上。若内部总线数据为低电平，T2导通，所以P0.X上输出低电平，与内部总线数据相同；若内部总线数据为高电平，T2截止，此时P0.X通过上拉电阻获得高电平，也与内部总线数据相同。

用作输入口时，应区分读引脚和读锁存器两种情况。读锁存器可以避免因外部电路原因使原引脚变化造成的误读。读引脚时，如果T2处于导通状态，会使P0.X钳位为低电平，从而阻碍高电平的输入，所以在执行输入命令前，必须先向锁存器写入高电平，使T2处于截止状态。因此，P0口作为通用I/O口时，属于准双向口。

(2) 作为地址/数据总线时(控制C=1)

在进行单片机系统扩展时，P0口作为分时复用的低八位地址总线或数据总线。

执行输出指令时，若地址/数据总线状态为1，则T1导通、T2截止，引脚状态为1；若地址/数据总线状态为0，则T1截止、T2导通，引脚状态为0。P0.X的输出与地址/数据总线状态一致。

执行输入指令时，CPU自动地使T1、T2均截止，从引脚上输入的外部数据经缓冲器进入内部数据总线。

注意：(1) 准双向口的概念：主要作用是作为输入口时，事先让T2截止。

(2) 因为P0口漏极开路，所以需要外接上拉电阻。

2. P1口

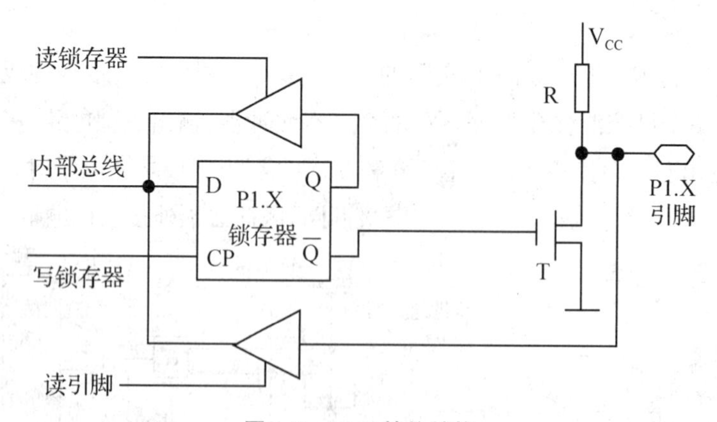

图1-7　P1口的位结构

P1口的位结构与P0口相比，首先少了混合开关MUX，其次是电路内部自带上拉电阻。因此P1口只能作为通用I/O口使用，其原理分析与P0口类似，仍然是一个准双向口。

3. P2 口

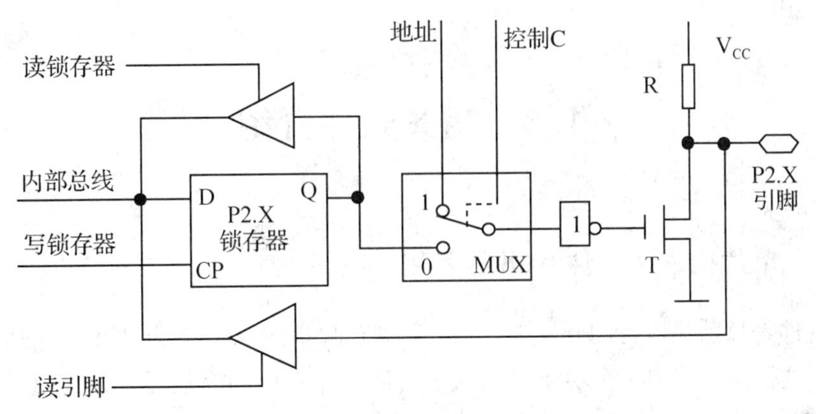

图 1-8 P2 口的位结构

通过对 P2 口的位结构的分析，可以看到，P2 口除了可以用作通用的准双向 I/O 口外，还可以在单片机系统扩展时，用作高 8 位地址总线，另外由于其电路内部自带上拉电阻，因此不必再外加上拉电阻。

4. P3 口

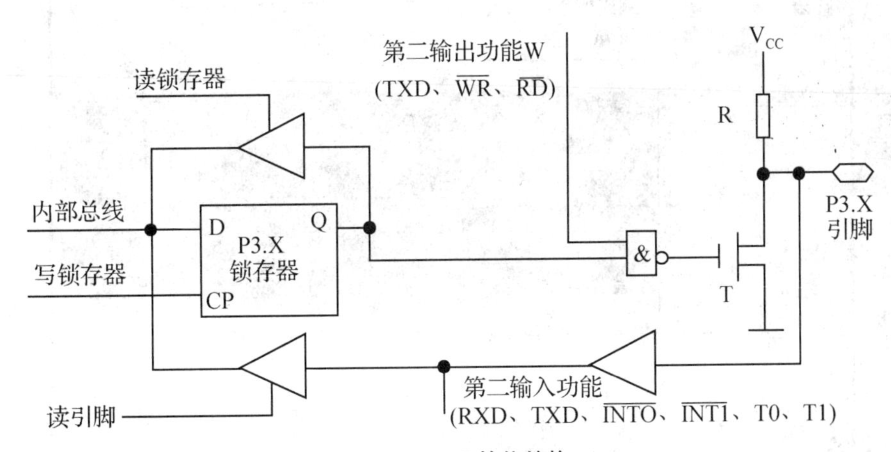

图 1-9 P3 口的位结构

P3 的每一根口线都具有两种功能，除可作为通用的准双向 I/O 口线外，还具有第二功能。

作为第二功能为输出的信号引脚，当作为通用 I/O 口线使用时，W 端应保持高电平，与非门开通，以维持锁存器输出到数据输出引脚的通道畅通。当输出第二功能信号时，硬件自动使锁存器输出为 1，保证 P3. X 引脚与 W 脚的信号一致。

作为第二功能为输入的信号引脚，在口线的输入通道上增加了一个缓冲器，需要输入的第二功能信号就从这个缓冲器的输出端取得，而作为 I/O 使用的数据输入，仍取自三态缓冲器的输出端。

综上所述，可以总结出四个并行口的功能是：四个并行口都能用作通用的准双向I/O口，

P0口还可作分时复用的低八位地址和数据总线使用，P2口作为高八位地址总线，P3口还有第二功能。

1.3　相关软件介绍

1.3.1　单片机编译软件Keil的使用

Keil软件是目前最流行的开发MCS-51系列单片机的软件，Keil提供了包括C编译器、宏汇编、链接器、库管理和一个功能强大的仿真调试器在内的完整开发方案，通过一个集成开发环境μVision将它们组合在一起，可以完成编译、链接、调试、仿真等整个开发流程。下面简单介绍一下Keil μVision3的使用。

双击图标　打开Keil μVision3，出现以下界面(见图1-10)。

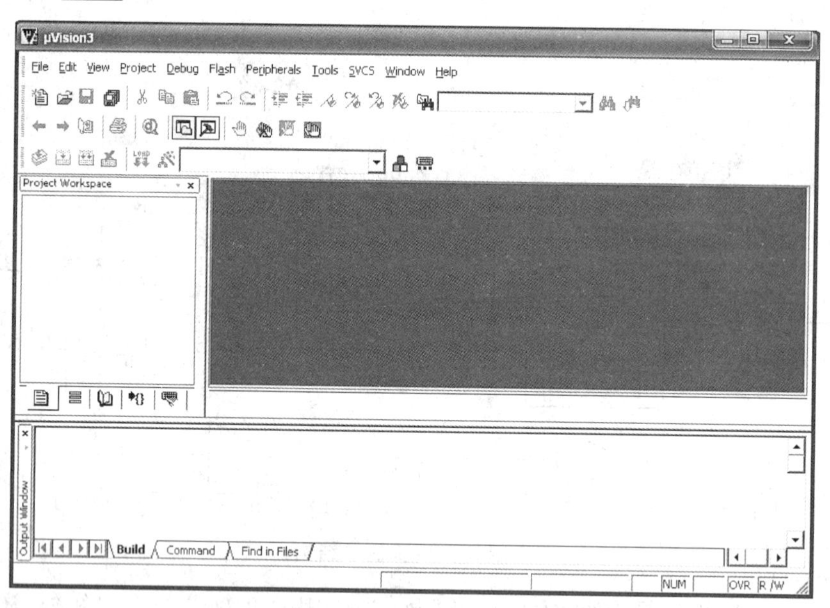

图1-10　进入Keil μVision3的编辑界面

1. 建立工程文件并设置工程选项

Keil使用工程(Project)这一概念，把所需的所有文件、参数设置等都加在一个工程中。并为这个工程选择CPU、确定编译、汇编、链接的参数，指定调试的方式。

在图1-10中，单击“Project”→“New Project”出现“Create New Project”对话框(见

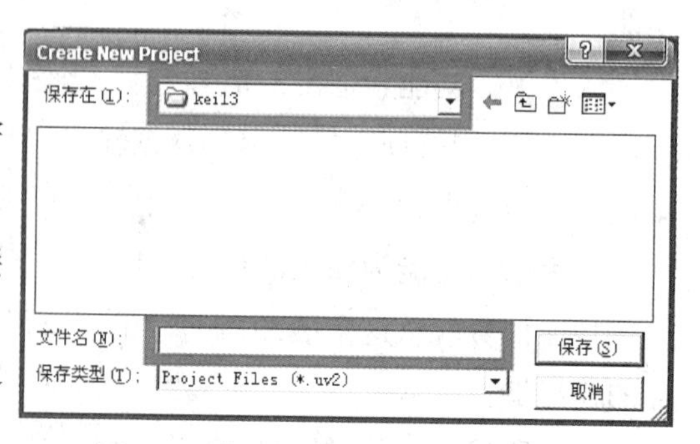

图1-11　“Create New Project”对话框

图 1-11)，在“保存在”下拉列表框中选择保存目录；在“文件名”文本框中输入工程名(不需要扩展名)，然后单击“保存”按钮。出现如图 1-12 所示的“Select Device for Target ‘Target 1’”对话框。

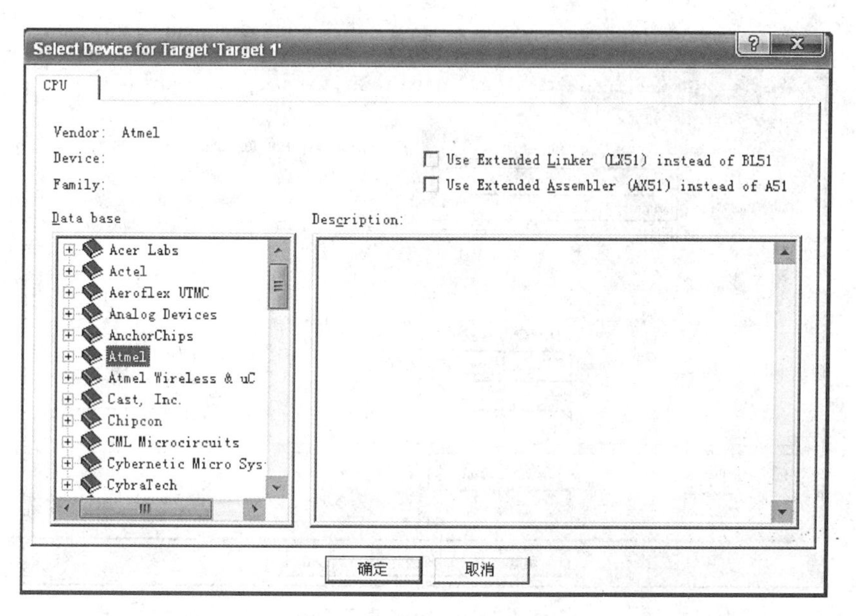

图 1-12　“Select Device for Target ‘Target 1’”对话框

在“Select Device for Target ‘Target 1’”对话框中选择 CPU 的型号，例如：我们选择 Atmel 公司的 AT89C51 芯片，单击“确定”按钮后出现以下界面(图 1-13)。

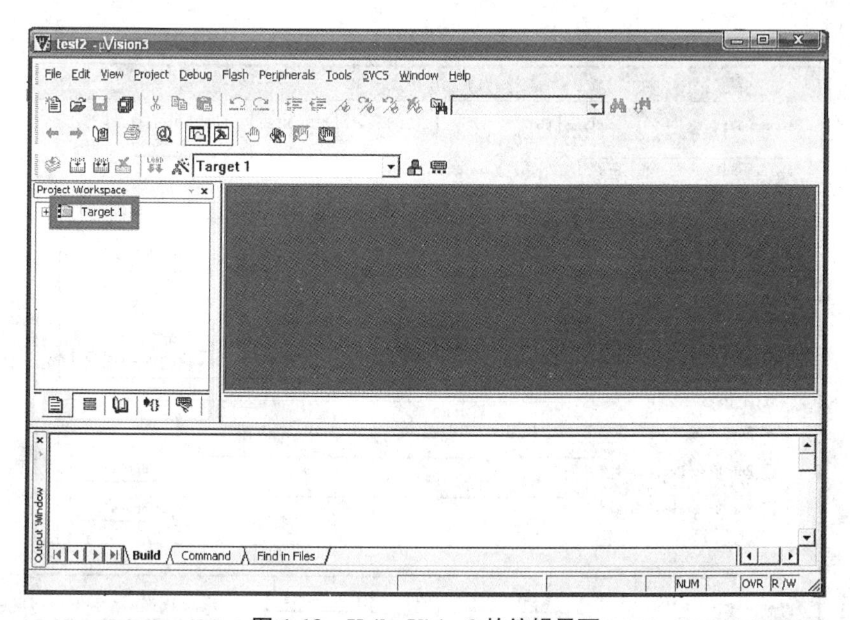

图 1-13　Keil µVision3 的编辑界面

指向“Target ”单击鼠标右键，出现快捷菜单，单击其中的“Options for Target ‘Target 1’”命令，出现 “Options for Target ‘Target 1’”界面(图 1-14)。这是工程设置选项，共有八

个页面，不过大部分都取默认值，只有几个参数可能需要修改。

图 1-14 中，Target 选项卡的 “Xtal(MHz)”指的是晶振频率，该值与最终产生的目标代码无关，一般将其设置成实际硬件所用的晶振频率。

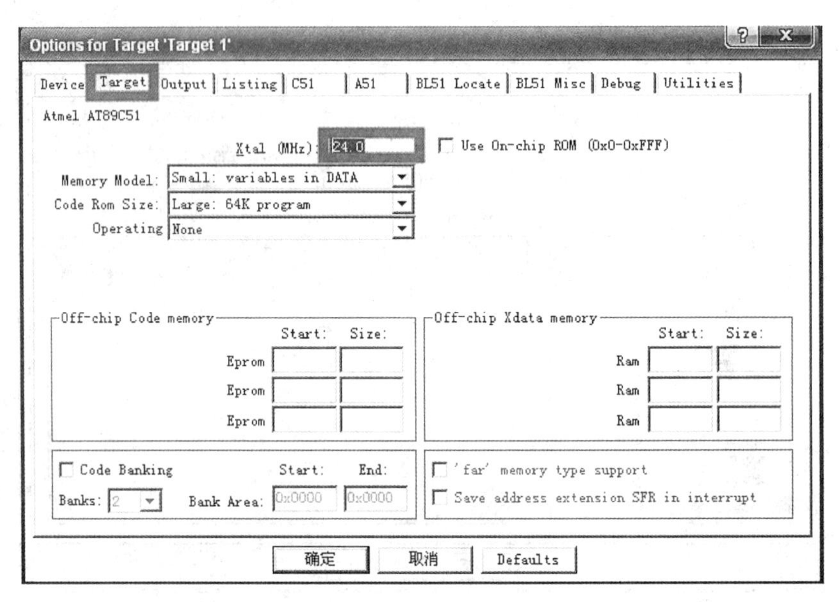

图 1-14　Target 选项页面

在图 1-15 中，Output 选项卡的“Create Hex File”用于生成可执行的十六进制代码文件(.hex)，系统默认情况下，此项未被选中，但在进行硬件实验和 Proteus 仿真时必须选中此项。

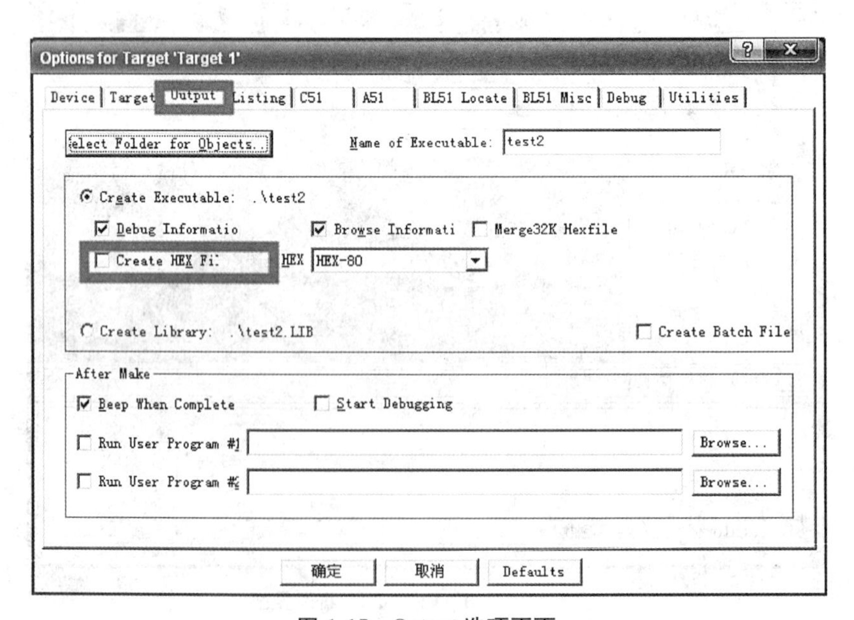

图 1-15　Output 选项页面

在图 1-16 中，Debug 选项卡用于设置 μVision3 调试器。“Use Simulator”(软件仿真)不

需要实际的目标硬件就可以模拟 80C51 单片机系列的很多功能。“Use：Keil Monitor -51 Driver”(硬件仿真)可以实现在目标硬件上调试程序，若要使用硬件仿真，则应选择该项，并在下拉菜单中选择驱动程序库。

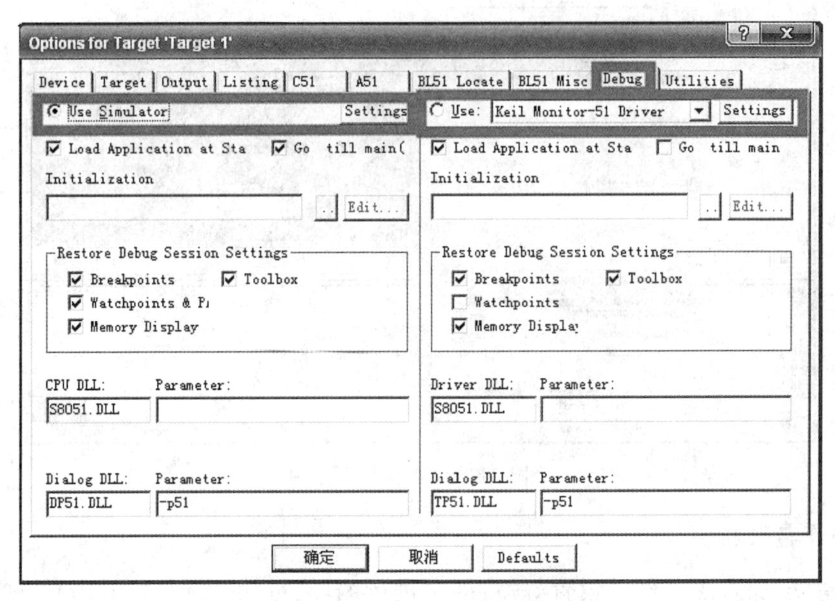

图 1-16 Debug 选项页面

2. 源文件的建立及加入工程

使用菜单“File”→“New”，或单击图标 即可打开文本编辑窗口，编辑源程序，单击“File”→“Save”保存文件，出现以下页面(图 1-17)。选择保存目录，并在“文件名”文本框中输入文件名(注意：由于本书采用 C 语言编程，扩展名必须是.c)。然后单击“保存”按钮。

图 1-17 保存文件界面

在图 1-13 的工程窗口中，将“Target”左边的“+”号展开，在“Source Group1”上单击鼠标右键打开快捷菜单，如图 1-18 所示，再单击“Add Files to Group ‘Source Group 1’”选项，找到源文件，加入即可。

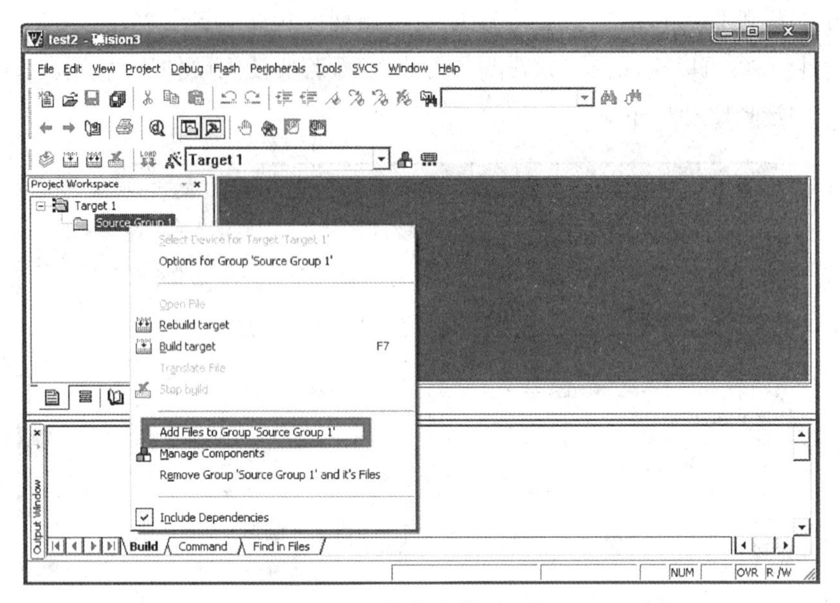

图 1-18　添加文件到组中

3. 编译与链接

工程建立、加入源文件并设置好后，即可进行编译、链接。选择"Project"→"Translate 某文件名"(或图标)是对单个源文件进行编译，而并不链接。如果源程序有语法错误，会有错误报告出现，双击该行，会定位出错的位置；如果项目中包含多个源程序文件，"Project"→" Build target"(或图标)是仅对修改过的文件进行编译、链接；如果要对工程中的所有文件进行编译、链接，则须选择"Project"→" Rebuild all target files"(或图标)。编译链接后，如果没有错误，会显示编译成功的信息(图 1-19)。

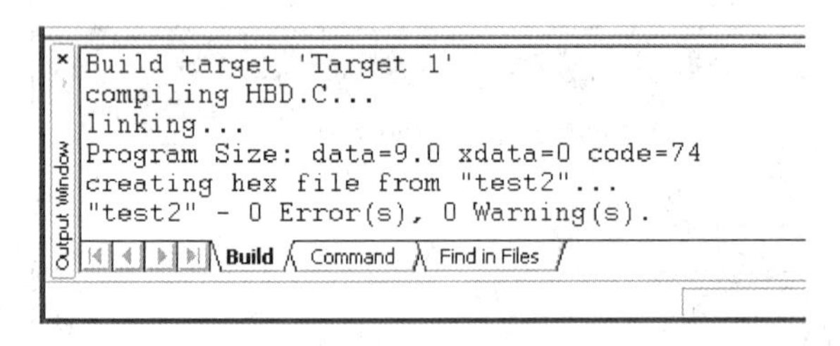

图 1-19　编译成功信息

4. 程序调试

源程序编译只能发现语法错误，编译通过并不意味着程序执行后就能实现用户的既定目标，其他错误需要通过调试过程来发现。与调试相关的命令在 Debug 主菜单下。

选择"Debug" →"Start/Stop Debug Session"(或图标)进入调试状态(图 1-20)，下一条可以执行的语句用黄色箭头标出。可以运用单步、全速运行和断点等方式进行调试，可以通过主界面上的"View"菜单观察单片机的资源状态，如工作寄存器、变量、并行口、特殊功能寄存器等的状态等。

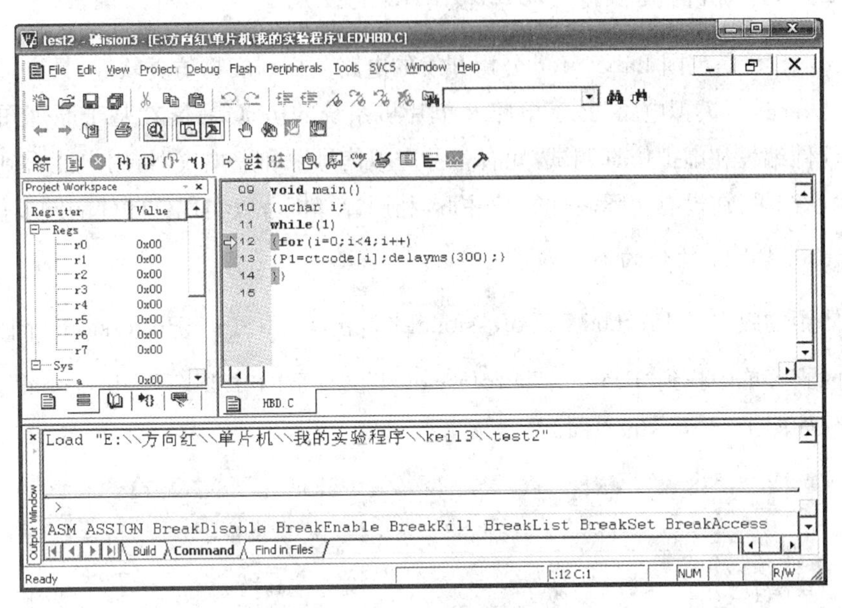

图 1-20 调试模式

图 1-21 所示的工具栏依次表示：复位、全速运行、暂停、单步、过程单步、执行完当前子程序、运行到当前行。全速执行是指程序执行时没有中断，只能看到程序执行的总体结果；单步执行是指每执行完一行程序即停止，等待命令执行下一行程序，此时可以观察每条语句执行结果，便于找到错误所在；过程单步是将程序中的函数作为一个语句来全速执行。

图 1-21 调试工具

程序调试时，一些语句必须满足一定条件才能被执行（如按键被按下，中断产生等），这些条件往往是异步发生或难以预先设定的，这类问题使用单步运行的方法是很难调试的，这就需要用到断点设置。

可以通过“Debug”→“Insert/Remove Breakpoint”（或单击图标或双击程序行）放置或移除断点，图标用来清除所有的断点设置，用于暂停所有断点，用来开启或暂停光标所在行的断点功能。

设置好断点后可以全速运行程序，一旦运行到断点处，就停止运行，可以通过观察相关变量及寄存器的值，确定问题所在。

1.3.2 单片机仿真软件 Proteus ISIS 的使用

Proteus ISIS 是英国 Labcenter 公司开发的电路分析与实物仿真软件，具有强大的原理图绘制功能，能进行模拟电路、数字电路及单片机系统的仿真等；能在基于原理图的虚拟模型上进行软件编程和虚拟仿真调试，配有各种虚拟信号源和虚拟仪器，用户能看到系统运行的输入/输出结果；在没有实际硬件的条件下，利用计算机可以实现软硬件的同步仿真。

1. Proteus ISIS 软件的界面说明

本书使用的版本是 Proteus 7 Professional。双击桌面 ISIS 7 Professional 图标 ，或者在“开始”菜单中找到“Proteus 7 Professional”文件下的“ISIS 7 Professional”，单击即可运行。出现如图 1-22 所示的界面。

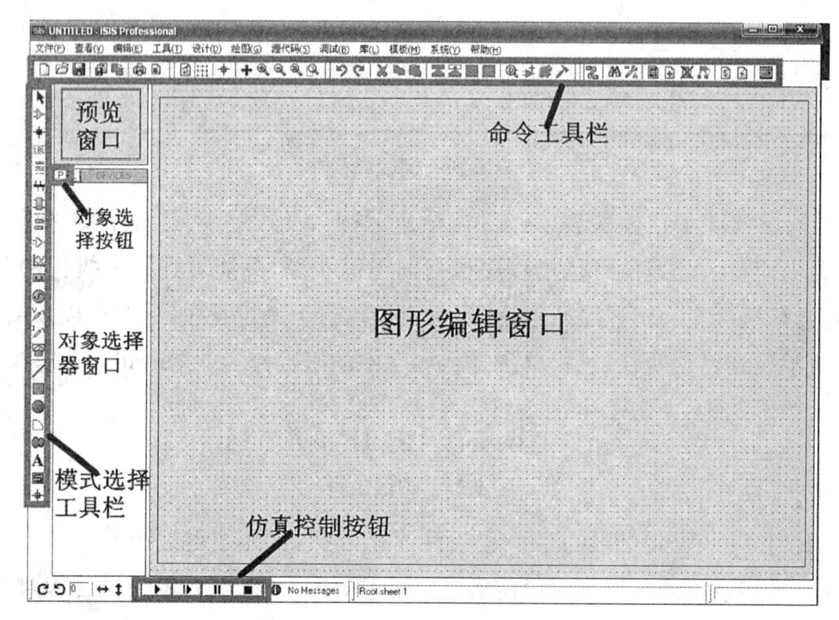

图 1-22 Proteus ISIS 的工作界面

(1) 模式选择工具栏中，常用的图标含义为：

- 图标 ——选择模式，用于选择对象；
- 图标 ——元件模式，用于从元件库中选择元器件；
- 图标 ——总线模式，用于绘制系统总线；
- 图标 LBL——网络标号模式，常用于标记连接到总线上的线路标号；
- 图标 ——终端模式，常用于选择直流电源和接地端；
- 图标 ——激励源模式，可以选择各种激励信号，如正弦、直流、脉冲等；
- ——虚拟仪器模式，配有示波器、逻辑分析仪、信号发生器、直流和交流电源、电流表等虚拟仪器。

(2) 预览窗口在选择模式(图标↖)下,是整个电路图的缩略图(图 1-23)。此时蓝框表示图纸大小,绿框表示编辑窗口大小。在元件模式(图标▷)下,预览窗口则显示所选元件的图形符号。

图 1-23 预览窗口

(3) 当处于元件模式▷时,对象选择按钮P可以从库中选择元器件,并将所选元器件的名称一一罗列于对象选择器窗口。单片机仿真电路图中常用的元器件关键字见表 1-6。

表 1-6 Proteus ISIS 中常用元器件的关键字

元器件名称	关 键 字	元器件名称	关 键 字
单片机(40 脚双列直插式)	AT89C51	按钮	BUTTON
晶振	CRYSTAL	矩阵按钮	KEYPAD
电阻	RES	开关	SWITCH
排阻	RESPACK	发光二极管	LED
电容	CAP	数码管	7SEG
电解电容	CAP-ELEC	滑动变阻器	POT-HG
液晶 LCD1602	LM016L	LED 点阵	MATRIX

(4) 仿真控制按钮▶ ▮▶ ▮▮ ■中,从左到右依次为:运行、单步运行、暂停、停止。

2. 绘制原理图及仿真的步骤

(1) 建立、保存文件

单击"文件"→"新建设计",出现新建设计对话框(图 1-24),此时可以选择不同的模板,如直接单击"确定"按钮,则以默认的图纸大小(A4)建立一个新的空白文件。单击💾图标,取文件名后,系统自动以文件名.DSN 保存设计文件。

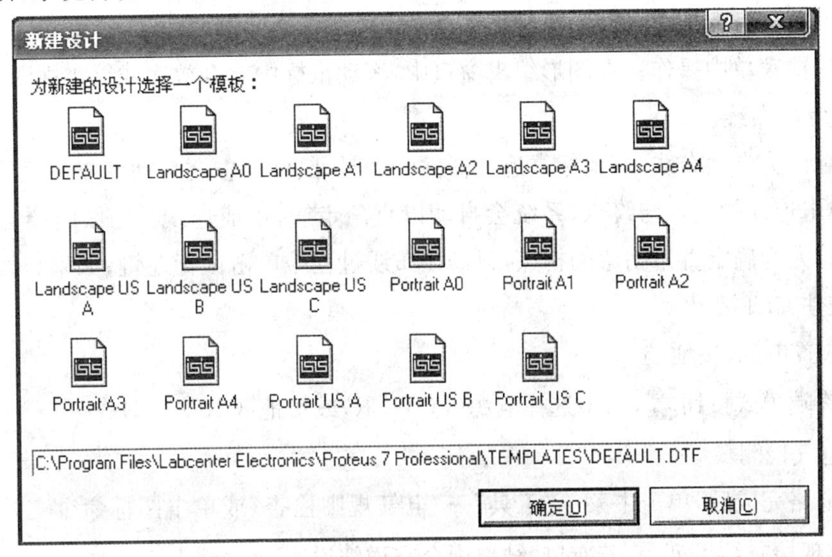

图 1-24 "新建设计"对话框

（2）从库中选取元器件

在元件模式下，单击按钮P，出现图1-25所示界面，在“关键字”栏中输入元器件的关键字，例如输入“RES”（电阻），选中元件，在对话框右边上面显示元器件的符号，右下边显示元器件的外形和封装，确认无误后，双击“结果”中的RES行，在软件工作界面的对象选择器窗口中就可以看到这个元器件了。所有元器件选择完毕后，单击“确定”按钮，就可以回到图形编辑界面。

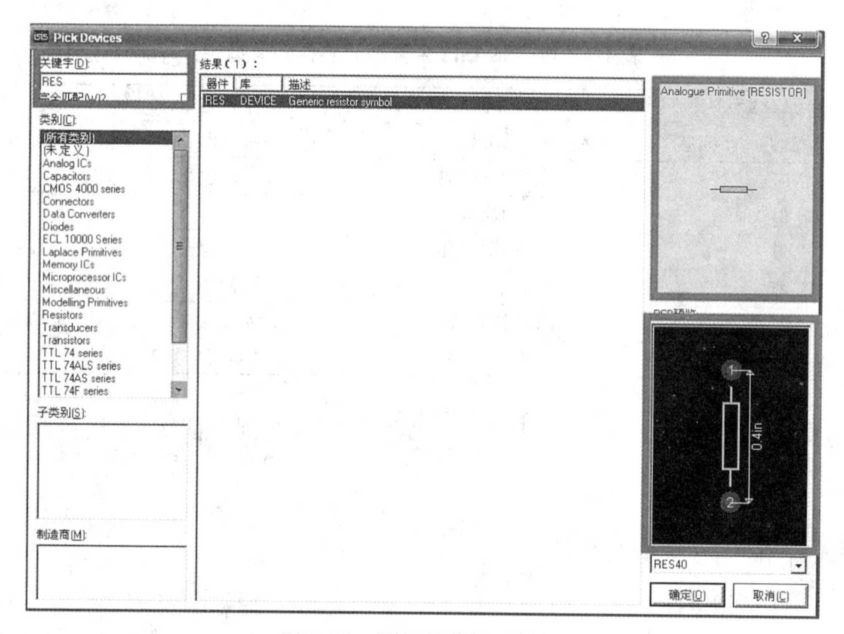

图1-25　元器件选择对话框

（3）放置元器件

在对象选择器窗口选取要放置的元器件，再在图形编辑窗口空白处单击。如果要对已放置好的元器件进行拖曳、旋转、编辑属性等操作，只需鼠标指向该对象后，单击鼠标右键，在出现的快捷菜单中操作。在图形编辑窗口中，滚动鼠标中轮会放大或缩小视图。

（4）连线、布线

系统默认为自动布线，当鼠标靠近元器件引脚时，鼠标标志会自动变成绿色的小铅笔形状，只要单击连线的起点与终点，系统会自动以直角走线，生成连线。布线时会自动绕开障碍。如果想人为确定直角拐弯的拐点，只需在布线过程中单击鼠标左键；如果想按任意角度布线，可按住Ctrl键。

（5）放置电源、接地端

单击终端模式按钮，从中选择电源（POWER）或接地（GROUND）。

（6）电气检测

设计电路完成后，单击主菜单“工具”→“电气规则检查”或单击图标命令工具栏中的图标，会出现检查结果列表，若有错，结果中会有详细说明。

（7）加载目标程序代码

双击原理图中的单片机，或指向单片机后单击鼠标右键，选中快捷菜单中的“编辑属性”，出现以下对话框（见图 1-26）。单击“Program File:”栏右侧的按钮，弹出文件列表，选择扩展名为 hex 的目标代码文件，在“Clock Frequency”栏填上晶振频率，单击“确定”按钮。

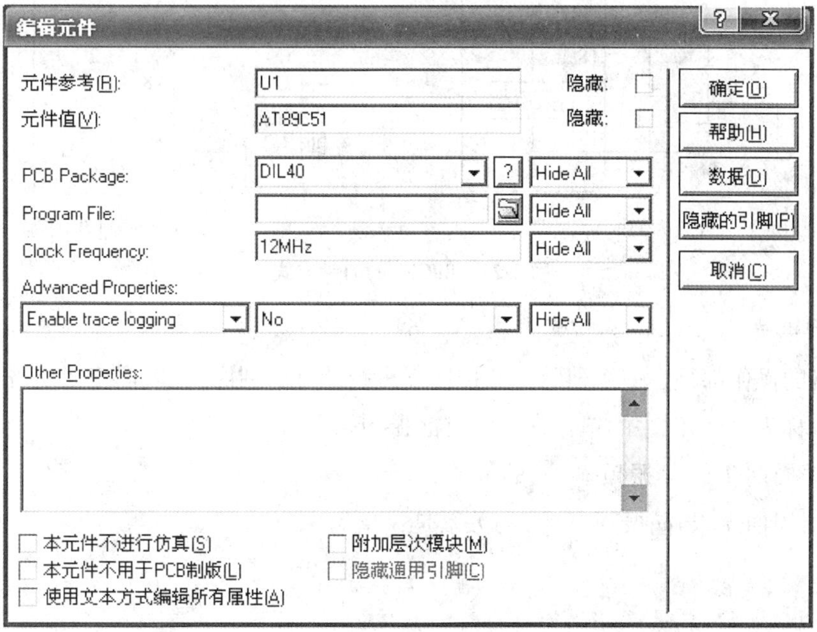

图 1-26　编辑元件属性对话框

（8）仿真

单击仿真按钮，即可看到仿真结果。

1.4　项目实施

1.4.1　单片机最小系统的构建

所谓单片机最小系统是指由单片机和一些基本外围电路组成的单片机能够工作的最小电路，一般包括：单片机、时钟电路和复位电路。

1. 单片机的时钟电路

（1）时钟产生方式

在 80C51 单片机内部有一个高增益反相放大器，XTAL1 和 XTAL2 分别为振荡电路的输入、输出端。其时钟产生方式有两种（见图 1-27），内部时钟方式只需在 XTAL1 和 XTAL2 之间跨接晶体振荡器和微调电容 C1、C2，就可构成稳定的自激振荡器。实际应用中通常采用内部时钟方式,C1、C2 的典型值是 30pF。外部时钟方式是把外部已有的时钟信号引入到单片机内,用于多片单片机同步工作的场合。

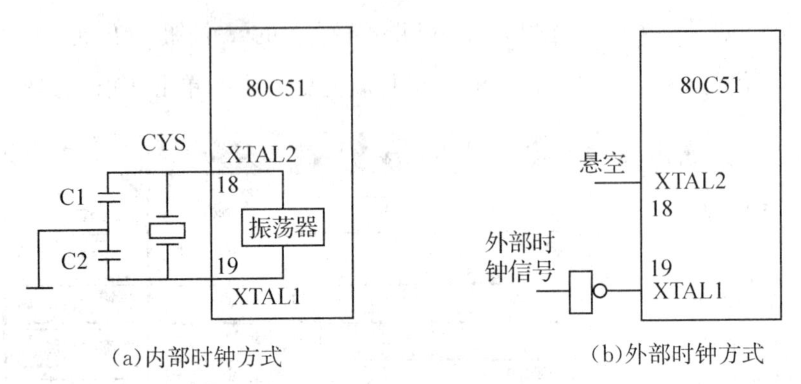

(a)内部时钟方式　　(b)外部时钟方式

图 1-27　80C51 的时钟方式

(2) 时序

单片机的操作都是在一系列脉冲的控制下进行的,而各脉冲在时间上是有先后顺序的,这种顺序就称为时序,时序的单位常用的有晶振周期和机器周期。

- 晶振周期 T_{osc}:晶振频率 f_{osc}的倒数。
- 机器周期 T_{cy}与晶振频率 f_{osc}的关系是:

$$T_{cy}=\frac{12}{f_{osc}} \qquad \text{(公式)(1-1)}$$

【例 1-3】已知晶振频率 $f_{osc}=6$ MHz,求机器周期。

解:$T_{cy}=\frac{12}{f_{osc}}=\frac{12}{6\times10^{6}}=2\times10^{-6}\ \text{s}=2\ \mu\text{s}$

2. 单片机的复位电路

单片机无论是刚开始接上电源还是断电后或发生故障后都要复位,复位的作用是使 CPU 和系统中的其他功能部件恢复到确定的初始状态。

(1) 复位电路

当 80C51 的 RST 引脚加高电平(保持 2 个机器周期以上)时,单片机就执行复位操作,而当复位信号变为低电平时,单片机开始执行程序。

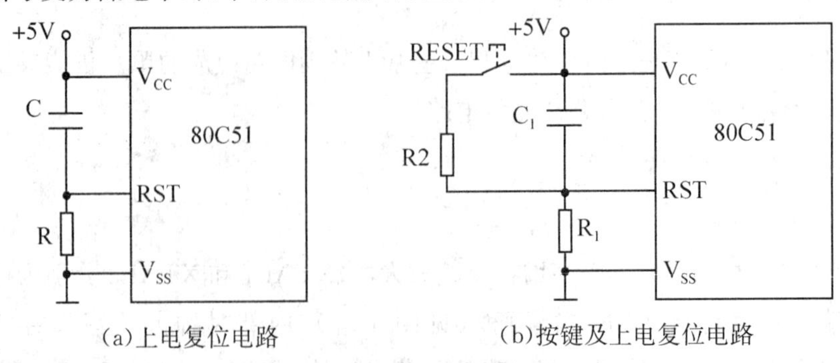

(a)上电复位电路　　(b)按键及上电复位电路

图 1-28　单片机的复位电路

图 1-28(a)中,电源接通瞬间,RST 上的电位等于 V_{CC},随着电容充电的进行,RST 的电位逐渐下降。只要保证 RST 上的高电平维持时间大于两个机器周期,便能正常复位。该电路的典型参数是:晶振为 6 MHz 时,$C=22\ \mu F$,$R=1\ k\Omega$;晶振为 12MHz 时,$C=10\ \mu F$,$R=8.2\ k\Omega$。

图 1-28(b)增加了按键复位功能,其典型参数为:晶振为 6MHz 时,$C_1=22\ \mu F$,$R_1=1\ k\Omega$,$R_2=200\ \Omega$;晶振为 12MHz 时,$C_1=10\ \mu F$,$R_1=5.1\ k\Omega$,$R_2=1\ k\Omega$。

(2) 复位后的状态(初始状态)

- PC = 0000H:程序从头开始执行;
- P0～P3=FFH:相当于各口锁存器已写入"1",此时不但可用于输入,也可用于输出;
- IP、IE 和 PCON 的有效位为 0:各中断源处于低优先级且均被关断,串行通信的波特率不加倍;
- PSW=00H:当前的工作存储器为 0 组;
- SP=07H:堆栈指针指向片内 RAM 的 07H 单元。

3. 单片机最小系统

图 1-29 为单片机最小系统电路图,图中除了时钟电路和复位电路外,单片机的 V_{CC} 端(40 引脚)还须接电源正极,GND 端(20 引脚)接电路负极。另外,$\overline{EA}$端(31 引脚)如果接地,则采用外部存储器;如果单片机有内部存储器,则$\overline{EA}$接高电平,本书中单片机大多都有内部存储器,因此要确保 31 引脚与 V_{CC} 相连。

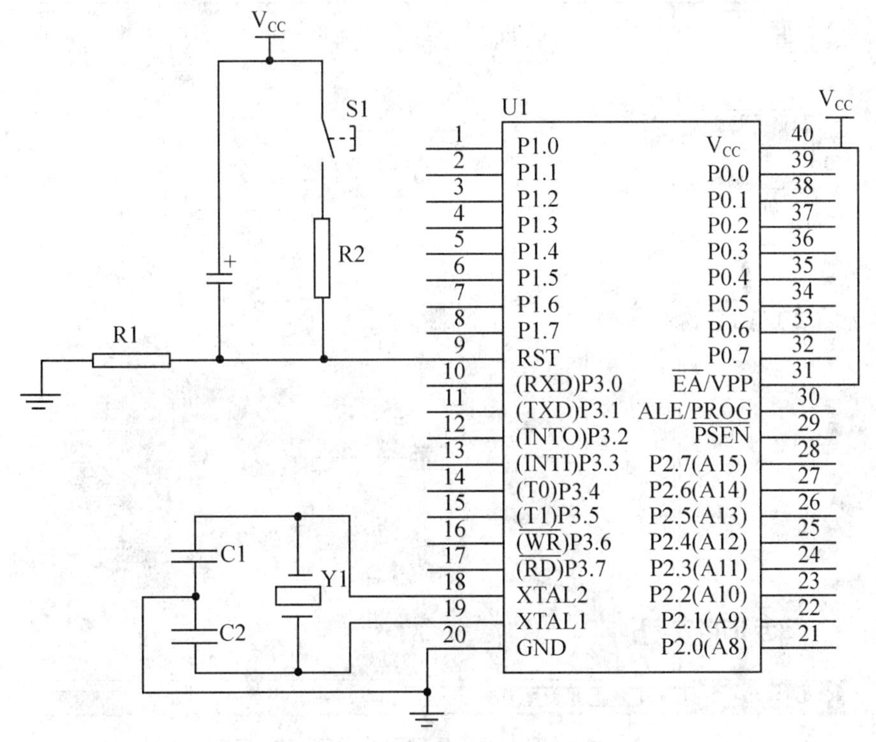

图 1-29 单片机最小系统电路图

4. 应用实例

构建一个单片机最小系统，点亮一个发光二极管。P1.0 引脚控制发光二极管。（使用 Proteus ISIS 软件仿真。）

（1）绘制 Proteus ISIS 原理图

打开 Proteus ISIS 软件→新建设计，选择“DEFAULT”，即默认的模板（图纸大小为 A4）。再点保存按钮，取文件名为 LED. DSN。

输入电路中元器件的关键字，在库中选取元器件，放置元器件到图形编辑窗口，布线、连接电源（POWER）和地（GROUND）。其中发光二极管选取红色的，其符号为“LED－RED”。另外，元器件在放置前，可以根据需要使用图 1-30 中的转向按钮进行旋转和镜像处理。图中包含了单片机、时钟电路（C1、C2 和 X1 构成）、复位电路（R1、R2、C3 及按钮 K 构成）发光二极管电路（D1 及限流电阻 R3），另外由于 AT89C51 单片机有内部 ROM，所以$\overline{\text{EA}}$接高电平。（Proteus 仿真电路中，时钟电路和复位电路也可不画出，对仿真结果没有影响。）

图 1-30 中，电阻、电容等元器件的值都是系统默认值，如果需要进行修改，可以指向元器件后，单击鼠标右键，在快捷菜单中选择“编辑属性”，弹出图 1-31 的菜单。将电阻中的“Resistance”栏或电容中的“Capacitance”栏右边的文本框中的数据改为实际参数值。其他元器件的参数修改类似。经过修改，重新生成原理图，如图 1-32 所示。

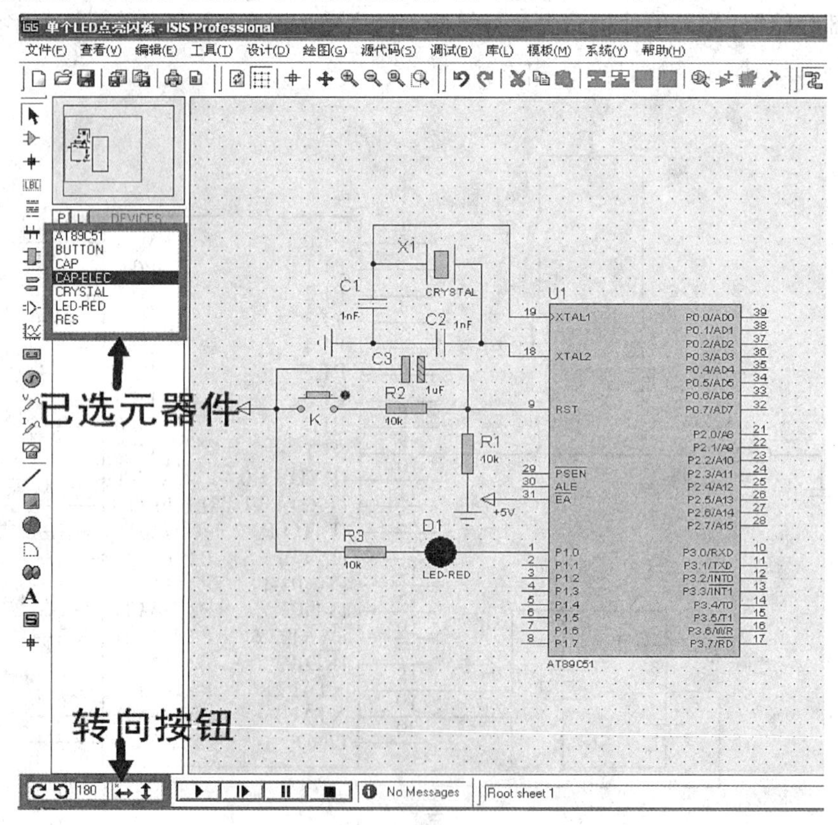

图 1-30 原理图草图

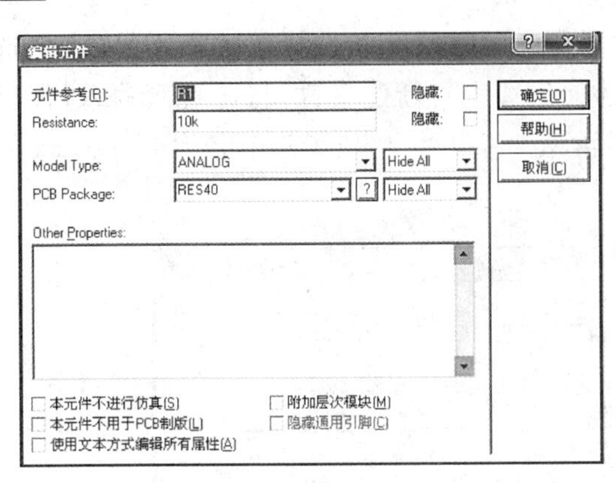

(a)电阻

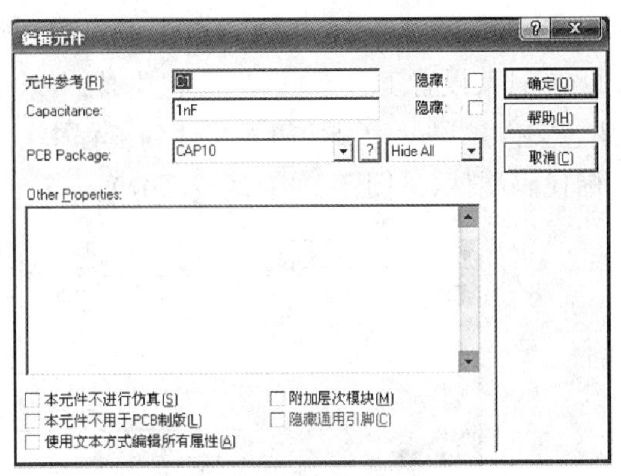

(b)电容

图 1-31　元件编辑属性对话框

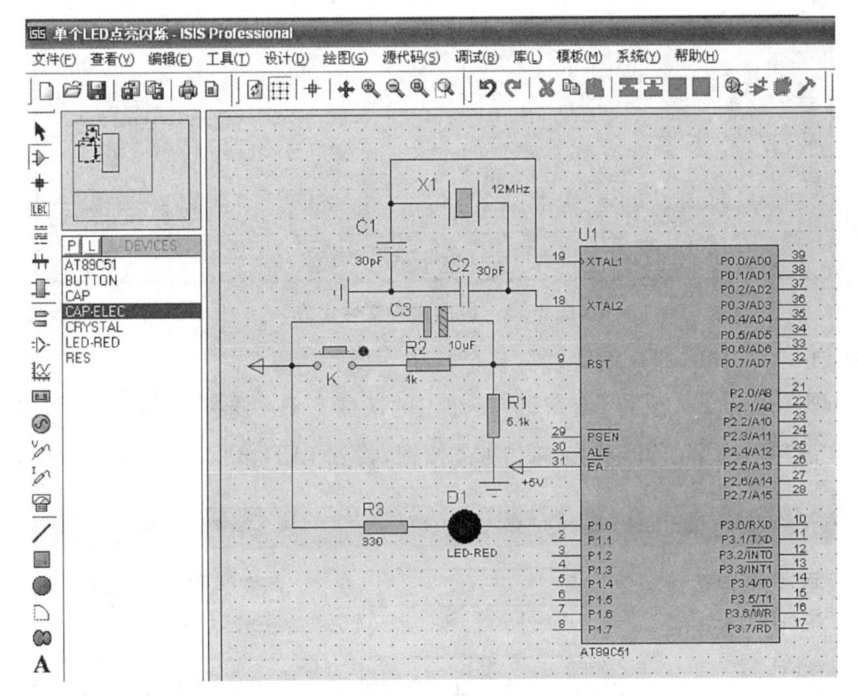

图 1-32　元件参数修改后的原理图

(2) 使用 Keil μVision3 软件生成目标代码文件

要点亮图中的发光二极管 D1，就必须在 P1.0 上加低电平。根据要求，源程序编制如下：

```
//功能:点亮一个发光二极管
#include<reg51.h>            //包含 51 单片机的头文件
sbit  LED=P1^0;              //定义 LED 为 P1.0 引脚
void main()                  //主函数
{
  LED=0;
  while(1);
}
```

打开 Keil μVision3 软件，新建工程（注意工程名无扩展名）、选择单片机型号（本例选AT89C51）、设置工程参数（注意将生成.hex 选项勾选上），新建文件，将源程序写入，保存（注意文件扩展名为.c），加入文件到工程中，编译、链接，可见，生成了一个名为 LED.hex 的目标代码文件（见图 1-33 中划线部分）。

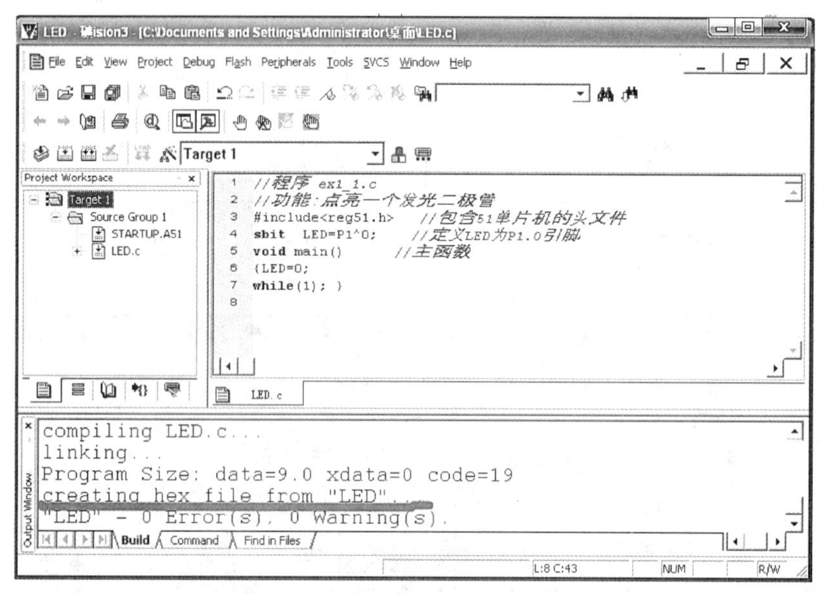

图 1-33　目标代码文件生成

（3）在 Proteus ISIS 原理图中加载目标代码文件并仿真

指向原理图中的单片机，单击右键，在弹出的快捷菜单中选择“编辑属性”，出现图 1-34 的对话框，单击“Program File:”栏右侧的按钮，找到 LED.hex 文件，单击“确定”按钮。

编辑元件

元件参考(R): U1　隐藏:
元件值(V): AT89C51　隐藏:
PCB Package: DIL40　Hide All
Program File: LED.hex　Hide All
Clock Frequency: 12MHz　Hide All
Advanced Properties:
Enable trace logging　No　Hide All
Other Properties:

本元件不进行仿真(S)　附加层次模块(M)
本元件不用于PCB制版(L)　隐藏通用引脚(C)
使用文本方式编辑所有属性(A)

确定(O)　帮助(H)　数据(D)　隐藏的引脚(P)　取消(C)

图 1-34　单片机编辑对话框

单击仿真控制按钮[▶]，可以看到仿真结果是发光二极管亮了(图 1-35)。

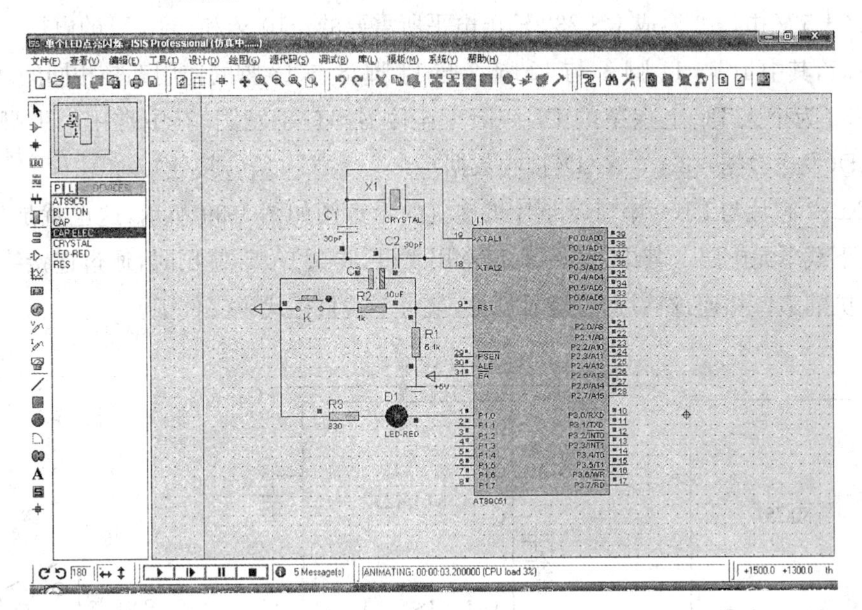

图 1-35 仿真结果

1.4.2 单片机下载单元电路

单片机是一种通过编程实现控制的微处理器。目标代码文件(HEX 文件)需要下载到单片机内或存储器芯片内，以往下载程序通常采用的工具是编程器或烧写器(图 1-36)，编程器价格昂贵，且调试时单片机插拔频繁，容易对电路板和单片机造成损害，目前主流的单片机都支持 ISP(系统在线可编程)功能，这种单片机芯片可以通过串行接口接收上位机传来的数据并写入程序存储器中，能够直接在电路板上给单片机下载程序或者擦除程序，从而实现在线调试。下面介绍 51 单片机常用的串口下载电路。

图 1-36 TOP851 编程器(烧写器)

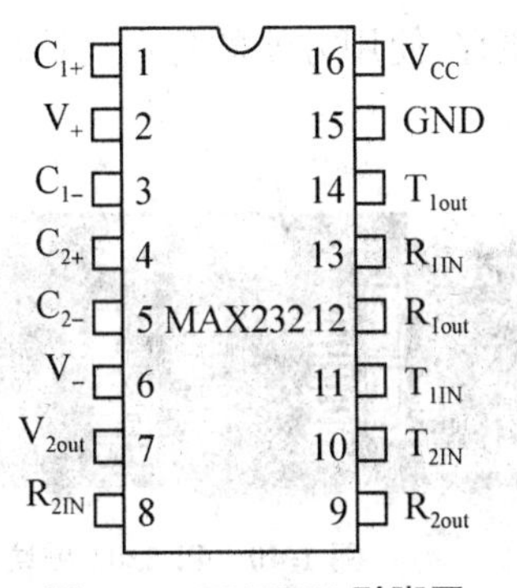

图 1-37 MAX232 引脚图

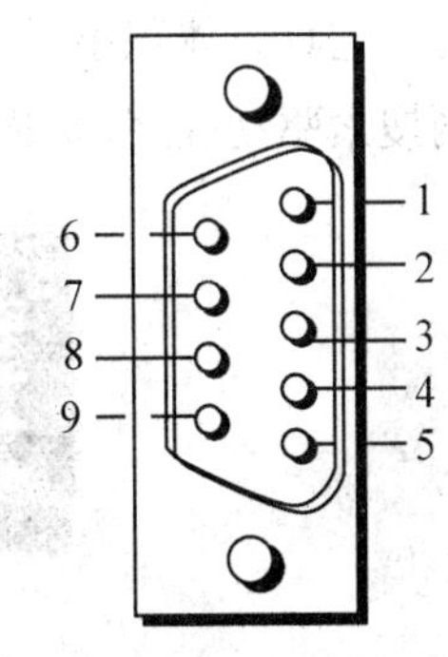

图 1-38 DB-9 连接器(阳头)

80C51 采用的是 TTL 电平(正逻辑电平)，即输出低电平要小于 0.8V，输出高电平要大于 2.4 V。输入低于 1.2 V 就认为是低电平，输入高于 2.0 V 就认为是高电平；而普通个人计算机采用是 RS-232C 电平(负逻辑电平)，规定－3～－15 V 为高电平，＋3～＋15 V 为低电平。所以两者不能直接相连，必须经过电平转换。MAX232 芯片就是一种单电源转换芯片，可以将＋5 V 电压变换成 RS-232 输出电平所需要的＋10 V 和－10 V 的电压，其引脚排列见图 1-37，其中 10 与 11 脚、9 与 12 脚、7 与 14 脚、8 与 13 脚的作用都是相同的。

图 1-38 为个人 PC 上保留的 DB-9 阳头连接器串口示意图，其中常用的引脚有三个：3——TXD(发送数据)；2——RXD(接收数据)；5——GND(信号接地)。

MAX232 芯片与 DB-9 串口及单片机连接的示意图如图 1-39 所示，这也就是常用的单片机串口下载单元电路。其中 C1～C5 值常用 1 μF 或 0.1 μF，使用时，通过连接线，将该串口与单片机的串口相连，然后通过烧录软件，就可下载目标代码文件了。

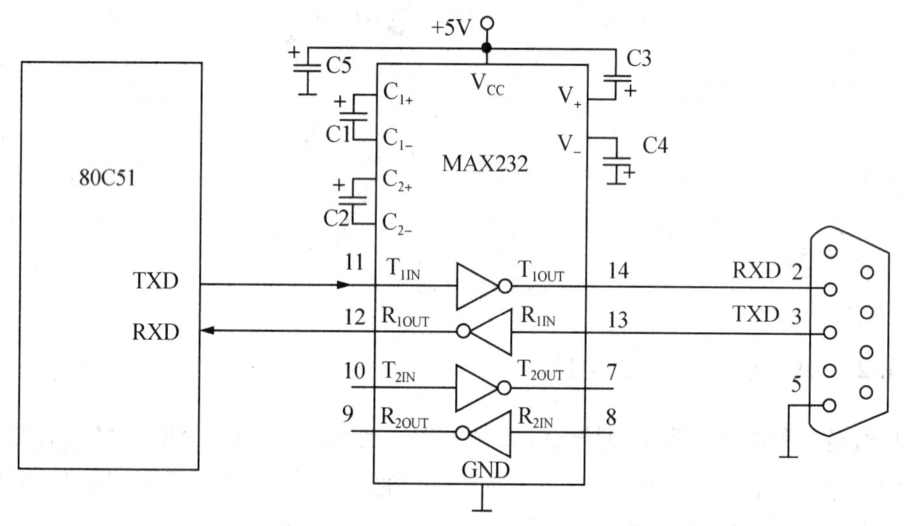

图 1-39 单片机串口下载单元电路

近几年，无论是台式机还是笔记本电脑上，DB-9 串口已经被 USB 口取代，可以购买目前广泛使用的 RS232-USB 转换模块 PL2303(图 1-40)，自带 5 V 和 3.3 V 电源输出，可以直接给 5 V 或 3 V 的单片机供电，使用时，其 RXD 和 TXD 引脚与单片机的 TXD 与 RXD 引脚相连。它具有体积小、价格便宜、使用方便的特点。该模块使用前，需要安装驱动程序，可以上网搜索驱动程序，安装即可。

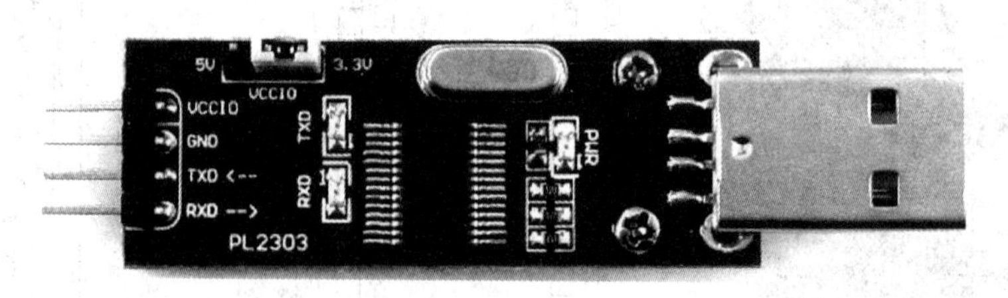

图 1-40 PL2303 模块

1.4.3 单片机最小系统的硬件制作

学习单片机系统，如果没有亲手制作过硬件电路，就无法深刻理解单片机的硬件原理，不能真正掌握单片机系统制作与调试方法。因此，建议初学者最好还是花点时间自己制作硬件电路。从本项目开始，让我们一起拿起电烙铁，在万能实验板（俗称洞洞板）上 DIY 自己的开发板吧！

本次的制作任务是按照图 1-29 制作单片机最小系统板（制作时省略了时钟电路中的 R2），同时板子上还包括图 1-39 的单片机串口下载电路（其中电容 C5 的作用是降低纹波电压的干扰，由于本电路供电电源使用干电池，因此制作时省略了电容 C5）。首先可以按照电路原理图购买相关元件，元器件清单如表 1-7 所示。

表 1-7 单片机最小系统元件清单

序号	名称	型号	数量	备注
1	单片机	STC89C52RC	1	
2	电阻 9.1 kΩ	金属膜	1	图 1-29 中的 R1
3	排阻	9 脚，10 kΩ	1	P0 口上拉电阻
4	晶振	11.0592 MHz	1	
5	30 pF 电容	瓷片电容	2	图 1-29 中 C1、C2
6	10 μF 电容	电解电容	1	图 1-29 中 C3
7	0.1 μF 电容	独石电容	5	图 1-39 中 C1～C4
8	按键开关	12 mm×12 mm×7 mm	1	图 1-29 中 S1
9	万能板	适当大小	1	
10	排针	间距 2.54 mm	若干	
11	RS-232 串口	DB-9	1	
12	MAX232		1	
13	USB 接口	A 型	1	提供+5 V 电源
14	自锁开关		2	电源开关
15	锁紧底座		1	单片机的底座，方便插拔
16	导线		若干	

在制作电路时要注意以下几点：

（1）焊接单片机应用系统硬件电路时，为了调试方便，一般不直接将单片机芯片焊接在电路板上，而是焊接在一个与单片机芯片引脚相对应的插座或锁紧座上，以方便芯片拔出与插入；

（2）晶振电路焊接时尽可能靠近单片机芯片，以减小电路板分布电容的影响，使晶振频率更加稳定；

（3）为方便系统扩展，单片机芯片和后续模块的各被控元件的引脚都焊接在了插针上，以后可以通过杜邦线将它们连接起来；

（4）设计元器件分布时，要考虑为后面不断增加的元器件预留适当的位置，且元器件引脚不宜过高。

焊接好的最小系统板，如图1-41所示。当然，市面上也有很多制作好的最小系统板，也可以直接买来使用。

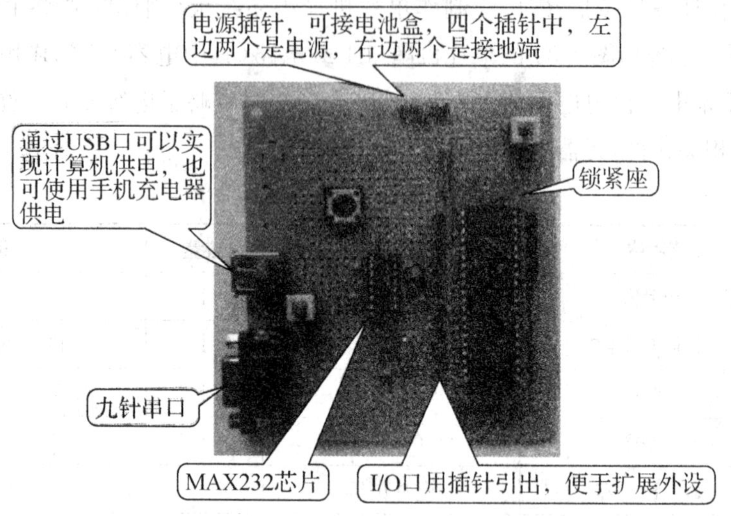

图1-41　单片机最小系统电路板

制作好以后要下载程序，即将HEX文件烧录到单片机内。不同公司生产的单片机可能会使用不同的烧录软件。本最小系统板所用单片机是STC(宏晶)公司的产品，烧录软件就可以采用专用下载器或STC-ISP软件下载。

(1) 使用专用编程器下载程序

下面以图1-36所示的TOP851专用编程器为例介绍使用专用编程器下载程序的方法。首先在计算机上安装编程器驱动程序"TOP851V5"，将编程器与计算机的并行口连接起来，打开编程器电源，启动该TOP851V5程序，出现图1-42所示对话框。选择"Yes"后出现图1-43所示操作窗口；接着将单片机芯片按方向要求插入编程器的插座上，在图1-43所示的窗口中单击"装载"按钮，弹出"文件"选择对话框，在该对话框中找到要下载到单片机中的HEX文件。

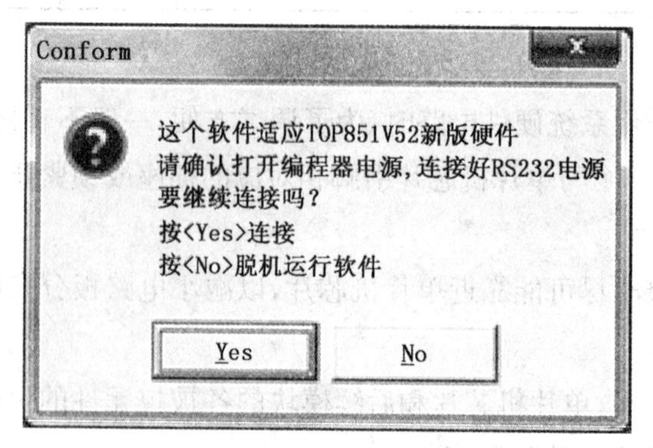

图1-42　启动"TOP851V5程序"后对话框

然后在图 1-43 所示的窗口中单击“型号”按钮，弹出图 1-44 所示的“选择厂家/型号”对话框，选择 ATMEL 公司的 AT89C51 的单片机型号，再单击“确定”按钮，弹出如图 1-45 所示窗口，单击该窗口中的“自动”按钮，则将按照“组合操作”中的步骤自动完成程序的下载。当然，你也可以使用“组合操作”左边的按钮逐步完成程序的下载工作。

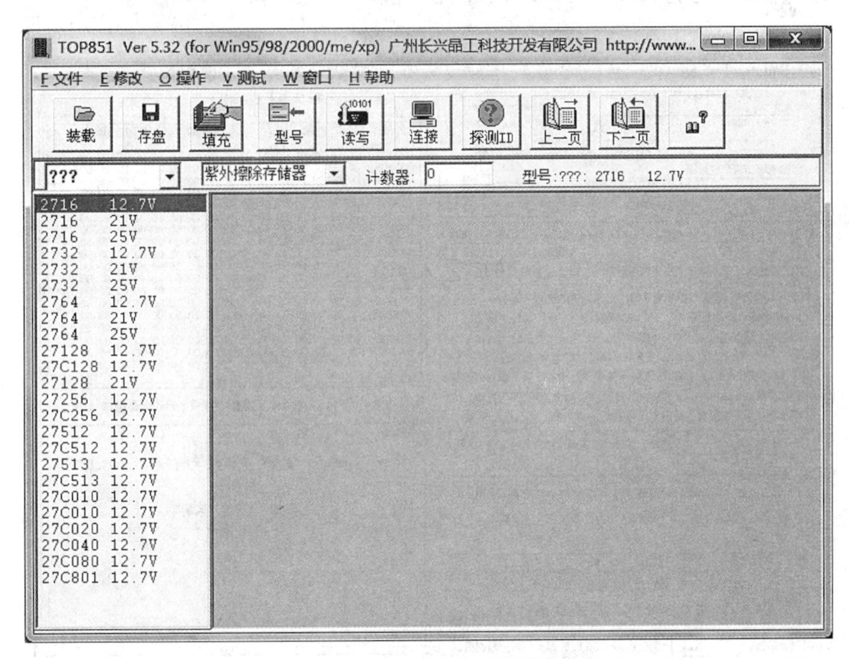

图 1-43 “TOP851V5”操作窗口

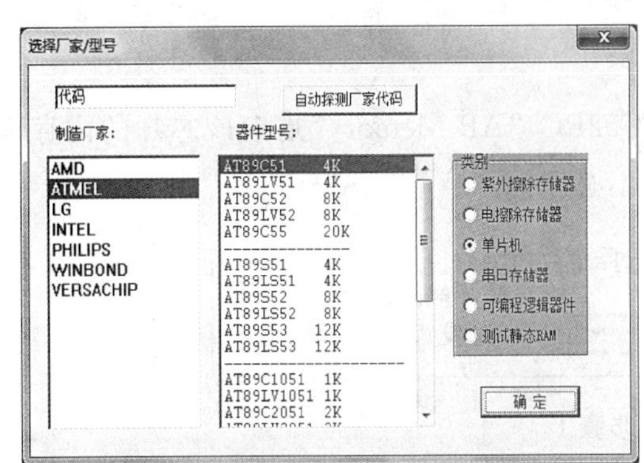

图 1-44 “选择厂家/型号”对话框

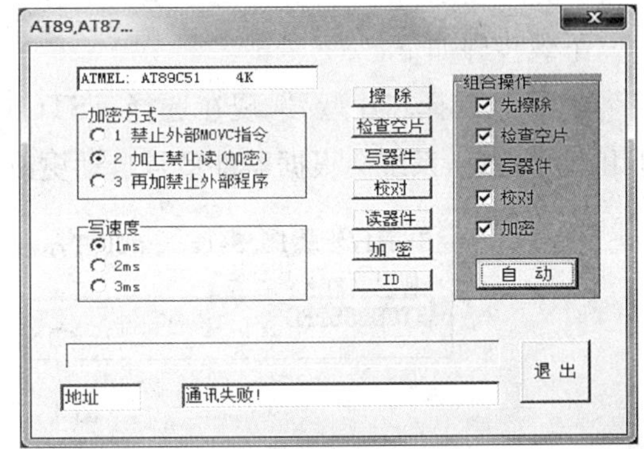

图 1-45 程序下载设置对话框

当程序下载到单片机系统后，我们就可以进入最后系统的调试阶段，也就是“磨合”软件系统和硬件系统以使它们共同实现系统功能。

启动单片机运行程序，观察系统的“功能”和我们的设计是否相符。可能出现的问题是发光二极管不亮，如果出现了与设计不符的实验效果，首先在保证硬件电路是正确的前提下，回到程序中找错误，修改后再下载到单片机系统中。如此反复，直到系统运行正常为止。

(2) 使用串口下载器下载程序

STC-ISP 是宏晶科技有限公司针对 STC 全系列产品的烧录软件，其操作简单、使用方便,读者可登录 STC 公司网站自行下载。本书选取 STC-ISP-V4.83 版本。

首先要用串口通信线把 PC 和单片机系统连接起来,其中通信线与 PC 相连的一端插入 PC 的 COM 口上。若使用的笔记本电脑中没有串行口,则须配置一根 USB 转 RS-232 电缆。然后双击图标打开 STC-ISP 软件,出现以下界面(图 1-46)。

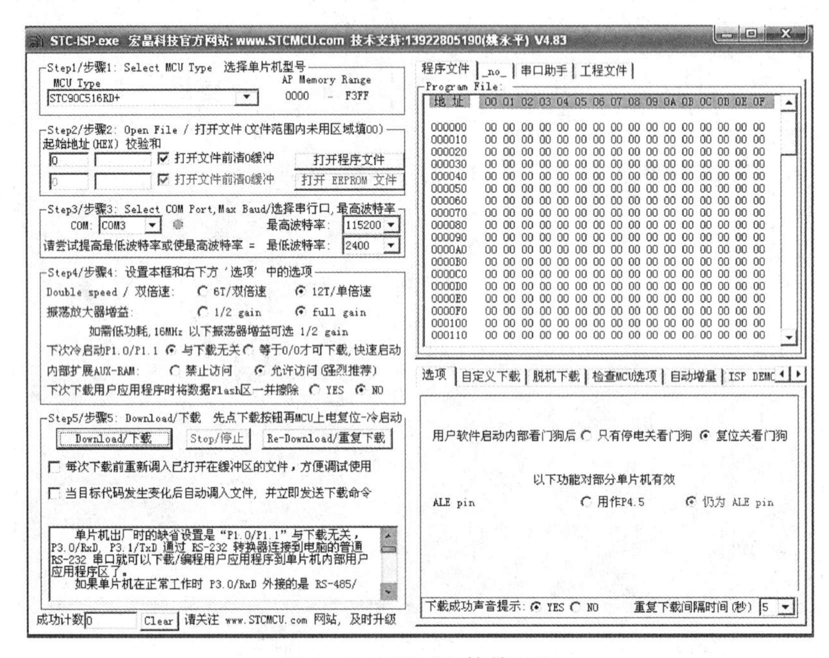

图 1-46 STC-ISP 软件页面

下载步骤如下:

步骤 1:选择芯片型号,现在选择—STC89C52RC,"AP Memory"是指该芯片的内存大小和起止地址,系统会根据器件型号自动更改,不必理会。

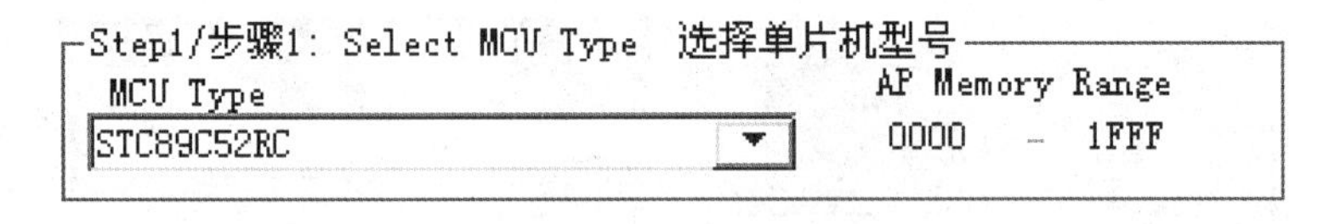

图 1-47 步骤 1

步骤 2:打开要下载的文件,注意文件扩展名为.hex(图 1-48)。选好文件后,可以发现"文件校验和"中的数据发生了变化。留意这个数据是否变化,可以确定打开文件是否成功或者文件刷新是否有更改。同时,文件打开后,软件右边的程序文件显示区也有了变化。

步骤 3:选择串口和设置串口通信速度。串口是下载数据线所对应的端口,可以在计算机的设备管理器中查看;串口速度一般选择为系统默认值,如果下载失败,可以适当降低一些波特率。

步骤 4:设置时钟倍频和增益等选项,设置时钟倍频是为了提高工作速度,设置时钟增益是为了降低电磁幅射。这些对于初学者来说,不必修改,采用系统默认值即可。

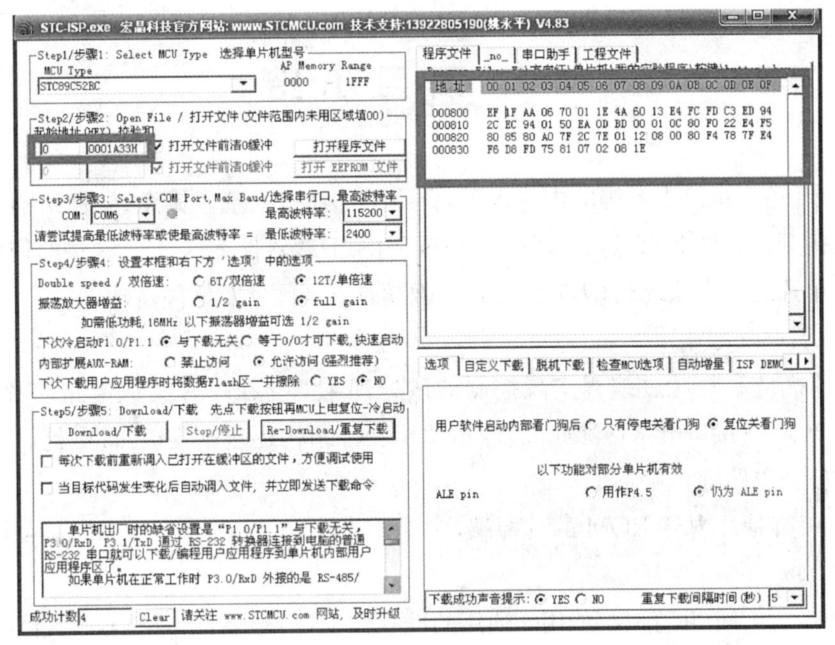

图 1-48 步骤 2 打开程序文件(.hex)

步骤 5:下载程序,为方便调试和对电路的保护,可作以下选择(见图 1-49)。

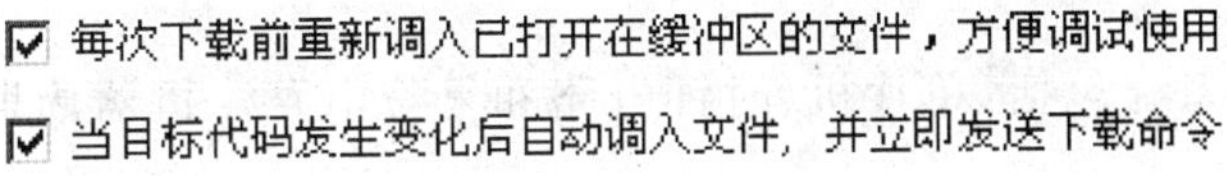

☑ 每次下载前重新调入已打开在缓冲区的文件,方便调试使用

☑ 当目标代码发生变化后自动调入文件,并立即发送下载命令

图 1-49 下载设置

下载时应该先单击"下载"按钮,再给单片机上电。下载过程中的界面见图 1-50。

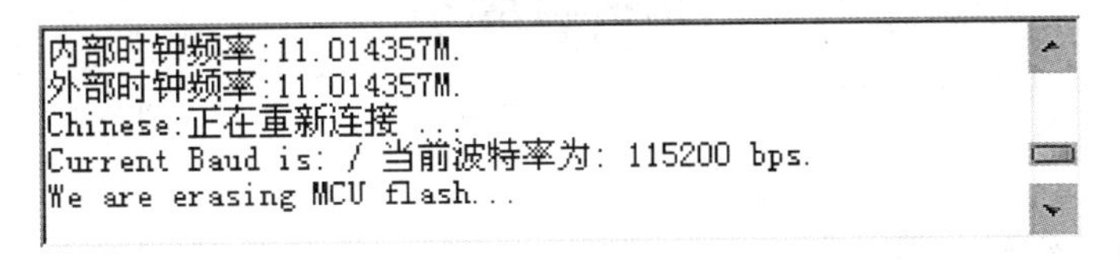

图 1-50 下载过程中

下载成功后的界面见图 1-51。

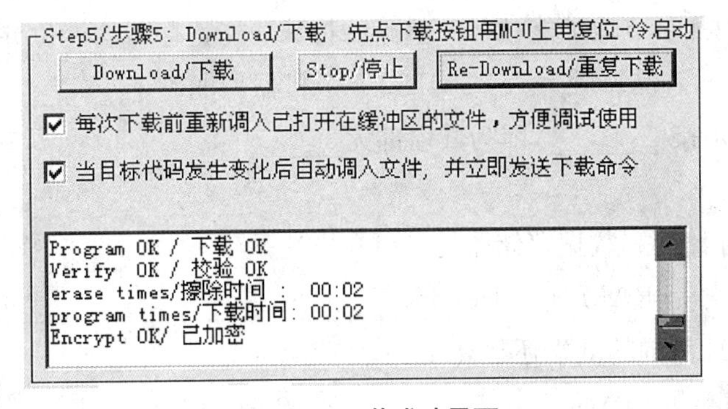

图 1-51 下载成功界面

1.5　项目小结

本项目从单片机最小系统的构建入手，介绍了单片机的基本概念、硬件结构、下载单元电路、单片机开发软件 Keil、仿真软件 Proteus ISIS、下载软件 STC-ISP 软件的使用、实际动手制作 51 单片机最小系统板，为后续项目的教学打下了硬件及软件基础。

主要知识点有：

1. 单片机是一种通过编程实现控制的微处理器。它在一片集成电路芯片上集成了CPU、存储器、I/O 接口电路。除此以外，单片机硬件结构还包括定时/计数器、中断系统和时钟电路、复位电路等。

2. $\overline{EA}$引脚是片内外 ROM 的选择端，对于无片内 ROM 的单片机，$\overline{EA}$接低电平，否则接高电平。

3. 80C51 的四个并行口都能用作通用的准双向 I/O 口，除此以外，P0 口还可作分时复用的低八位地址和数据总线使用，P2 口作为高八位地址总线，P3 口还有第二功能。其中准双向口是指作为输入口时，应事先向口锁存器写入高电平，让场效应管截止。另外 P0 口需要外接上拉电阻。

4. 单片机最小系统包括：单片机、时钟电路和复位电路。机器周期等于 12 倍的晶振周期。

习题与思考

一、填空题

1. 89=(　　　　)B=(　　)H。

2. 在一块芯片上集成________、________和________，从而构成单片机。

3. 程序计数器 PC 是一个____位的计数器，它总是存放着__________的存储单元地址。

4. 80C51 单片机中凡字节地址能被____整除的特殊功能寄存器均能位寻址。

5. 在 80C51 系统中，若晶振频率为 12 MHz，一个机器周期等于________μs。

6. 80C31 的$\overline{EA}$必须接________，因为其内部无________。

二、选择题

1. 区分片外程序存储器和数据存储器的最可靠方法是(　　)。

A. 看其芯片型号是 RAM 还是 ROM

B. 看其位于地址范围的低端还是高端

C. 看其离 80C51 芯片的远近

D. 看其是被$\overline{RD}$(或$\overline{WR}$)还是被$\overline{PSEN}$信号连接

2. PSW=18 H时，则当前工作寄存器是(　　)。

A. 0组　　B. 1组　　C. 2组　　D. 3组

3. Proteus软件仿真中，晶振的关键字是(　　)。

A. POT-HG　　B. RES　　C. CAP　　D. CRYSTAL

4. 使用Keil软件新建C语言源程序，保存该文件时扩展名应为(　　)。

A. asm　　B. c　　C. hex　　D. obj

三、问答及操作题

1. 单片机复位后，PC、SP、PSW的状态如何，当前工作寄存器为哪一组？
2. 在80C31扩展系统中，外部程序存储器和数据存储器共用16位地址线和8位数据线，为什么两个存储空间不会发生冲突？
3. 80C51内部四个并行I/O口的作用各是什么？
4. 绘制图1-32原理图，实现单片机控制发光二极管D1每隔1s亮灭一次，在Keil软件中输入以下源程序，Proteus ISIS软件仿真，观察仿真结果。熟悉Proteus ISIS及Keil软件的用法。

```
//功能:控制一个发光二极管每隔1s亮灭一次
#include<reg51.h>               //包含51单片机的头文件
sbit  LED=P1^0;                 //定义LED为P1.0引脚
void delayms(unsigned int x);   //函数delayms()的声明
void main()                     //主函数
{LED=0;
while(1)
{LED=~LED;
delayms(1000); }}
void delayms(unsigned int x)    //延时函数
{ unsigned int i,j;
for(i=x;i>0;i--)
for(j=130;j>0;j--);}
```

项目 2　LED 循环灯的设计

学习目标

1. 理解发光二极管的工作原理；
2. 掌握单片机 C 语言基本结构与 SFR 声明方法；
3. 掌握 51 系列单片机并行输入/输出(I/O)端口及其应用；
4. 掌握编写 LED 循环显示程序并仿真调试的方法；
5. 熟悉单片机应用系统的开发与设计方法。

2.1　工作任务

项目名称　LED 循环灯的设计。

功能要求　用单片机实现 LED 循环灯控制。

设计要求

(1) 用 Proteus ISIS 软件绘制电路原理图；

(2) 使用 Keil 软件编辑源文件，编译、链接生成目标代码文件；

(3) 将目标代码文件载入，在 Proteus ISIS 软件中仿真，验证结果；

(4) 制作实物，焊接电路板，并下载程序调试，实现预定功能。

2.2　相关知识链接

2.2.1　LED 基本原理

1. LED 基本结构及工作原理

LED(Light Emitting Diode)发光二极管，是一种具有两个电极的固态半导体发光器件，可以直接把电转化为光。LED 基本结构是一块电致发光的半导体晶片，置于一个有引线的架子上，晶片的一端附在一个支架上，一端是负极，另一端连接电源的正极，然后四周用环氧树脂密封，以保护内部芯线。其组成结构如图 2-1 所示，外观如图 2-2 所示。

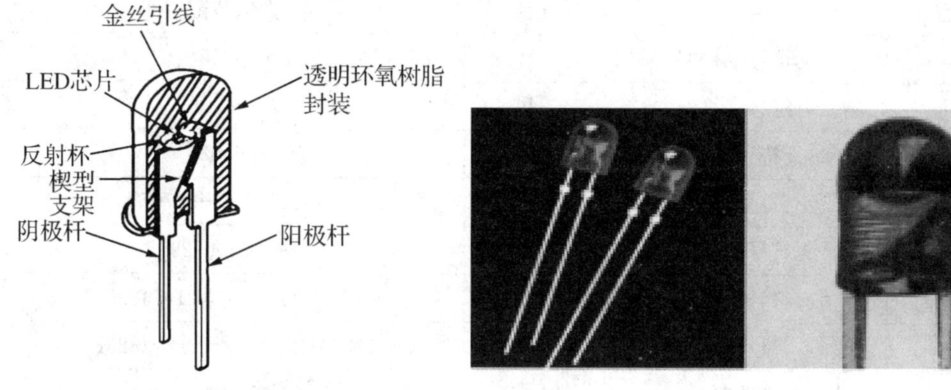

图 2-1 LED 组成结构图

图 2-2 LED 外观

2. LED 的用途与注意事项

发光二极管的种类多样，用途广泛，可以组成电子钟表表盘上的数字，从遥控器传输信息，为手表表盘照明并在设备开启时发出提示。将它们集结在一起可以组成超大电视屏幕上的图像，或是用于点亮交通信号灯等。

发光二极管正向导通电压一般在 1.8 V～2.2 V 之间，工作电流一般在 1 mA～20 mA 之间。当电流在 1 mA～5 mA 之间变化时，随着通过发光二极管的电流越来越大，我们的肉眼会感觉到这个 LED 小灯越来越亮，当电流从 5 mA～20 mA 之间变化时，发光二极管的亮度基本上没有什么太大变化了。

当电流超过 20 mA 时，LED 就会有烧坏的危险，电流越大，烧坏得也就越快，因此在使用过程中应特别注意 LED 在电流参数上的要求。实际使用时经常给发光二极管串联一个电阻，就是为了限制通过二极管的电流不要太大，所以称为“限流电阻”。当发光二极管正向导通发光时，其两端的电压为 1.7 V 左右，这个电压又称为发光二极管的“导通压降”。

2.2.3 单片机 C 语言基础

1. C51 的数据类型

单片机 C 语言即在 Keil 中使用的 C 语言，又称为 C51，它是针对单片机进行编程的 C 语言，是一种专门为 MCS-51 系列单片机设计的 C 语言编译器，支持 ANSI 标准的 C 语言程序设计，同时根据 8051 单片机的特点做了一些特殊扩展。在进行 C51 单片机程序设计时，支持的数据类型与编译器有关。在 C51 编译器中整型(int)和短整型(short)相同，单精度浮点型(float)和双精度浮点型(double)相同。表 2-1 中列出了 Keil C51 编译器所支持的数据类型。

表 2-1　Keil C51 支持的数据类型

数据类型	名称	长度	数值范围
unsigned char	无符号字符型	1B	0～255
signed char	有符号字符型	1B	－128～＋127
unsigned int	无符号整型	2B	0～65535
signed int	有符号整型	2B	－32768～＋32767
unsigned long	无符号长整型	4B	0～4294967295
signed long	有符号长整型	4B	－2147483648～＋2147483647
float	浮点型	4B	±1.175494E－38～±3.402823E＋38
*	指针型	1～3B	对象的地址
bit	位类型	1b	0 或 1
sfr	特殊功能寄存器	1B	0～255
sfr16	16 位特殊功能寄存器	2B	0～65535
sbit	可寻址位	1b	0 或 1

表 2-1 中后 4 种数据类型为 C51 在原先标准 C 的基础上扩充的数据类型。这些声明方法在后面的编程过程中会经常用到。具体含义为：

sfr——特殊功能寄存器的数据声明，声明一个 8 位的寄存器；

sfr16——16 位特殊功能寄存器的数据声明；

sbit——特殊功能位声明，也就是声明一个特殊功能寄存器中的某一位；

bit——位变量声明，当定义一个位变量时可使用此符号。

2. C 语言函数简介

C 语言程序以函数形式组织程序结构，一个 C 语言源程序是由一个或若干个函数组成的，每一个函数完成相对独立的功能。每个 C 程序都必须有且只有一个主函数 main()，程序的执行总是从主函数开始，再调用其他函数后返回主函数 main()，不管函数的排列顺序如何，最后在主函数中结束整个程序。

一个函数由两部分组成：函数定义和函数体。函数定义部分包括函数名、函数类型、函数属性、函数参数（形式参数）名、参数类型等。函数体由定义数据类型的说明部分和实现函数功能的执行部分组成。

函数定义的一般形式如下：

```
函数值类型 函数名(形式参数列表)
{
函数体
}
```

（1）函数值类型，就是函数返回值的类型。在我们后面的程序使用中，会有很多函数中有 return x,这个返回值也就是函数本身的类型。还有一种情况,就是这个函数只执行操作,不需要返回任何值,那么这个时候它的类型就是空类型 void,这个 void 按道理来说是可以省略的,但是一旦省略,Keil 软件会报告一个警告,所以我们通常不省略。

(2) 函数名。可以是任何合法的标识符,但是不能与其他函数或者变量重名,也不能是关键字。关键字是程序中具备特殊功能的标识符,不可以命名函数。

(3) 形式参数列表,也叫做形参,用于在函数调用时相互传递数据用的。有的函数不需要传递参数,可以用 void 来替代,void 同样可以省略,但那个括号是不能省略的。

(4) 函数体。函数体包含了声明语句部分和执行语句部分。声明语句部分主要用于声明函数内部所使用的变量,执行语句部分主要是一些函数需要执行的语句。特别要注意的是,所有的声明语句部分必须放在执行语句之前,否则编译的时候软件会报错。

(5) 一个工程文件必须有且仅有一个 main()函数,程序执行的时候,都是从 main()函数开始的。主函数的格式如下:

主函数 main( )

格式:void main( )

特点:无返回值,无参数

任何一个单片机 C 程序有且仅有一个 main()函数,它是整个程序开始执行的入口。在写完 main()之后,在下面有两个花括号,该函数的所有语句都写在这个花括号内。

C 语言程序使用";"作为语句的结束符,一条语句可以分多行书写,也可以在一行中书写多条语句。由 C 语言编译器提供的函数一般称为标准函数,用户根据自己的需要编写的函数称为自定义函数。在调用标准函数前,必须在程序开始用文件包含指令"#include"将包含该标准函数说明的头文件包含进来。值得注意的是,C 语言严格区分大小写。

C 语言程序中可以有预处理命令,一般放在源程序的最前面,如后面会使用到的"#include<reg51.h>"就是预处理命令。

3. While 循环语句

在为单片机进行 C 语言编程的时候,每个程序都会固定的加一句 while(1),这条语句就可以起到死循环的作用。对于 while 语句来说,其一般形式是:

```
格式:while(表达式)
      {
        语句组(也可为空)
      }
```

特点:先判断表达式,若表达式的值为非 0,则为真,即执行语句组;否则跳出 while 语句,执行后面的语句。

下面是我们在单片机系统设计时经常用到的一些 while 语句的形式。

```
While(1)
{
```

```
        P0=0xfe;
        delay();
        P0=0xfd;
        delay();
    }
```

在这个while语句中，条件永远为“真”，也就是循环条件永远成立，因此循环体中的语句会不停地执行。这是我们单片机系统中称为的“大循环”。后面我们设计的“从左到右依次点亮LED灯”系统中，就会采用这样的“大循环”，把控制信号周而复始地送出来，从而使LED灯能循环点亮。

一般来说，单片机系统是为某一特定任务而开发的，单片机系统一旦运行，其中的软件系统就不停地循环运行。因此，软件系统中要周而复始运行的语句就放在这样一个“大循环”当中。所以，在后面的项目开发中，大家可以看到，关于系统的一些初始化的设置，一般放在“大循环”之外，因为初始化设置只要设置一次就够了，而其他的要不停检测、运行的语句就放在“大循环”之内了。因此，一个main()函数中都包括这样一个语句形式。

再看下面的语句：

```
P0=0xfe;
while(1);
```

“while(1);”

这条语句实际上是这样的语句式：

```
while(1)
{
;
}
```

因为当while的语句组中只有一条语句时，其花括号是可以省略的。这条语句就是不停地执行空语句。其在单片机系统中的含义是：当控制信号一旦送出去后，系统就“等”在这里，不再往下走了。

比较下面两段代码，看看它们之间有什么不同？

```
while(1)
P0=0xfe;
P0=0xee;
```

```
while(1);
P0=0xfe;
P0=0xee;
```

4. for语句及简单延时函数

for语句是单片机C语言编程中很常用的一个语句，必须学会其用法，它不仅可以用来做延时，还可以用来做一些循环运算。for语句的一般形式如下：

```
for(表达式1; 表达式2; 表达式3)
(需要执行的语句);
```

格式：for(循环变量赋初值；循环条件；修改循环变量)

```
{
语句组(也可为空)
}
```

for 语句也是 C 语言中的一种循环语句，当循环次数明确的时候，用 for 语句比 while 语句更为方便。

for 语句的执行过程是这样的：

第 1 步　先执行第一个表达式，给循环变量赋初值，通常这里是一个赋值表达式。

第 2 步　利用第二个表达式判断循环条件是否满足，通常是关系表达式或逻辑表达式，若其值为“真”(非 0)，则执行循环体中的“语句组”一次，再执行下面第 3 步；若其值为“假”(0)，则转到第 5 步循环结束。

第 3 步　计算第三个表达式，修改循环控制变量。

第 4 步　跳转到上面第 2 步继续执行。

第 5 步　循环结束，执行 for 语句下面的一个语句。

for 语句在单片机系统中常常用来构造一个延时子函数，就是让系统“等一下”，再往下走。

```
void delay()
{
unsigned char i;
for(i=0;i<200;i++);            //执行 200 次空语句，消耗时间
}
```

利用 for 语句做延时效果，就是使系统执行空语句，消耗时间，从而达到延时的目的。当然，延时时间越长，执行的空语句就应该越多。在上面的 for 语句中，语句组中只有“;”这样一条语句，花括号省掉了，这要能看出来。再看下面的语句：

```
void delay()
{
unsigned char i,j;
for(i=0;i<200;i++)             //它的循环体是下面的 for 语句
        for(j=0;j<250;j++);    //它的循环体是省略了花括号的空语句“;”
}
```

上面这个例子是 for 语句的两层嵌套，第一个 for 后面没有分号，那编译器就默认第二个 for 语句就是第一个 for 语句循环体中的语句组，而第二个 for 语句循环体为一个空语句。程序在执行时，第一个 for 语句中的 i 每加一次，第二个 for 语句就执行 250 次，因此，这段代码实际上是执行了 200×250 次空语句。

有的人在录入时不小心在第一个 for 语句后面加了一个“;”号，如下面的代码所示：

```
void delay()
{
```

```
unsigned char i,j;
for(i=0;i<200;i++);           //它的循环体是省略了花括号的空语句";"
    for(j=0;j<250;j++);       //它的循环体是省略了花括号的空语句";"
}
```

这样一来，就变成了执行 200+250 次空语句，延时效果大打折扣。

在上面的延时子函数中，子函数一旦写好，其延时的时间就确定下来，如果在系统中有多种延时要求，就要编写多个延时子函数，效率不高。因此，我们可以编写带形参的子函数，通过改变形参，达到多种延时要求，使子函数具有更大的灵活性。

```
void delay(unsigned char k)
{
unsigned char i,j;
for(i=0;i<k;i++)              //下面的循环体执行 k 次
   for(j=0;j<250;j++);        //它的循环体是省略了花括号的空语句";"
}
```

在这样的延时子函数中，执行了 k×250 次空语句，当要改变延时时间的长短，只要在调用该子函数时，k 取不同的值即可。如：语句"delay(200);"，则执行 200×250 次空语句；语句"delay(250);"，则执行 250×250 次空语句。如果对于这样的子函数，写出"delay(400);"的语句，是执行 400×250 次空语句吗？答案是否定的，看看形参的类型：unsigned char k，该类型的数据取值范围为 0～255，能到 400 吗？觉得延时时长不够，可以改变形参、循环变量的数据类型，将其改为 int 类型。所以在写代码时，方方面面都要考虑到。

当然，这种利用 for 语句延时时间并不是很精确，如果需要非常精确的延时时间，我们在后面会讲到利用单片机内部的定时器来延时，它的精度非常高，可以精确到微秒级。下面就介绍软件延时的几种方法。

5. 软件延时

C 语言编程常用的延时方法有以下四种：

图 2-3 是我们编程语言常用的四种延时方法，其中两种是非精确延时，另两种是精确一些的延时。for 语句和 while 语句都可以通过改变 i 的范围值来改变延时时间，但是 C 语言的时间都是不能通过程序看出来的。

精确延时有两个方法，一个方法是用定时器来延时，这个方法我们后边要详细介绍，定时器是单片机的一个重点。另一个就是使用库函数_nop( );，一个 nop 的时间是一个机器周期的时间。

非精确延时只是在做一些简单的控制，比如 LED 小灯闪烁、流水灯等简单实验中使用。而实际做开发程序中，其实这种非精确延时用得极少，这里我们只是做演示功能使用。

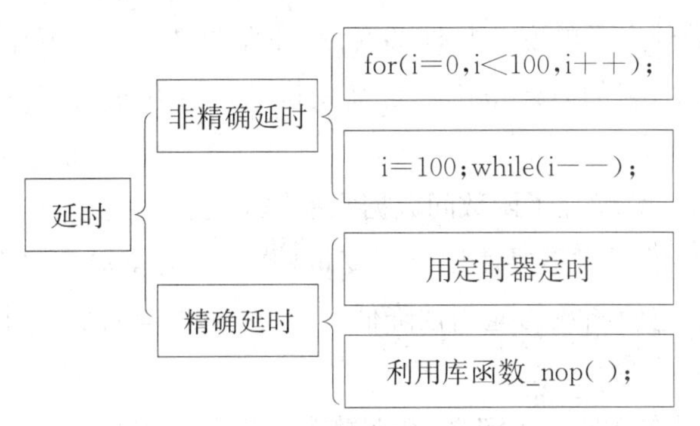

图 2-3　C 语言延时方法

当然，在利用延时子函数进行延时时，一般并不需要太精确。如果想知道一个延时子函数大概延时了多长时间，我们可以利用 Keil 软件进行仿真测算。

6. 程序模块化设计

如果是一个很小的软件，程序模块化设计没有任何的优越性，反而显得更加复杂。如果涉及到许多人协同作业，或者软件工程非常大时，它就会有非常明显的优越性，因为其他人不需要知道你这个工作组究竟是怎样写的，只是需要知道你这部分所实现的功能，知道他所拥有的接口就可以了，这样程序设计就会更加简便，而且你还可以把某个部分外包，可以集中人力、物力先完成其中一部分的模块，等等。

实现模块化的主要方法是利用函数进行封装，我们必须掌握函数的定义及调用、函数的返回、函数间的参数传递、变量的存储类型、文件包含等知识，以及与函数相关的嵌套调用，递归程序的编写，带参的宏替换等。

其中，函数往往由“函数定义”和“函数体”两个部分组成。函数定义部分包括函数类型、函数名、形式参数说明等，函数名后面必须跟一个圆括号()，形式参数在()内定义。函数体由一对花括号“{}”组成，在“{}”里的内容就是函数体。如果一个函数内有多个花括号，则最外层的一对“{}”内的内容为函数体的内容。函数体内包含若干语句，一般由两部分组成：声明语句和执行语句。声明语句用于对函数中用到的变量进行定义，也可能对函数体中调用的函数进行声明。执行语句由若干语句组成，用来完成一定功能。当然也有的函数体仅有一对“{}”，其中内部既没有声明语句，也没有执行语句，这种函数称为空函数。

关于函数中变量的类型，包括动态变量、静态变量和外部变量。局部变量：在一个函数内部定义的变量是内部变量，它只在本函数范围内有效，也就是说只有在本函数内才能使用它们，在此函数以外时不能使用这些变量的，它们称为局部变量，具有以下特点：

(1) 主函数 main()中定义的变量也只在主函数中有效，而不因为在主函数中定义而在整个文件或程序中有效；

(2) 不同函数中可以使用名称相同的变量，它们代表不同的对象，互不干扰；

(3) 形式参数也是局部变量；

(4) 在一个函数内部，可以在复合语句中定义变量，这些变量只在本复合语句中有效。

全局变量:在函数外定义的变量是外部变量,外部变量是全局变量,全局变量可以为本文件中其他函数所共用,它的有效范围从定义变量的位置开始到本源文件结束,具有以下特点:

(1) 全局变量的作用:增加了函数间数据联系的渠道。

(2) 建议在不必要的时候不要使用全局变量,这是因为全局变量在程序的全部执行过程中都占用存储单元,它使函数的通用性降低了,同时使用全局变量过多,会降低程序的清晰性。

(3) 如果外部变量在文件开头定义,则在整个文件范围内都可以使用该外部变量,如果不在文件开头定义,按上面规定作用范围只限于定义点到文件终了。如果在定义点之前的函数想引用该外部变量,则应该在该函数中用关键字 extern 作外部变量说明。

(4) 如果在同一个源文件中,外部变量与局部变量同名,则在局部变量的作用范围内,外部变量不起作用。

静态变量:在程序运行期间分配固定的存储空间的变量,叫作静态变量。其只有在第一次赋值时才会起作用,再次赋值便不起作用。

7. 单片机并行端口应用介绍

如项目1中关于51系列单片机的并行端口结构的介绍(如图1-6至图1-9所示)。每个I/O端口既可以按位操作使用单个引脚,送出控制信号;也可以按字节操作使用8个引脚同时送出控制信号。

语句"sbit led1=P2^0;"将P2口中的第0个引脚指定到位变量led1,然后通过语句"led1=0;"设置变量led1的值为0,即把P2口的第0个引脚设为低电平输出。这就是I/O端口按位使用单个引脚,送出控制信号。

若在程序中写这样的语句"P0=0xff;"则说明从P0端口的8个引脚中送出8个高电平"1"信号。语句中的"0xff"中的"0x"表示后面跟的是十六进制数,十六进制数"ff"转换为二进制数则为8个"1",即送出了8个高电平"1"信号。这就是按字节送出控制信号。

①P0口的应用

P0口作为普通的I/O端口时,必须在P0的引脚上外加上拉电阻R,使外接电源 V_{CC} 能送到输出端,使数据能正常送出。如图2-4所示。

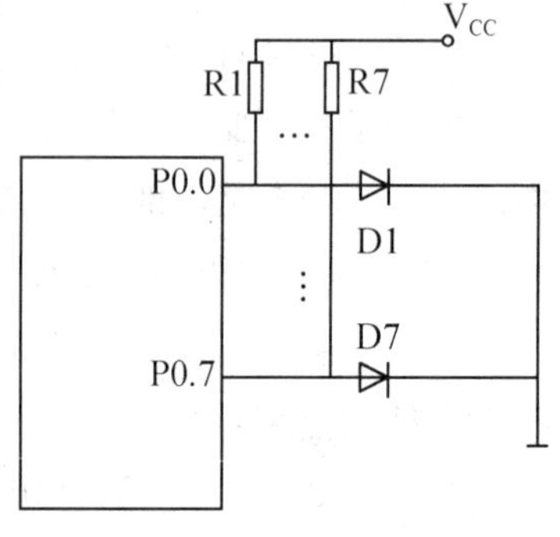

图2-4 P0口的控制电路示例

在图2-4所示的控制电路中,分析下面的程序代码的运行结果:

```
P0=0x00;                //P0口初始化
P0=0xff;
a=P0;                   //
for(i=0;i++;i<200);     //延时一段时间
b=P0&0xf0;              //将P0口的低4位引脚清0输出
```

按照程序理解,输出结果应该是:a=0xff　　b=0xf0。

但是在系统中运行后的结果是什么呢?

a=0x00　　b=0xf0

因为在执行“a=P0;”语句时,是把端口引脚上的数据读进来了,为什么读的是全0呢?因为二极管导通了,把P0.1到P0.7的电位拉到0了。

在执行“b=P0&0xf0;”语句时,这个P0不是从引脚上读的,而是从通过上面的缓冲器读锁存器里的数据,此时锁存器里的数据仍是前面送出的“0xff”,所以与“0xf0”相与后为“0xf0”。之所以不直接从引脚读数据,是因为引脚的数据有可能被外设的状态改变了,在执行此类“读一修改一写”操作语句时,系统就自动从锁存器读数据了。

在读引脚时,还应注意的一个问题是:如果P0口在前一个时刻是作为输出口,而且输出的是低电平“0”信号,引脚被拉到了0电位,而下一时刻我们想把P0口作为输入口,而又想输入高电平“1”,能正确读入数据吗?答案是否定的。因此,为了避免此类现象的发生,我们通常在把P0口作为输入口时,先执行下面的语句:

P0=0xff;

此语句执行后,端口为高电平(内部场效应管T2截止),再从P0口读入数据就可以了。

此外,当单片机需要片外扩展存储器时,P0口可作为单片机系统的地址/数据输出口分时送出外部存储器的存储地址和存储数据。

下面总结P0口的使用方法:

◆ 当P0口当作一般的I/O口输出数据时,必须外接上拉电阻才能正常输出数据。

◆ 当P0口当作一般的I/O口输入数据时,应区分读引脚和读端口。读引脚时,先在端口写“1”,使T2管截止,再从端口读入数据。

②P1口的应用

P1口的逻辑电路如图1-7所示。P1口只作为通用I/O口使用,它的电路结构比较简单。它在使用时应注意以下几点:

◆ P1口作为输出口使用时,内部已有上拉电阻,所以无须再外接上拉电阻。

◆ P1口作为输入口使用时,应区分读引脚和读端口。读引脚时,先在端口写“1”,使输出电路的场效应管截止,再从端口读入数据。

③P2口的应用

P2口的逻辑电路如图1-8所示。

P2实际应用中,能作为通用I/O口,也可以用于为系统扩展外部存储器时,为其提供高8位地址。P2口电路比P1口电路多了一个多路开关MUX,这一结构与P0口相似。而与P0口的多路开关MUX不同的是:MUX的一输入端接入的不再是“地址/数据”,而是单一的“地址”。因此,P2口作为通用I/O端口使用时,这时多路开关MUX接通锁存器Q端。单片机进行存储器扩展时,P2口用来作为外接存储器的高8位地址线使用,与P0口低8位地址线共同组成16位地址总线,此时多路开关MUX应接通“地址”端。

P2 口在使用时应注意以下几点：

◆ P2 口作为通用 I/O 口的输出口使用时，与 P1 口一样无须再外接上拉电阻。

◆ P2 口作为通用 I/O 口的输入口使用时，应区分读引脚和读端口。读引脚时，先在端口写“1”，使输出电路的场效应管截止，再从端口读入数据。

④P3 口的应用

P3 口的逻辑电路如图 1-9 所示。

P3 口内增加了第二功能控制逻辑。因此，P3 口既可作为通用 I/O 端口，也可作为第二功能口。对于第二功能为输入的信号引脚，在输入通道上增加了一个缓冲器 U1，输入的第二功能信号就从 U1 的输出端取得。当第二功能为输出的信号引脚，输出第二功能信号时，锁存器 Q 应置“1”，打开与非门通路，实现第二功能信号的输出。

当 P3 作为通用 I/O 端口输出数据时，“第二输出功能”端应保持高电平，使锁存器与输出引脚保持通畅，形成数据输出通路。当输入数据时，数据输入仍取自三态缓冲器的输出端。

P3 口在使用时应注意以下几点：

◆ P3 口作为通用 I/O 的输出口使用时，不用外接上拉电阻。

◆ P3 口作为第二功能使用的端口，不能同时当作通用 I/O 口使用，但其他未被使用的端口仍可作为通用 I/O 口使用。

◆ P3 口作为通用 I/O 口的输入口使用时，应区分读引脚和读端口。读引脚时，先在端口写“1”，使输出电路的场效应管截止，再从端口读入数据。

在本任务的设计过程中，我们使用 P0 口进行了系统设计，其电路形式如图 2-5(a)所示。

其中电阻 R 为限流电阻，其大小选为 1 kΩ 左右。如果将这两个系统效果进行对比，可以发现，采用 P0 口设计的系统中 LED 灯要亮一些，这是由于 P0 采用了上拉电阻，其负载能力强一些。若采用 P1 或 P2 口设计，可采用一些具有驱动功能的集成芯片，如 74LS240、74LS245 等，它们除了可以提高负载能力，还可起到隔离作用，如图 2-5(b)所示。

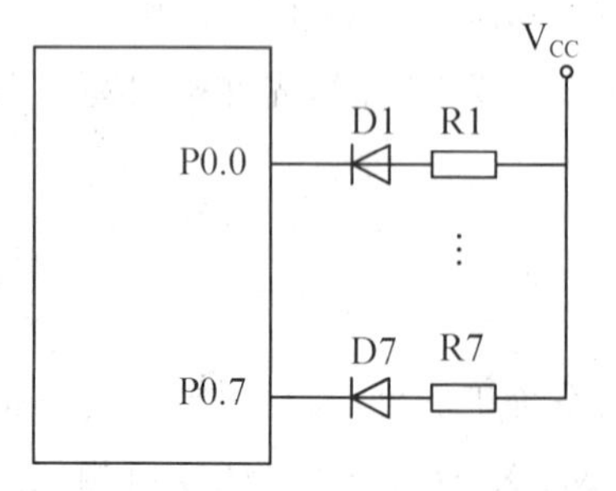

(a) 使用 P0 口设计电路

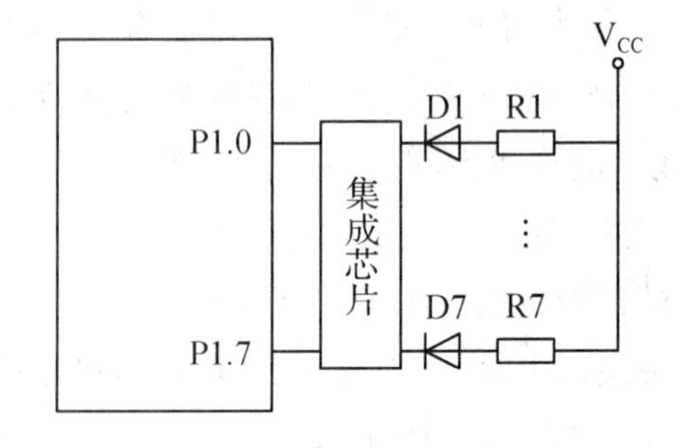

(b) 使用 P1 口并采用集成芯片增加驱动能力

图 2-5　用 P 端口设计电路

2.3 项目实施

通常在设计单片机应用系统的硬件电路前，应先明确开发内容及技术要求；然后，确定系统的总体设计方案及相应的功能模块，如信号测量、人机交互接口、显示、通信功能模块等。再根据系统功能的需求，选择合适的单片机，对关键元件进行选型；最后制作相应的印刷电路板。本项目按照由简到繁的顺序，分别阐述静态点亮单个 LED 灯、单个 LED 小灯闪烁控制以及 8 个 LED 灯循环点亮控制，包括硬件电路设计制作与软件程序编写调试等。

2.3.1 任务一：静态点亮单个 LED

1. 硬件电路设计

本项目功能非常简单，单片机只需控制一个 LED 灯点亮即可。在单片机的最小系统基础上，使用一个 I/O 口连接 LED，就构成了一个最简单的单片机应用系统，其硬件仿真电路如图 2-6 所示。本电路中芯片的电源和接地部分省略未画。

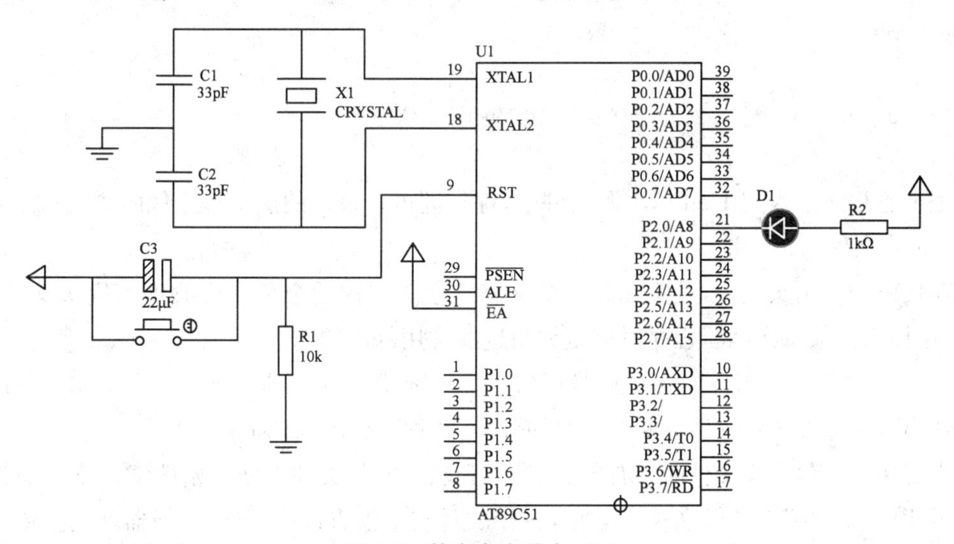

图 2-6 静态点亮单个 LED

在这个系统的电路中包括了单片机最小系统电路和一个外设——发光二极管 LED 及其限流电阻 R2。所需元件清单如表 2-2 所示。

表 2-2 元件清单

元器件名称	参数	数量	元器件名称	参数	数量
IC 插座	DIP40	1	弹性按键		1
单片机	STC89S51	1	电阻	1 kΩ	1
晶体振荡器	11.0592 MHz	1	电阻	10 kΩ	1

续表

元器件名称	参数	数量	元器件名称	参数	数量
瓷片电容	33 pF	1	电解电容	22μF	1
发光二极管		1			

在图 2-6 所示的仿真电路中，系统的控制原理就是通过程序来控制 P2.0 口输出低电平(0 V)，使发光二极管满足导通条件，发光二极管即被点亮。电路中使用了一个限流电阻 R2，我们可以算出发光二极管被点亮时，电阻上的压降为 3.3 V，若 R2 选 1 kΩ，则可以算出流过的电流大约为 3.3 mA，即穿过发光二极管的电流也为 3.3 mA 左右。当然，若想让发光二极管再亮一些，我们可以适当减小该电阻。

在本任务中，我们解决了项目硬件电路的设计，接着将要研究如何编写程序来控制这个硬件电路，点亮这个发光二极管。

2. 程序设计

根据控制要求，可以编写出如下控制程序：

```
#include<reg51.h>           //51 系列单片机头文件
sbit led1=P2^0;             //声明单片机 P2 口的第一位
void main()                 //主函数
{
    led1=0;                 //点亮发光二极管的控制信号
}
```

把上述程序录入到 Keil C51 源文件中，保存即可。录入的这个程序代码含义如下：

(1) 头文件 reg51.h

在代码中引用头文件，其实际意义就是将这个头文件的全部内容放到引用头文件的位置处，这样就无须每次编写程序时重复编写这些常用的语句。

在代码中加入头文件有两种书写方法，分别为 #include<reg51.h> 和 #include "reg51.h"，包含头文件时都不要在后面加分号，两种写法区别如下：

当使用<>包含头文件时，编译器先进入到软件安装文件夹处开始搜索这个头文件，也就是 Keil\C51\INC 这个文件夹下，如果这个文件夹下没有该头文件，编译器就会报错。

当使用" "包含头文件时，编译器先进入到当前项目所在的文件夹处开始搜索这个文件，如果当前项目所在的文件夹下没有该头文件，编译器继续回到软件安装文件夹处搜索这个头文件，若找不到该头文件，编译器将报错。因为 reg51.h 在软件安装文件夹中，所以我们一般写成 #include<reg51.h>。

(2) C51 扩充数据类型的应用

前面提到过，C51 与标准的 C 语言相比扩充了四种数据类型，此处我们用了 sbit 来声明一个位变量。

```
sbit led1=P2^0;             //声明单片机 P2 口的第一位
```

声明 led1 这个变量的数据类型为 sbit，它对应 P2 这个特殊功能寄存器的第一位(地址为 A0,也用 P2.0 表示),以后直接通过 led1 来访问这个位地址。

(3) 点亮 LED 的关键语句

led1=0;　　　　//点亮发光二极管的控制信号

在项目中,发光二极管接到 P2 口的第一个引脚上,这个引脚的数据就存放在特殊功能寄存器 P2 的第一个位地址(P2.0)里,所以往里面存入控制信号 0,0 通过引脚送出到发光二极管负极,由于发光二极管正极通过一个限流电阻 R2 接电源(高电平),满足导通条件,于是就点亮了发光二极管。

这是最简单的单片机 C 语言程序,后面的几个小项目都是在此基础上修改而成。所以这个程序结构对于初学者来说,需要理解。

3. 仿真与调试

(1) 在 Proteus 软件中,按图 2-8 所示的硬件电路及表 2-2 给出的各元件的"keyword"值找到元件,画出电路图。

(2) 在 Keil 中建立工程,并录入程序、调试,生成 HEX 文件。

(3) 将 HEX 文件写到 Proteus 仿真电路单片机中,观察运行效果是否符合设计要求。

至此,软件设计初步完成,通过 Proteus 软件进行系统仿真调试,能够看到 LED 被点亮。若发现系统仿真功能与设计要求不符时,可以再进入 Keil 中对软件系统进行修改,进行进一步的调试。在完成了系统的仿真之后,就可以着手进行电路板的制作了,并通过下载器或编程器将调试、编译好的程序写入芯片,并对系统进行最后的调试。

2.3.2 任务二:单个 LED 闪烁控制

1. 硬件电路设计

通过单片机控制单个 LED 闪烁与静态点亮单个 LED,在硬件电路上没有区别,仍用图 2-6,主要是软件程序的编写稍有差异。

2. 程序设计

LED(发光二极管)闪烁过程实际上就是发光二极管交替亮、灭的过程。但是单片机运行一条指令的时间只有几微秒,时间太短,眼睛无法分辨,看不到闪烁效果,所以用单片机控制发光二极管闪烁时,需要增加一定的延时时间,通常采用延时函数来实现。即先点亮 LED,然后延时一定时间,再熄灭 LED,再延时一定时间,然后再重新点亮……如此循环下去,我们观察到的视觉效果就是 LED 进行闪烁。

根据这个思想,设计的发光二极管闪烁控制系统的源程序如下:

```
#include<reg51.h>                    //51系列单片机头文件
sbit led1=P2^0;                      //声明单片机P2口的第一位
void delay(unsigned char k)          //延时子函数
{
unsigned char i,j;
for(i=0;i<k;i++)
```

```
    for(j=0;j<255;j++);                //双重 for 循环语句,起到延时作用
}
void main()                            //主函数
{
while(1)
  {
    led1=0;                            //点亮发光二极管的控制信号
    delay(50);                         //延时
    led1=1;                            //熄灭发光二极管的控制信号
    delay(50);                         //延时
  }
}
```

2.3.3　任务三:8 个 LED 循环点亮

在前面我们使用 P2 口的第一个输入/输出引脚(即 P2.1)输出控制信号,点亮了一个发光二极管,而在本任务中可使用 8 个输入/输出引脚控制 8 个 LED 灯。本任务要求完成的效果是:第 1 个 LED 灯点亮间隔一段时间后,第 2 个 LED 灯被点亮,依此类推,直至第 8 个 LED 灯被点亮。

1. 硬件电路设计

硬件仿真电路如图 2-7 所示。

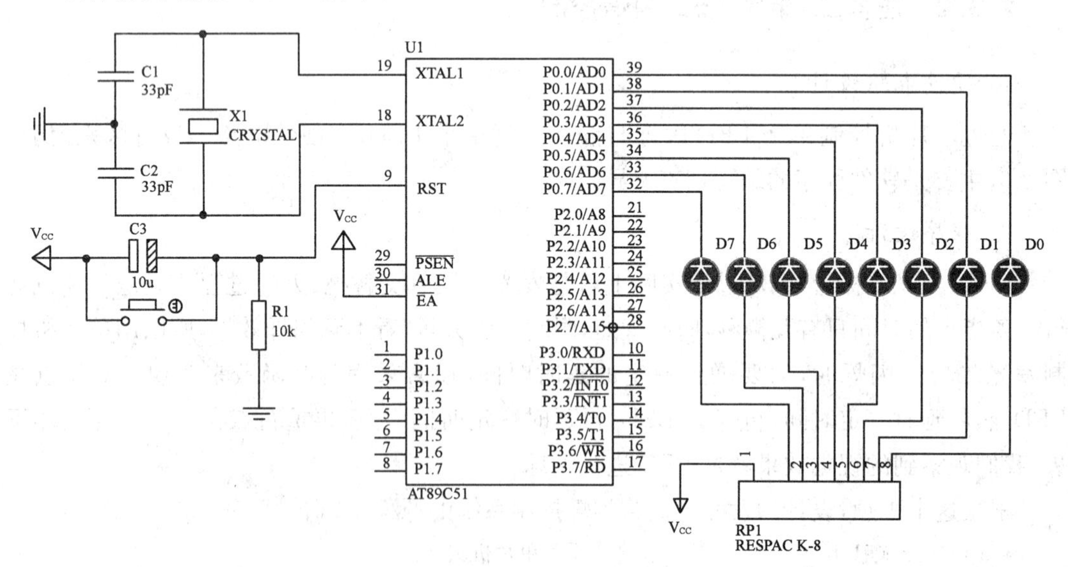

图 2-7　8 个 LED 循环点亮仿真控制电路

在本硬件系统中,通过并行 I/O 口 P0 驱动 8 个 LED,同时采用了一个排阻 RP1 作为 P0 口的上拉电阻。从电路图可以看出,对于这 8 个发光二极管,当它们从 P0 口得到低电平时,LED 灯被点亮;而当 P0 口输出高电平 1 时,LED 灯熄灭。

本硬件电路所需元件清单如表 2-3 所示。

表 2-3　所需元件清单

元器件名称	参数	数量	仿真元件 Keywords	元器件名称	参数	数量	仿真元件 Keywords
IC 插座	DIP40	1		弹性按键		1	BUTTON
单片机	STC89S51	1	AT89C51	电阻	1 kΩ	1	MINRES1K
晶体振荡器	11.0592 MHz	1	CRYSTAL	电阻	10 kΩ	1	MINRES10 K
瓷片电容	33 pF	1	CERAMIC 33p	电解电容	22 μF	1	MINELECT22U 16V
发光二极管		8	LED-GREEN	排阻(9 脚)	1 kΩ	1	RESPACK-8
单排插针	40 P	1		单排插座	40 P	1	
杜邦线		若干					

在表 2-3 所列的元件清单中，用了单排插针、单排插座和杜邦线，以使通过杜邦线将外围设备与单片机的各输入/输出脚连接起来，更换外围设备时，只要将杜邦线拔掉重新连接即可。而不是将外围设备直接焊接在单片机的引脚上，这样便于系统功能的扩展。表中列出的仿真元件 Keywords 列数据，是该电路在 Proteus 中进行电路仿真时各元件的名称。

在电路设计时，我们使用了排阻 RP1。什么是排阻？通俗地讲，就是一排电阻。排阻元件外形如图 2-8(a)所示，它的内部结构如图 2-8(b)所示。

从图 2-8(b)中我们可以看出，9 脚排阻就是将 8 个电阻的一端全部连接起来，形成一个公共端。在本任务的硬件电路中，排阻的公共端接电源 V_{CC}，每个电阻的另一端接单片机 P0 口的输入/输出引脚，作为 P0 口的上拉电阻。

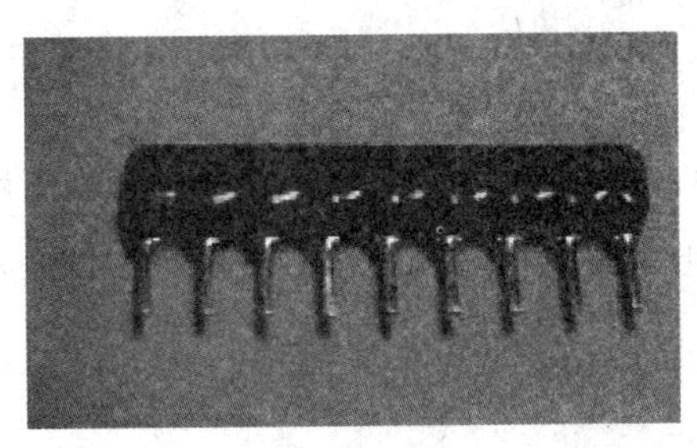
(a) 排阻元件外形

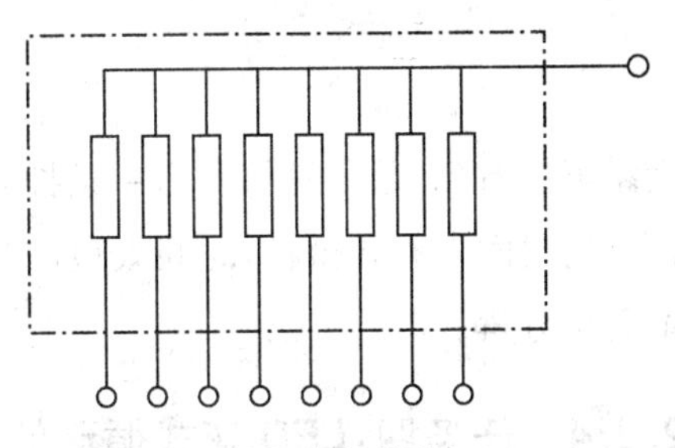
(b) 排阻内部结构

图 2-8　排阻外形及内部结构图

2. 程序设计

根据上面设计的硬件电路，可以设计出如下控制程序：

```
#include<reg51.h>                    //包含 51 系列单片机头文件
void delay(unsigned char k)          //延时子函数
{
    unsigned char i,j;
```

```
    for(i=0;i<k;i++)
        for(j=0;j<255;j++);     //执行i*255次空语句,起到延时作用
}
void main()                     //主函数
{
    while(1)
    {
        P0=0xfe;        //点亮第一个LED灯,控制信号为:1111 1110
        delay(200);     //延时
        P0=0xfd;        //点亮第二个LED灯,控制信号为:1111 1101
        delay(200);
        P0=0xfb;        //点亮第三个LED灯,控制信号为:1111 1011
        delay(200);
        P0=0xf7;        //点亮第四个LED灯,控制信号为:1111 0111
        delay(200);
        P0=0xef;        //点亮第五个LED灯,控制信号为:1110 1111
        delay(200);
        P0=0xdf;        //点亮第六个LED灯,控制信号为:1101 1111
        delay(200);
        P0=0xbf;        //点亮第七个LED灯,控制信号为:1011 1111
        delay(200);
        P0=0x7f;        //点亮第八个LED灯,控制信号为:0111 1111
        delay(200);
        }
}
```

大家可以看到,单片机每发出一条控制信号,都要延时一段时间,这是因为单片机运行一条指令的时间只有几微秒,时间太短,如果不进行延时,每个状态持续的时间太短,人的肉眼根本无法分辨。

2.3.4 任务四:LED花式循环的实现

LED花式循环有多种方案,可以使用一个并口带8个LED,也可以使用两个并口带16个LED,花样可以自行设计,有时也称为LED跑马灯、流水灯或者霓虹灯,本项目仅以8个LED组成的霓虹灯为例,来阐述单片机LED花式循环系统的制作与实现方法。

1. 硬件电路设计

本任务的硬件电路如图2-7所示,当然也可以采用P1口或P2口进行系统设计,只是P1口或P2口不用上拉电阻,而采用1 kΩ左右的限流电阻,如果觉得LED灯不够亮,可以略微减小限流电阻的阻值,或采用图2-5(b)的方法,增加端口的扇出电流,提高驱动负载能力。

各位读者可以尝试其他设计方法。

2. 程序设计

我们可以采用任务三中的方法，将各个状态的控制信号(共 18 种)逐一发送出去，但这样程序代码会太长。现在我们采用数组，将这些状态存入数组，循环从数组中取出控制信号发送出去，程序变得更加简洁。

源程序代码清单如下：

```
#include<reg51.h>               //包含51系列单片机头文件
#define uchar unsigned char//
#define uint unsigned int
void delayms(uchar k);          //延时函数声明
void main()                     //主函数
{

    uchar tab[]={0xfe,0xfd,0xfb,0xf7,0xef,0xdf,0xbf,0x7f,0x7f,
                 0xbf,0xdf,0xef,0xf7,0xfb,0xfd,0xfe,0x00,0xff};
    uchar i;
    while(1)
    {
        for(i=0;i<18;i++)
        {
            P0=tab[i];
            delayms(1000);
        }
    }
}
voiddelayms(uint k)             //延时k毫秒的子函数
{
uint i,j;
for(i=0;i<k;i++)
     for(j=0;j<255;j++);    //执行k*255次空语句,起到延时作用
}
```

将要用的控制信号放入数组，用时从数组里取，这是我们单片机系统开发中经常用到的方法。

3. 系统仿真调试

将上面的程序编译、调试产生 HEX 文件，写入 Proteus 中的仿真电路，观察效果。符合设计要求，如图 2-9 所示。

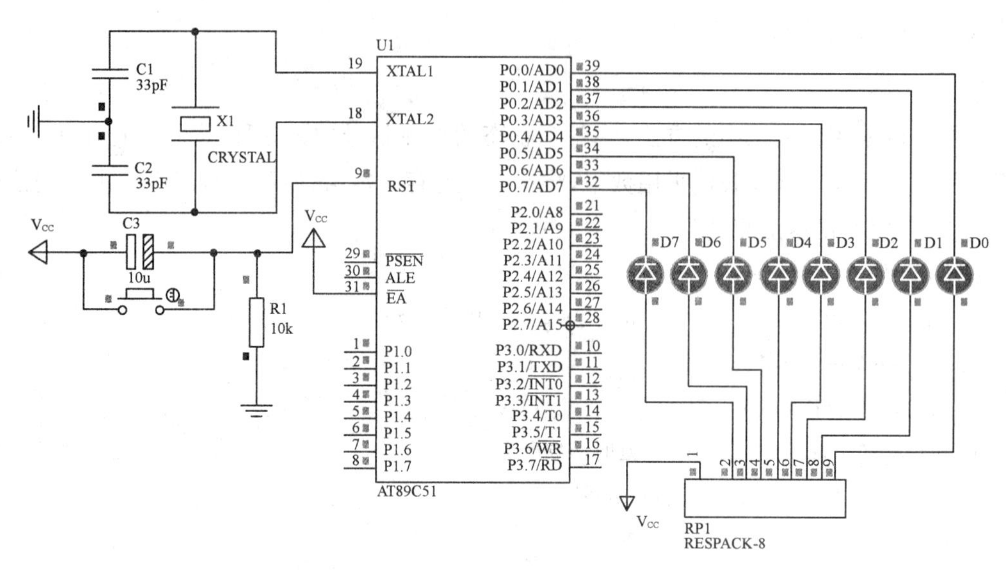

图 2-9　LED 花式循环(霓虹灯)仿真效果图

4. 硬件电路板制作

在完成系统仿真之后,就可以进行电路板的制作了,制好以后进行系统最后调试。首先可以在万能板上按图 2-9 所示电路图焊接元器件,完成电路板制作。图 2-10 为电路板实物图。

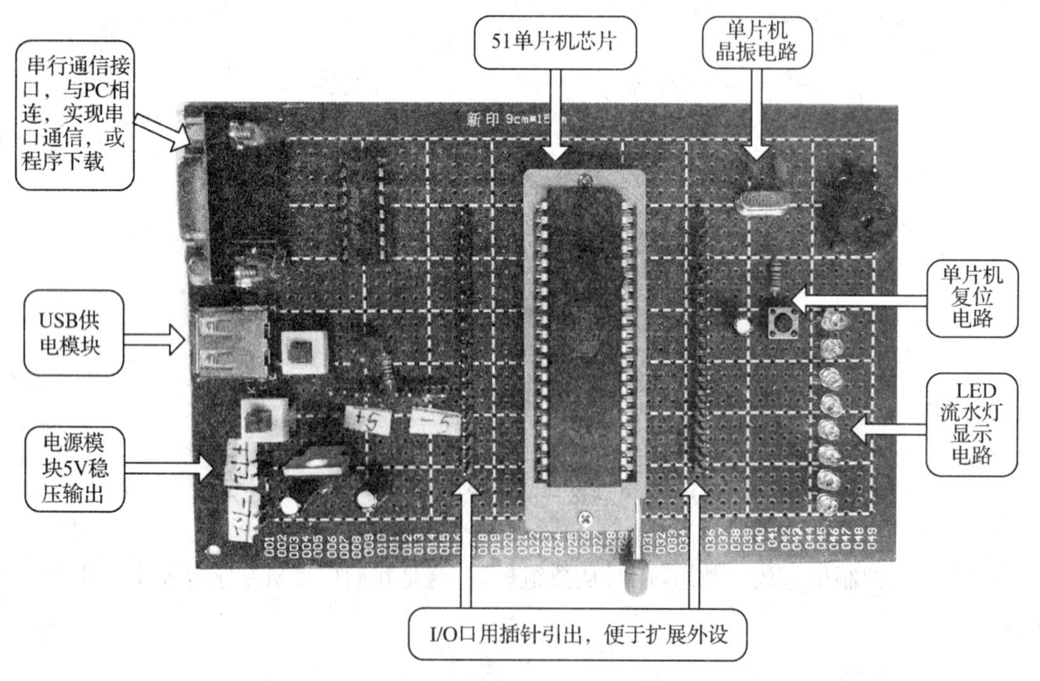

图 2-10　LED 花式循环系统电路板实物图

5. 程序下载与调试

图 2-10 所示的电路中，我们制作的电路板中除了包括本任务所含电路部分，还包括了一个自制的下载器(左上角部分)。通过这部分电路，可以实现系统程序的在线下载。

按照项目 1 中关于下载调试的方法步骤，将编译成功产生的二进制文件(即我们前面说的 HEX 文件)下载到单片机芯片中，系统才能在该程序的控制下正常运行。

2.4 项目小结

本项目通过 LED 循环灯的设计，应用 Keil C51 编写控制程序，使用 Proteus 软件搭建电路，并仿真调试，最后制作了 LED 花式循环灯的硬件电路，使用自制的串口下载器来下载程序，并调试通过。通过四个简单任务系统地讲述了一个简单的单片机应用系统的设计与开发过程，为后续深入学习奠定了基础。本项目涉及的知识点有：

(1) MCS-51 系列单片机并行 I/O 端口的结构、功能和操作方法；

(2) 单片机 C 语言的程序结构、基本语句、数据类型等；

(3) 单片机延时方法；

(4) LED 的控制方法。

习题与思考

1. MCS-51 系列单片机的 4 个并口作为通用 I/O 端口使用，在输出数据时，必须外接上拉电阻的是(　　)。

   A. P0 口　　B. P1 口　　C. P2 口　　D. P3 口

2. 当 MCS-51 系列单片机应用系统需要扩展外部存储器或其他接口芯片时，(　　)可以作为低 8 位地址总线使用。

   A. P0 口　　B. P1 口　　C. P2 口　　D. P3 口

3. 当 MCS-51 系列单片机应用系统需要扩展外部存储器或其他接口芯片时，(　　)可以作为高 8 位地址总线使用。

   1. P0 口　　B. P1 口　　C. P2 口　　D. P3 口

4. C 程序总是从(　　)开始执行的。

   A. 主函数　　B. 主程序　　C. 子函数　　D. 子程序

5. 在 C51 程序中，通常把(　　)作为循环体，用于消耗 CPU 时间，用来产生延时效果。

   A. 赋值语句　　B. 表达式语句

   C. 循环语句　　D. 空语句

6. 下面的 while 循环执行了(　　)次空语句。

while(i=2);

A. 无限次　　B. 0 次　　C. 1 次　　D. 2 次

7. 在 C51 的数据类型中,unsigned char 型的数据类型长度和数值范围为(　　)。

A. 单字节 −128～127　　B. 双字节 −32768～32767

C. 单字节 0～255　　D. 双字节 0～65535

8. 在 C51 中,do-while 语句的条件为(　　)时,结束循环。

A. 0　　B. 1

C. 非 0　　D. true

9. MCS-51 系列单片机的 4 个并口中,常用于第二功能的是(　　)。

A. P0 口　　B. P1 口

C. P2 口　　D. P3 口

10. LED 导通发光的一般条件是(　　)。

A. 正极接高电位,负极接低电位

B. 正极接低电位,负极接高电位

C. 正负极均接高电位

D. 正负极均接低电位

11. C51 中扩充的数据类型有哪些? 目的是什么?

12. 用 C51 编程访问 MCS-51 系列单片机的并行 I/O 端口时,可以按哪些方式寻址? 区别是什么?

13. 试总结开发一个简单的单片机应用系统的步骤。

14. 编写一个 C 语言源程序,使 8 个 LED 先按照表 2-5 中模式一的规律点亮,经过一段时间延时以后,再按照模式二的规律点亮,再延时一段时间,如此循环反复。

表 2-5　LED 点亮规律表

P1 口引脚状态	P1.7	P1.6	P1.5	P1.4	P1.3	P1.2	P1.1	P1.0
LED 亮灭模式一	亮	灭	亮	灭	亮	灭	亮	灭
LED 亮灭模式二	灭	亮	灭	亮	灭	亮	灭	亮

15. 应用 MCS-51 单片机设计一个跑马灯程序。具体要求如下:控制 16 个 LED 进行花式显示,设计 4 种显示模式,输入是连续脉冲与逻辑开关,输出为 16 个 LED 灯。

模式 0,从左到右逐个点亮 LED;

模式 1,从右到左逐个点亮 LED;

模式 2,从两边到中间逐个点亮 LED;

模式 3,从中间到两边逐个点亮 LED。

要求程序实现在 4 种模式之间循环切换,利用复位键控制系统的运行与停止。

项目3　数码管的显示设计

学习目标

1. 理解数码管显示的工作原理；
2. 掌握数码管显示数据的编程控制方法；
3. 理解中断工作的原理；
4. 掌握利用定时器进行精确定时的编程方法；
5. 掌握定时器中断内部中断、外部中断的编程方法；
6. 深入理解程序模块化设计思想。

3.1　工作任务

项目名称　利用定时器及中断控制数码管显示。

功能要求　利用C51语言编程来控制数码管的显示内容，能够使用1个或多个数码管显示任意数字。

设计要求

（1）数码管理静态显示数字1；

（2）利用定时器来控制数码管，使8个数码管同时显示数据，数码管的刷新时间间隔是1ms，数据从0到9每隔一秒变化一次；

（3）利用定时器中断设计一个简易秒表，计时范围是0～99s；

（4）设计程序，控制8个数码管显示不同的数字。

3.2　相关知识链接

3.2.1　数码管基本知识概述

LED数码管以其显示清晰、亮度高、使用电压低、寿命长等特点，在日常生活和其他众多领域获得了广泛的应用。它是一种把多个LED显示段集成在一起的显示设备，如图3-1

所示。通常的数码管为8段显示数码管，即8个LED显示段，分别为a、b、c、d、e、f、g、dp，其中dp是小数点位段，可以显示数字和部分字母，如图3-2所示。

图3-1　部分数码管实物图

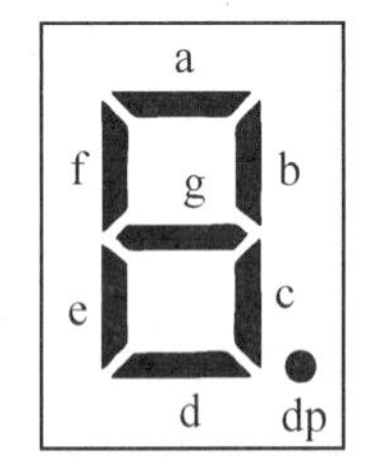

(a)LED数码管字段代码

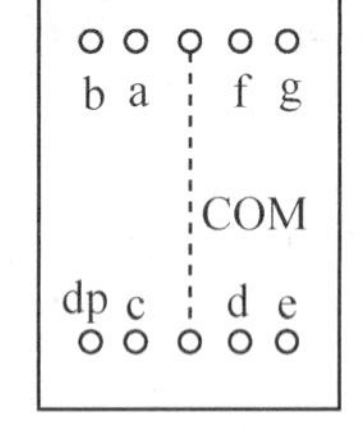

(b)LED数码管背面管脚

图3-2　数码管字段代码和背面管脚

数码管有两种类型，一种是共阳极结构，一种是共阴极结构，如图3-3所示。所谓共阳极结构数码管是把a～g、dp段的阳极(正极)接在一起[如图3-3(a)所示]，称为公共端COM。共阴极结构数码管是把a～g、dp段的阴极(负极)都接在公共端的连接方式[如图3-3(b)所示]。

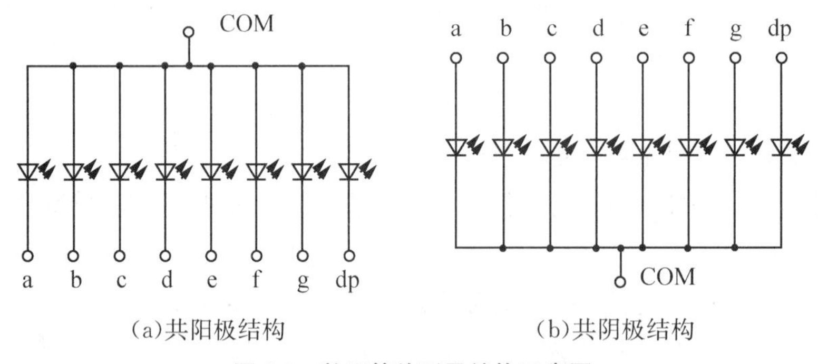

(a)共阳极结构　　(b)共阴极结构

图3-3　数码管外形及结构示意图

对于共阴极数码管来说，如果想让某几个二极管点亮，则把对应的管脚置为高电平即可。其他不需要点亮的管脚要置低电平；例如，让共阴极数码管显示"1"，则对应的数码管b、c两个要点亮，此时通过单片机的管脚向数码管的b、c两管脚送高电平，即可实现。当然，此处发光二极管的点亮，也要考虑其正常工作的条件。在实际应用中，为了让LED正常发光，与其串联了一个大小适中的电阻。同样，为了保证LED数码管正常显示，其每一个码段都需要串联一个适中的电阻。共阳极数码管的点亮电平则相反。

另外，还有多位数码管，常见的有2位、3位和4位数码管，如图3-4所示。其中每一位的公共端为一个独立引脚，不同位的数码管的相同段连接在一起，共用一个引脚。如所有的 a 段都连在一起，其他的段也是如此，如图 3-5 所示。

图 3-4 常见多位八段数码管实物图

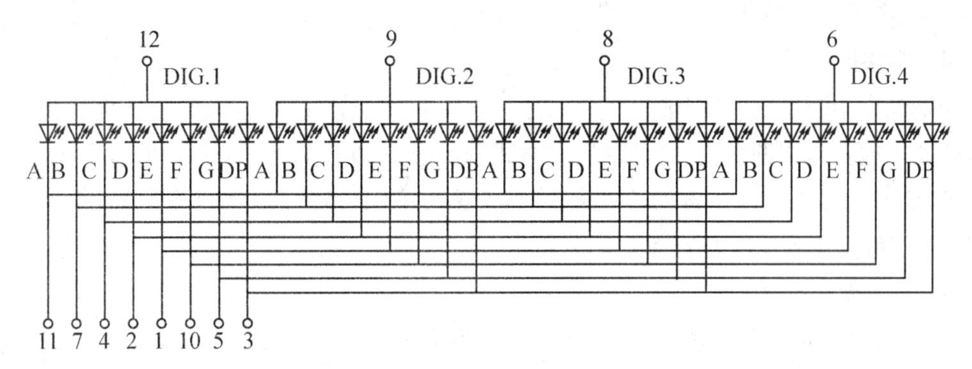

图 3-5 4 位八段数码管内部接线图

根据数码管的两种结构，数码管显示有两种编码方法，具体字形码表如表 3-1 所示。

表 3-1 数码管常用字形码表

字符	段选码		字符	段选码	
	（共阳）	（共阴）		（共阳）	（共阴）
0	C0H	3FH	A	88H	77H
1	F9H	06H	B	83H	7CH
2	A4H	5BH	C	C6H	39H
3	B0H	4FH	D	A1H	5EH
4	99H	66H	E	86H	79H
5	92H	6DH	F	8EH	71H
6	82H	7DH	P	8CH	73H
7	F8H	07H	H	89H	76H
8	80H	7FH	Y	91H	6EH
9	90H	6FH	U	3EH	C1H

3.2.2 中断的基本概念

1. 中断的概念

对于中断的定义，我们从一个生活中的例子引入。比如我们正在家中听歌，突然你的电话响起,我们会暂停播放歌曲,去接电话,和来电话的人交谈,然后放下电话,回来继续听我们的歌。这就是生活中常见的"中断"现象,即正常的工作过程被外部的事件打断,处理完外部事件之后,又返回打断之前的工作当中。

对于单片机,中断的定义是CPU暂时中止其正在执行的程序,转去执行请求中断的那个外设或事件的服务程序,等处理完毕后再返回执行原来中止的程序,叫作中断,也可以说中断是单片机中实现中断功能的相关硬件和软件的集合。

2. 设置中断的意义

(1) 能够提高CPU工作效率

如果没有中断系统,就只能由CPU按照程序编写的先后次序,对各个外设进行巡回检查与处理。这就是查询式工作方式,这种方式看似公平,实际效率却不高,但有了中断,就不一样了,比如在等待I/O设备的输入输出时,不需要CPU的干预,而这个时候,也就不必占用CPU,而可以让其他需要处理的程序去占用CPU。

(2) 具备实时处理功能

实时控制中,现场的参数和信息是不断变化的,有了中断,外界的变化量就可以根据要求随时向单片机的CPU发送中断请求,让它去执行中断服务程序。

(3) 具备故障处理功能

针对难以预料的情况或故障,如掉电、存储出错、运算溢出等,可通过中断系统由故障源向CPU发出中断请求,再由CPU转到相应的故障处理程序进行处理。

(4) 能够实现分时操作

可以解决快速CPU和慢速外设之间的矛盾,使CPU和外设同时工作。CPU启动外设后继续执行主程序,而外设也在工作,当外设完成一件事时就发送中断请求,请求CPU中断,转去执行中断服务程序,中断处理完后CPU返回执行主程序,外设也继续工作,提高了CPU的利用率。

3. 中断源

什么可以引起中断呢,生活中很多事件可以引起中断:有人按了门铃了,电话铃响了,你的闹钟响了,你烧的水开了……诸如此类的事件,我们把可以引起中断的源头称之为中断源。

在单片机系统中,给中断源一个确切的定义,即能发出中断请求,引起中断的装置或事件。80C51单片机的中断源共有5个,其中2个为外部中断源,3个为内部中断源:

(1) INT0:外部中断0,中断请求信号由P3.2输入。

(2) INT1:外部中断1,中断请求信号由P3.3输入。

(3) T0:定时/计数器0溢出中断,对外部脉冲计数由P3.4输入。

(4) T1:定时/计数器1溢出中断,对外部脉冲计数由P3.5输入。

(5) 串行中断:包括串行接收中断RI和串行发送中断TI。

4. 中断的嵌套与优先级处理

设想一下，我们正在听歌，电话铃响了，同时又有人按了门铃，你该先做哪样呢？如果你正在等一个很重要的电话，你一般不会去理会门铃的；反之，你正在等一个重要的客人，则可能就不会去理会电话了。如果不是这两者(既不等电话，也不是等人上门)，你可能会按你通常的习惯去处理。总之这里存在一个优先级的问题，单片机中也是如此，也有优先级的问题。优先级的问题不仅仅发生在两个中断同时产生的情况，也发生在一个中断已产生，又有一个中断产生的情况，比如你正接电话，有人按门铃的情况，或你正开门与人交谈，又有电话响了情况。遇到这种情况，我们应该根据实际情况来处理。

80C51 中断优先控制首先根据中断优先级，此外还规定了同一中断优先级之间的中断优先权。其从高到低的顺序为：

INT0、T0、INT1、T1、串行口。

中断优先级是可编程的，而中断优先权是固定的，不能设置，仅用于同级中断源同时请求中断时的优先次序。

80C51 中断优先控制的基本原则：

① 高优先级中断可以中断正在响应的低优先级中断，反之则不能。

② 同优先级中断不能互相中断。

③ 同一中断优先级中，若有多个中断源同时请求中断，CPU 将先响应优先权高的中断，后响应优先权低的中断。

当 CPU 正在执行某个中断服务程序时，如果发生更高一级的中断源请求中断，CPU 可以“中断”正在执行的低优先级中断，转而响应更高一级的中断，这就是中断嵌套，如图 3-6 所示。中断嵌套只能高优先级“中断”低优先级，低优先级不能“中断”高优先级，同一优先级也不能相互“中断”。中断嵌套结构类似于调用函数的嵌套，不同的是：

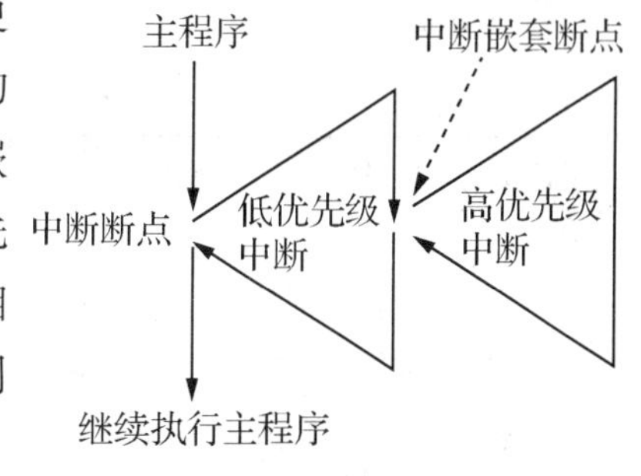

图 3-6 中断嵌套

①函数嵌套是在程序中事先按排好的；中断嵌套是随机发生的。

②函数嵌套无次序限制，中断嵌套只允许高优先级“中断”低优先级。

5. 中断的响应过程

当有事件产生，进入中断之前我们必须先暂时中断正在进行的事件，比如听歌，我们进行暂停，然后去处理不同的事情(因为处理完了，我们还要回来继续听歌)：电话铃响我们要到放电话的地方去，门铃响我们要到门那边去，也就是不同的中断，我们要在不同的地点处理，而这个地点通常还是固定的。

计算机中也是采用的这种方法，五个中断源，每个中断产生后都到一个固定的地方去找处理这个中断的程序，当然，在去之前首先要保存下面将执行的指令的地址，以便处理完中断后回到原来的地方继续往下执行程序。

具体地说，中断响应可以分为以下几个步骤：

(1) 保护断点，即保存下一个将要执行指令的地址，就是把这个地址送入堆栈。

(2) 寻找中断入口，根据5个不同的中断源所产生的中断，查找5个不同的入口地址。以上工作是由计算机自动完成的，与编程者无关。在这5个入口地址处存放有中断处理程序(这是程序编写时放在那儿的，如果没有把中断程序放在那儿，就错了，中断程序就不能被执行)。

(3) 执行中断处理程序。

(4) 中断返回：执行完中断指令后，就从中断处返回到主程序，继续执行。在中断服务程序执行完后，会自动恢复断点地址并开放同级中断，以便允许同级中断源请求中断。

6. 中断控制寄存器

80C51单片机中涉及中断控制的有3个方面4个特殊功能寄存器，它们分别是：

(1) 中断请求：定时和外中断控制寄存器TCON。

串行控制寄存器SCON。

(2) 中断允许控制寄存器IE。

(3) 中断优先级控制寄存器IP。

中断控制寄存器TCON，该控制寄存器字的节地址为88H，可进行位寻址。其格式如表3-2所示。

表3-2 TCON的结构、位名称、位地址和功能

TCON	D7	D6	D5	D4	D3	D2	D1	D0
位名称	TF1	TR1	TF0	TR0	IE1	IT1	IE0	IT0
位地址	8FH	8EH	8DH	8CH	8BH	8AH	89H	88H
功能	T1中断标志	T1启动位	T0中断标志	T0启动位	中断标志	触发方式	中断标志	触发方式

TR1、TR0是T1、T0的启动控制位，置1启动，清0停止。

TF1、TF0是T1、T0的溢出标志位，当TR0或TR1被允许计数后，计数寄存器的值从初值开始加1计数，直到最高位产生溢出，该位即表示计数溢出，又表示中断请求，CPU响应中断后能自动由硬件清零，但是单纯作为定时器使用时，只能软件清零。

IT0、IT1为外部中断0、1的触发方式控制位，当设置为0时，为电平触发方式(低电平有效)；当设置为1时，为下降沿触发方式(后沿负跳变有效)。

IE0、IE1为外部中断0、1请求标志位。

中断允许控制寄存器IE，80C51对中断源的开放或关闭由中断允许控制寄存器IE控制。

字节地址为A8H，可进行位寻址。其格式如表3-3所示。

表3-3 IE的结构、位名称和位地址

IE	D7	D6	D5	D4	D3	D2	D1	D0
位名称	EA	—	—	ES	ET1	EX1	ET0	EX0
位地址	AFH	—	—	ACH	ABH	AAH	A9H	A8H
中断源	CPU	—	—	串行口	T1		T0	

EA：中断允许总控位。EA=0，所有中断源的中断请求均被关闭(禁止)；EA=1则所有中断源的中断请求均被开放(允许)。

ES：串行口中断允许控制位。ES=1允许串行口中断；ES=0禁止串行口中断。

ET1：定时/计数器T1溢出中断允许控制位。ET1=1允许T1中断；ET1=0禁止T1中断。

EX1：外部中断1允许控制位。EX1=1允许$\overline{\text{INT1}}$中断；EX1=0禁止$\overline{\text{INT1}}$中断。

ET0：定时/计数器T0溢出中断允许控制位。ET0=1允许T0中断；ET0=0禁止T0中断。

EX0：外部中断$\overline{\text{INT0}}$允许控制位。EX0=1允许$\overline{\text{INT0}}$中断；EX0=0禁止$\overline{\text{INT0}}$中断。

7. 中断入口地址

CPU响应某个中断事件时，将会自动转入固定的地址执行中断服务程序，各个中断源的中断入口地址见表3-4。

表3-4 各中断源的入口地址

中断源	中断入口地址	中断入口地址标号
外部中断0 $\overline{\text{INT0}}$	0003H	0
定时/计数器0溢出中断 T0	000BH	1
外部中断1 $\overline{\text{INT1}}$	0013H	2
定时/计数器1溢出中断 T1	001BH	3
串行口中断 TI/RI	0023H	4

中断入口地址标号的计算方法：

y=3 * x+8 (公式)(3-1)

y是中断入口地址的十进制数据，x是计算的入口地址标号。

例如计算T0中断的入口地地址标号x，则依据公式(3-1)可得

11=3 * x+8

计算结果为x=1，即其入口地址标号为1。

由图3-7结构可知，51单片机有五个中断请求源，四个用于中断控制的寄存器IE、IP、TCON(用6位)和SCON(用2位)——用于控制中断的类型、中断的开/关和各种中断源的

优先级别。五个中断源有两个中断优先级，每个中断源可以编程为高优先级或低优先级中断，可以实现二级中断服务程序的嵌套。

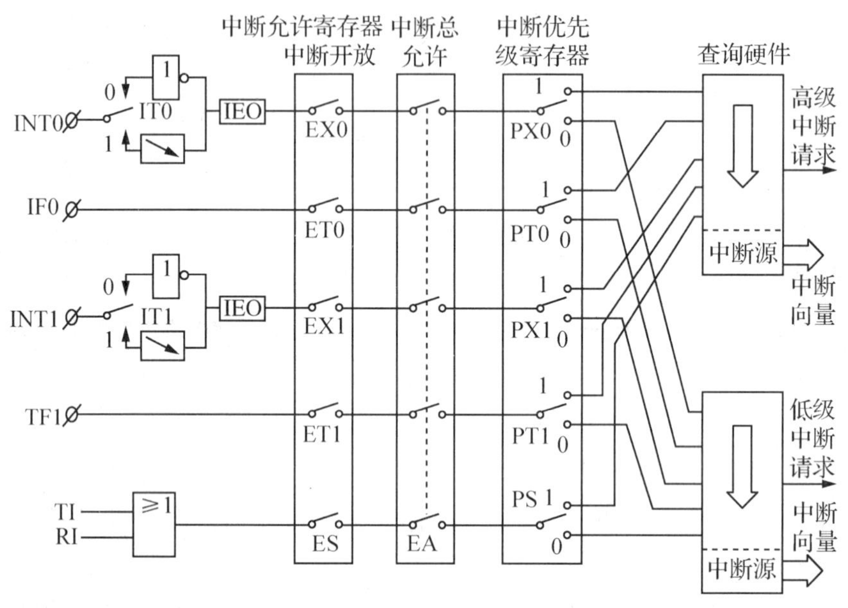

图3-7　中断控制结构示意图

8. 中断程序的定义语法

使用中断服务函数的完整语法如下：

返回值 函数名([参数])[模式]interrupt n[using n]

“interrupt”后接一个0～31的常数，不允许使用表达式；中断不允许用于外部函数，它对函数目标代码的影响如下：

(1) 当使用函数时，SFR中的ACC、B、DPH、DPL和PSW(当需要时)入栈；

(2) 如不使用寄存器组切换，甚至中断函数所需的所有工作寄存器(Rn)都入栈；

(3) 函数退出前，所有的寄存器内容出栈。

8051系列的器件包含4个相同的寄存器组，每个寄存器组包括8个寄存器(R0～R7)，C51编译器可使在同一函数中决定用哪个寄存器组成为可能。绝对寄存器的访问可用AREGS/NOAREGS和REGISTERBANK来控制。

定义一个带扩展性的函数语法如下：

例：void rb_function(void) using 3；

“using”定义对于返回一个寄存器内的值的函数是无用的。编程者必须十分小心以保证任何寄存器切换都只在仔细控制的区域发生。如果没有做到这一点，将会产生不正确的函数结果。即使当编程者使用同一寄存器组时，带“using”属性的函数原则上也不能返回一个位值。

下面的实例用来说明外部中断的程序如何进行编写。下面实例中 P3.2 与按键 S3 相连，当 S3 按下时，产生低电平，激发中断产生。

【例 3-1】利用外部中断来控制 LED 灯，当有中断产生时，8 个 LED 灯亮灭交替(即每一位状态取反)。

分析：外部中断有两个，即 INT0、INT1。由题意可知，硬件电路可以选择 S3 与单片机的 I/O 口 P3.2 相连，利用外部中断 INT0 来实现中断控制；LED 灯由 P0 口控制，硬件电路参照项目 2 中的图 2-7。

程序编写部分：首先对系统初始化，包括中断和 P0 口初始化。任何中断程序在调用前，必须先进行初始化。中断是采用两级控制的，所以打开中断需要打开总中断允许位 EA 以及 INT0 中断允许位 IT0。根据以上分析，编写程序如下：

```
#include<reg51.h> //包含头文件，一般情况不需要改动，头文件包含特殊功能寄存器的定义
/*----------------------
              主程序
----------------------*/
main()
{
  P0=0x55;          //P0 口初始值(为了取反效果明显)
  EA=1;             //全局中断开
  EX0=1;            //外部中断 0 开
  IT0=0;            //低电平触发
  while(1)
  {
                    //在此添加其他程序
  }
}
/*----------------------
              外部中断程序
----------------------*/
void ISR_Key(void) interrupt 0 usning 1
{
P0=~P0;             //S3 按下触发一次，P0 取反一次
}
```

3.2.3 定时/计数器相关基础知识

定时/计数器是单片机系统的一个重要部件，其工作方式灵活、编程简单、使用方便，可用来实现定时控制、延时、频率测量、脉宽测量、信号发生、信号检测等。此外，定时/计数器还可作为串行通信中的波特率发生器。

80C51 单片机内部有两个定时/计数器 T0 和 T1，其核心是计数器，基本功能是加 1。

对外部事件脉冲(下降沿)计数，是计数器；对片内机周脉冲计数，是定时器。计数器由两个 8 位计数器组成。

定时时间和计数值可以编程设定，其方法是在计数器内设置一个初值，然后加 1，计满后溢出。调整计数器初值，可调整从初值到计满溢出的数值，即调整了定时时间和计数值。

定时/计数器作为计数器时，外部事件脉冲必须从规定的引脚输入。且外部脉冲的最高频率不能超过时钟频率的 1/24。

只要计数脉冲的间隔相等，计数值就代表了时间的流逝。由此，单片机中的定时器和计数器是一个部件，只不过计数器是记录的外界发生的事情，而定时器则是由单片机提供一个非常稳定的计数源。那么提供定时器的计数源是什么呢？是由单片机的晶振经过 12 分频后获得的一个脉冲源。晶振的频率当然很准，所以这个计数脉冲的时间间隔也很准。问题：一个 12 MHz 的晶振，它提供给计数器的脉冲时间间隔是多少呢？当然这很容易，频率就是 12 MHz/12，即 1 MHz，时间间隔就是 1 μs。结论：计数脉冲的间隔与晶振有关，12 MHz 的晶振，计数脉冲的间隔是 1 μs。

由以上分析，我们知道，对于晶振为 12 MHz 的单片机来说，计数器每加 1，时间就增加 1μs。什么时间计数结束，要根据所选用的计数器的工作方式，也就是说计数器的最大值。例如，我们用水滴作为例子，当水不断落下，盆中的水不断变满，最终有一滴水使得盆中的水满了。这时如果再有一滴水落下，就会发生什么现象？水会漫出来，用术语来讲就是“溢出”。

水溢出是流到地上，而计数器溢出后将使得 TF0 变为“1”。TF0 是定时器溢出的标志。一旦 TF0 由 0 变成 1，就是产生了变化，产生了变化就会引发事件，就象定时的时间一到，闹钟就会响一样。

T0 和 T1 有两种功能：定时和计数。

(1) 计数功能

启动后，对外部输入脉冲(负跳变)进行加 1 计数，T0 的脉冲由 P3.4 输入，T1 的脉冲由 P3.5 输入。

计数器加满溢出时，将中断标志位 TF0/TF1 置 1，向 CPU 申请中断。

计数脉冲个数＝ 溢出值－计数初值。

(2) 定时功能

启动后，开始定时。定时时间到，中断标志位 TF0/TF1 自动置 1，向 CPU 申请中断。

定时功能也是以计数方式来工作的，此时是对单片机内部的脉冲进行加 1 计数，此脉冲的周期正好等于机器周期。

定时时间=(溢出值－计数初值)×机器周期

1. 定时/计数器控制寄存器 TCON

表 3-5　定时/计数器控制寄存器 TCON

TCON	T 中断标志	T1 运行标志	T0 中断标志	T0 运行标志	INT1 中断标志	INT1 触发方式	INT0 中断标志	INT0 触发方式
位名称	T1	TR1	TF0	TR0	IE1	IT1	IE0	IT0
位地址	8FH	8EH	8DH	8CH	8BH	8AH	89H	88H

TCON 低 4 位与外中断有关，已在中断中叙述。

高 4 位与定时/计数器 T0、T1 有关。

(1) TF1：定时/计数器 T1 溢出标志。

(2) TF0：定时/计数器 T0 溢出标志。

(3) TR1：定时/计数器 T1 运行控制位。TR1=1，T1 运行；TR1=0，T1 停。

(4) TR0：定时/计数器 T0 运行控制位。TR0=1，T0 运行；TR0=0，T0 停。

TCON 的字节地址为 88H，每一位有位地址，均可进行位操作。

2. 定时/计数器工作方式控制寄存器 TMOD

TMOD 用于设定定时/计数器的工作方式。

低 4 位用于控制 T0，高 4 位用于控制 T1。

表 3-6　TMOD 寄存器各控制位功能

高 4 位控制 T1				低 4 位控制 T0			
门控位	计数/定时方式选择	工作方式选择		门控位	计数/定时方式选择	工作方式选择	
G	C / T	M1	M0	G	C / T	M1	M0

(1) M1M0 —— 工作方式选择位，其具体选择位不同，对应不同的功能，如表 3-7 所示。

表 3-7　工作方式选择位的功能

M1M0	工作方式	功　能
00	方式 0	13 位计数器
01	方式 1	16 位计数器
10	方式 2	两个 8 位计数器，初值自动装入
11	方式 3	两个 8 位计数器，仅适用 T0

（2）C/T —— 计数/定时方式选择位

C/T=1,计数工作方式,对外部事件脉冲计数,用作计数器。

C/T=0,定时工作方式,对片内机周脉冲计数,用作定时器。

（3）GATE —— 门控位

GATE=0,运行只受 TCON 中运行控制位 TR0/TR1 的控制。

GATE=1,运行同时受 TR0/TR1 和外中断输入信号的双重控制。

只有当 INT0/INT1=1 且 TR0/TR1=1,T0/T1 才能运行。

该控制位有效时,常用以测量外部脉冲的宽度。TMOD 字节地址 89H,不能位操作,设置 TMOD 须用字节操作指令。

3. 定时/计数器工作方式

（1）工作方式 0

13 位计数器,由 TL0 低 5 位和 TH0 8 位组成,TL0 低 5 位计数满时不是向 TL0 第 6 位进位,而是向 TH0 进位,13 位计满溢出,TF0 置“1”。最大计数值 $2^{13}=8192$。

（2）工作方式 1

16 位计数器,最大计数值为 $2^{16}=65536$。

（3）工作方式 2

8 位计数器,仅用 TL0 计数,最大计数值为 $2^{8}=256$。计满溢出后,一方面进位 TF0,使溢出标志 TF0 = 1;另一方面,使原来装在 TH0 中的初值装入 TL0。

优点:定时初值可自动恢复;缺点:计数范围小。

适用于需要重复定时,而定时范围不大的应用场合。

（4）工作方式 3

方式 3 仅适用于 T0,T1 无方式 3。

① T0 方式 3

在方式 3 的情况下,T0 被拆成两个独立的 8 位计数器 TH0、TL0。

TL0 使用 T0 原有的控制寄存器资源:TF0,TR0,GATE,C/T,INT0,组成一个 8 位的定时/计数器;

TH0 借用 T1 的中断溢出标志 TF1,运行控制开关 TR1,只能对片内机周脉冲计数,组成另一个 8 位定时器(不能用作计数器)。

② T0 方式 3 情况下的 T1

T1 由于其 TF1、TR1 被 T0 的 TH0 占用,计数器溢出时,只能将输出信号送至串行口,即用作串行口波特率发生器。

4. 定时/计数器的应用

80C51 定时/计数器初值计算公式:

$$T_{初值}=2^{N}-\frac{定时时间}{机周时间} \tag{3-2}$$

其中：N 与工作方式有关：方式 0 时，$N=13$；

方式 1 时，$N=16$；

方式 2、3 时，$N=8$。

机周时间与主振频率有关：机周时间 $=12/f_{osc}$

$f_{osc}=12$ MHz 时，1 机周 $=1\ \mu s$；

$f_{osc}=6$ MHz 时，1 机周 $=2\ \mu s$。

【例 3-2】已知晶振 6 MHz，要求定时 0.5 ms，试分别求出 T0 工作于方式 0、方式 1、方式 2、方式 3 时的定时初值。

解：(1) 工作方式 0：

$$2^{13}-\frac{500\ \mu s}{2\ \mu s}=8192-250=7942=1F06H$$

1F06H 化成二进制：

1F06H=0001111100000110B=000111110000 0110 B

其中：低 5 位 00110 前添加 3 位 000 送入 TL0，TL0=000 00110B=06H；

高 8 位 11111000B 送入 TH0，TH0=11111000B=F8H。

(2) 工作方式 1：

$$T0\text{ 初值 }=2^{16}-\frac{500\mu s}{2\mu s}=65536-250=65286=FF06H$$

TH0=FFH；TL0=06H。

(3) 工作方式 2：

$$T0\text{ 初值 }=2^{8}-\frac{500\mu s}{2\mu s}=256-250=6$$

TH0=06H；TL0=06H。

(4) 工作方式 3：

T0 方式 3 时，被拆成两个 8 位定时器，定时初值可分别计算，计算方法同方式 2。两个定时初值一个装入 TL0，另一个装入 TH0。因此：

TH0=06H；TL0=06H。

从上例中看到，方式 0 时计算定时初值比较麻烦，根据公式计算出数值后，还要变换一下，容易出错，不如直接用方式 1，且方式 0 计数范围比方式 1 小，方式 0 完全可以用方式 1 代替。方式 0 与方式 1 相比，无任何优点。

5. 定时/计数器应用步骤

(1) 合理选择定时/计数器工作方式；

(2) 计算定时/计数器定时初值(按上述公式计算)；

(3) 编制应用程序。

①定时/计数器的初始化

包括定义 TMOD、写入定时初值、设置中断系统、启动定时/计数器运行等。

②正确编制定时/计数器中断服务程序

注意是否需要重装定时初值,若需要连续反复使用原定时时间,且未工作在方式2,则应在中断服务程序中重装定时初值。

3.3 项目实施

在单片机系统中数码管显示电路可分为静态显示和动态显示两种方式,两种显示各有优缺点,下面将详细介绍这两种电路,以及各自典型的应用电路。

3.3.1 任务一:数码管的静态显示

子任务一:在1位数码管上显示数字1

任务要求:在1位共阳极数码管上显示数字1。

数码管显示方法可分为静态显示和动态显示两种。静态显示,是指每一个显示器都要占用单独的具有锁存功能的I/O接口,用于笔划段字形代码,数码管的8段输入及其公共端电平一直有效。这样单片机只要把要显示的字形代码发送到接口电路即可,当要显示新的数据时,再发送新的字形码。因此,使用这种方法单片机中CPU的开销小。可以提供单独锁存的I/O接口电路很多,这里以常用的串并转换电路74377为例,该显示方式有一个显著特点:编程较简单,但占用I/O口线多,一般适用于显示位数较少的场合。

1. 硬件电路设计

如图3-8所示,为74HC377驱动一位数码管静态显示电路,P0口输出7段字形码,其中数码管为共阳极结构。

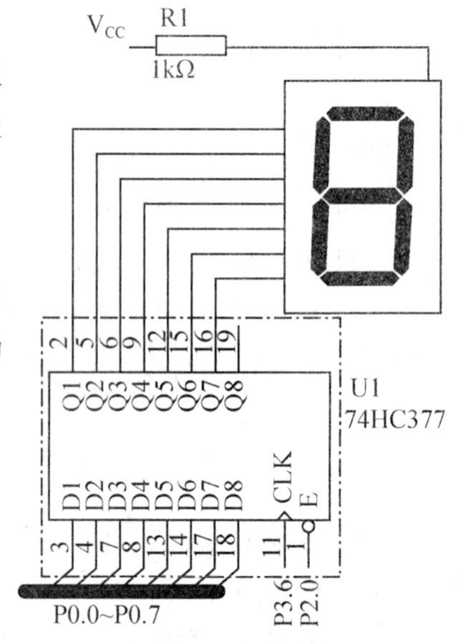

图3-8 一位数码管静态显示电路

2. 程序设计

分析:由电路图可知,数码管为共阳极,所以从P0口送入相应的字形码(低电平有效)即可实现本题要求的功能。

```
#include <reg51.h>
sbit addr0 =P2^0;
void delay(unsigned int n) /* 延时函数 */
{
    while(--n>0);
}
void main()
```

```
{
    unsigned int i;
    addr0=0;
    while(1)
    {
        P0=0x06;
        delay(1000);
    }
}
```

3. 仿真与调试

将上面的程序编译、调试产生 HEX 文件,写入 Proteus 中的仿真电路,观察效果。

子任务二:设计一个 99 s 计数器

任务要求:计数器从 0 开始计数,每隔 1 s 加 1,计时到 99 后清零。

1. 硬件电路设计

以图 3-8 为单元电路,由两个数码管作为十位和个位显示;P2.0、P2.1 分别控制十位、个位显示驱动;P0 输入字段代码。具体电路如图 3-9 所示。

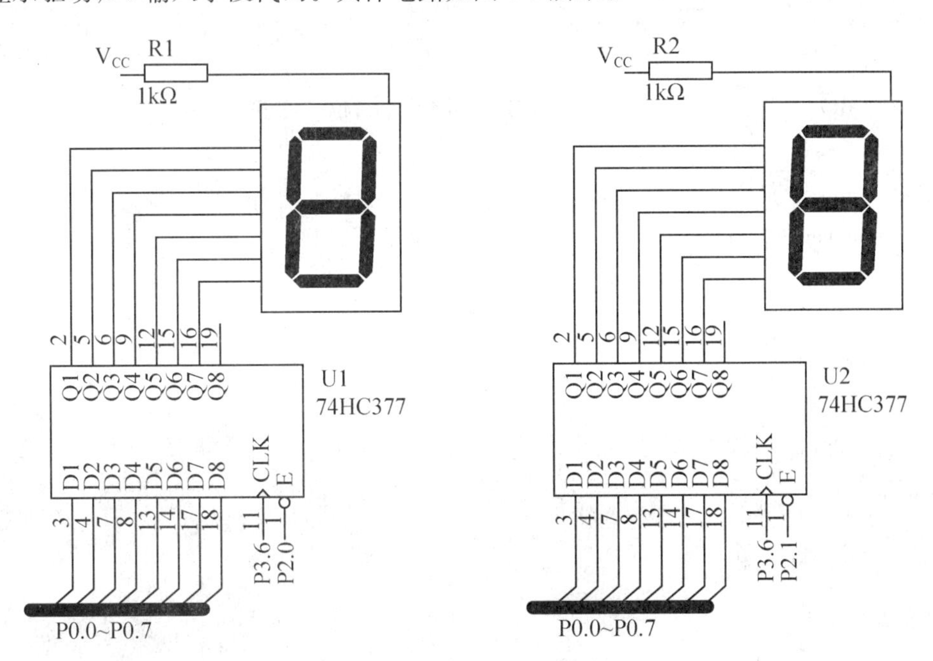

图 3-9　0～99 s 计数器电路图

2. 程序设计

根据图 3-9 的电路,定时 1 s,数字累加,再分解成十位和个位数字送到 P0 口,具体程序如下:

```
#include <reg51.h>
sbit addr0=P2^0;                    //addr0=0 时十位显示
sbit addr1=P2^1;                    //addr1=0 时个位显示
code unsigned char number[]={0x3f,0x06,0x5b,0x4f,0x66,0x6d,0x7d,0x07,0x7f,0x6f};
                                    //将 0~9 数字代码放入数组
unsigned long a[6];
unsigned int counter;
void timer1_init()                  //定时器初始化,设定 1ms
{
  TMOD|=0x10;
  TMOD&=0xdf;
  TH1=0xfc;
  TL1=0x67;
  TR1=1;
}
  void int_init()
{
  ET1=1;
  EA=1;
}
refresh_led()                       //固定显示十位和个位
{
  P0=number[a[1]];
  P1=number[a[0]];
  default:break;
}
void main()
{
  timer1_init();
  int_init();
  addr0=0;
  addr1=0;
  while(1);
  }
  void interrupt_timer() interrupt 3   //取十位和个位数字显示
  {
    static unsigned long sec=0;
    TH1=0xfc;
```

```
    TL1=0x67;
    counter++;
    if(counter==1000)                //定时 1 s
    {
      sec++;
      counter=0;
      if(sec==100)
        sec=0;
      a[0]=sec%10;
      a[1]=sec/10%10;
    }
  refresh_led();
}
```

3. 仿真与调试

将上面的程序编译、调试产生 HEX 文件，写入 Proteus 中的仿真电路，观察仿真效果。

3.3.2 任务二：数码管的动态显示

子任务一：8 位数码管动态显示相同数字

任务要求：利用定时器来控制数码管，使 8 个数码管同时显示相同的数字，数码管的刷新时间间隔是 1ms，数据从 0 到 9 每隔 1 s 变化一次。

动态扫描显示是单片机中应用最为广泛的一种显示方式之一。其接口电路是把所有显示器的 8 个笔划段 a～h 同名端连在一起，而每一个显示器的公共极 COM 是各自独立地受 I/O 线控制。CPU 向字段输出口送出字形码时，所有显示器接收到相同的字形码，但究竟是哪个显示器亮，则取决于 COM 端，而这一端是由 I/O 控制的，所以我们就可以自行决定何时显示哪一位了。而所谓动态扫描就是指我们采用分时的方法，轮流控制各个显示器的 COM 端，使各个显示器轮流点亮。

在轮流点亮扫描过程中，每位显示器的点亮时间是极为短暂的(约 1ms)，但由于人的视觉暂留现象及发光二极管的余辉效应，尽管各位显示器并非同时点亮，但只要扫描的速度足够快，给人的印象就是一组稳定的显示数据，不会有闪烁感。

1. 硬件电路设计

如图 3-10 所示，是利用 74ALS138 实现的 8 位动态显示电路，74ALS138 是 3 线—8 线的译码电路，数码管为共阴极结构，P2. 0、P2. 1、P2. 2 口的 8 个状态分别选中 8 个数码管，P3 口输出 8 位字形码。

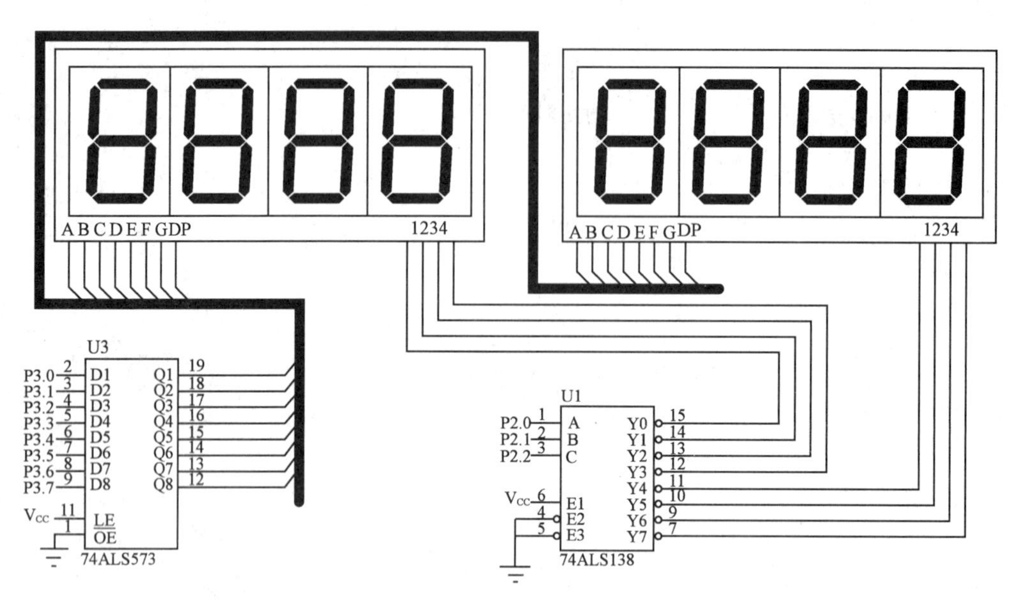

图 3-10 8位动态显示电路

2. 程序设计(定时器定时的方法实现)

```
#include <reg51.h>
code unsigned char number[]={0x3f,0x06,0x5b,0x4f,0x66,0x6d,0x7d,0x07,0x7f,0x6f};
unsigned char code seg[]={0,1,2,3,4,5,6,7};  //分别对应相应的数码管点亮,即位码
unsigned int counter;
unsigned char i,j=0;
void timer1_init()
{
   TMOD|=0x10;
   TMOD&=0xdf;
   TH1=0xfc;
   TL1=0x67;
   TR1=1;
}
void int_init()
{
   ET1=1;
   EA=1;
}
void main()
{
   timer1_init();
   int_init();
   while(1);
```

```
}
void interrupt_timer() interrupt 3
{
  TH1=0xfc;
  TL1=0x67;
  counter++;
  P2=seg[j++];                              //每1 ms更换显示数字的数码管
if(j==8)
  {
    j=0;
  }
  if(counter==1000)                         //每1 s更换显示数字
  {
    P3=number[i++];
    counter=0;
  }
  if(i==10)
  {
    i=0;
  }
}
```

3. 仿真与调试

将上面的程序编译、调试产生 HEX 文件，写入 Proteus 中的仿真电路，观察仿真效果。

子任务二：8 位数码管动态显示不同数字

任务要求：在 8 位数码管上分别显示 0，1，2，3，4，5，6，7。

1. 硬件电路设计

与图 3-10 电路一致。

2. 程序设计(延时的方法实现)

```
#include<reg51.h> //包含头文件
unsigned char const dofly[]={0x3f,0x06,0x5b,0x4f,0x66,0x6d,0x7d,0x07,0x7f,0x6f};
// 显示段码值 01234567
unsigned char code seg[]={0,1,2,3,4,5,6,7};
//分别对应相应的数码管点亮，即位码
void delay(unsigned int cnt)          //延时子程序
{
while(--cnt);
}
```

```
/*——————————————————————
                    主函数
——————————————————————*/
main()
{
  unsigned char i;
  while(1)
      {
        P3=dofly[i];            //取显示数据,段码
        P2=seg[i];              //取位码
        delay(2000);            //扫描间隙延时
        i++;
        if(8==i)                //检测8位扫描完全?
        i=0;
      }
}
```

注意:可以改变延时时间长短,观察显示效果。一般延时时间太长会闪烁,太短会造成重影。

3. 仿真与调试

将上面的程序编译、调试产生HEX文件,写入Proteus中的仿真电路,观察仿真效果。

3.4 项目小结

本项目详细介绍了数码管显示的基本原理、中断的基本应用,通过具体任务的硬件电路设计、程序设计、仿真与调试等环节,实践了数码管的静态显示、动态显示和定时器中断的编程方式和使用方法,使大家更充分地理解了中断的含义以及数码管的控制方法。本项目涉及的知识点有:

(1) 数码管显示的基本原理;

(2) 数码管动态、静态显示的控制方法;

(3) 中断的概念及应用方法。

3.5 拓展训练

1. 利用定时器完成对数码管的控制,使第4个数码管每隔1 s变化一次,数字从0加到9循环变化。

2. 将数码管的显示功能加以改进,使其只显示有效位(即最高位的零可以不显示)。
3. 实现对数码管显示数据的修正功能(通过按键修改某一位的显示数值)。

习题与思考

1. 设允许片内 T1、T0 溢出中断,禁止其他中断,试写出中断允许寄存器 IE 的值。若(IE)=12H,能否进行正常中断? 若不能,如何改正 IE 值?
2. 当中断优先寄存器 IP 的内容为 09H 时,其含义是什么?
3. 某单片机系统用到两个中断源:外部中断 0(脉冲触发方式),定时/计数器 T1,且要求后者的中断优先级高于前者。问实现以上中断管理应对哪些控制寄存器的控制位进行操作? 用位操作指令列写。
4. 记住 5 个中断源的入口地址。设 T1 溢出中断服务程序的入口地址为 0600H,试说明 CPU 响应该中断后,程序是如何转向 0600H 处执行的? 哪个转移过程由硬件完成? 哪个转移过程由软件实现?
5. 试写出$\overline{\text{INT0}}$为边沿触发方式的中断初始化程序。
6. 如何用定时中断来扩展外部中断源?
7. 定时/计数器有哪几种工作方式? 各方式下最大计数值分别为多少? 哪种方式不需重置初值?
8. 已知定时/计数器 0 工作于定时器方式 1,设 f_{osc}=6 MHz,初值为 EEF0H,定时器的定时时间为多少?
9. 欲使定时/计数器 T1 工作于计数方式 0,控制装箱机装满 24 件时进行封箱动作。试求 T1 的计数初值(分别写出 TH1、TL1 值)。并说明寄存器 TMOD 应如何设置(已知 GATE=0)?
10. 与定时/计数器控制有关的 GATE、TR 的作用是什么? 它们与$\overline{\text{INT0}}$($\overline{\text{INT1}}$)的关系是什么? 如何用它们测量外部脉冲的宽度?
11. 设 f_{osc}=12 MHz,要求用 T0 定时 150 μs,请编程。
12. 将定时器 T1 设定为外部事件计数器,要求每计满 100 个脉冲,T1 转为 1 ms 定时方式,定时到后又转为计数方式,周而复始,设系统时钟频率为 6MHz。试编写程序。

思考:晶振频率分别为 12 MHz 和 24 MHz 时,方式 0～2 的最长定时时间各为多少?

最长定时时间/MHz	12	24
方式 0		
方式 1		
方式 2		

项目4　开关电路设计

学习目标

1. 了解按键抖动的现象，掌握消除抖动的方法；
2. 学会利用按键控制 LED 灯及数码管显示；
3. 理解矩阵键盘线反转法的扫描原理；
4. 掌握为按键添加辅助声音的方法。

4.1　工作任务

项目名称　开关电路的设计与实现。

功能要求

1. 利用独立按键控制 LED 灯，实现单灯亮灭及 8 个灯左右移跑马灯切换；

2. 利用独立按键控制数码管，实现每按一次按键，数码管上数字循环增减，并添加按键提示音；

3. 利用 4×4 矩阵键盘控制数码管，显示按键值。

设计要求

根据要求设计原理图，编写相应的程序，实现功能要求。

4.2　相关知识链接

4.2.1　常用开关介绍

常用的开关有单刀单掷开关、双刀单掷开关、单刀双掷开关、微动开关、按钮开关、拨码开关等。只有一个“刀”和一个“掷”的开关称为“单刀单掷”开关，它通常用作小型电子产品的电源开关。把两只“单刀单掷”开关组合、制作在一起，就构成了“双刀单掷”开关。它的两个“刀”可以同时动作，分别与各自的“掷”接通或者断开，从而提高了开关的可靠性。单刀双掷开关是一种能够转换状态的开关，它有一个“刀”和两个“掷”。微动开关是一种轻触开关，使用很小的力使其按钮移动很短的距离，就可以转换状态。在我们熟知的鼠标中，每个按键下面就有1只微动开关。当单击鼠标按键时，实际上就是在按压微动开关的按钮，这种开关既轻巧又灵敏。它有两种状态，在通常情况下，常闭接点与公共端是闭合的，电路接通；而常开接点与公共端是断开的，电路不通。按钮开关是用来切断和接通控制电路的低压开关电路。按钮开关触头的额定电流为5A，所以，操作按钮开关所控制的电路属于小电流电路。它的应用非常普遍，如门铃、汽车喇叭、电话机、计算机键盘等都使用了各种各样的按钮开关。拨码开关是在开关的基座上安装有若干拨码器，利用拨码器的位置和走线来输出不同的代码以控制相应器件的开关。常用于数据处理、通信、遥控和防盗自动警铃系统等需要手动程式编制的产品。部分常用开关(按键)的实物图如图4-1所示。

图4-1 部分常用开关(按键)的实物图

单片机系统具有人机对话功能，开关电路可以将人的指令输入到单片机中，它是微型计算机最常用的输入设备。用户可以通过开关电路的状态变化，向计算机输入指令、地址和数据。本项目主要介绍按键开关电路，分为独立按键和矩阵按键两种。

4.2.2 开关抖动现象及消除

1. 按键开关的抖动问题

组成键盘的按键有触点式和非触点式两种，单片机中应用的一般是由机械触点构成的。如图4-2所示。当开关S未被按下时，P3.0输入为高电平，S闭合后，P3.0输入为低电平。

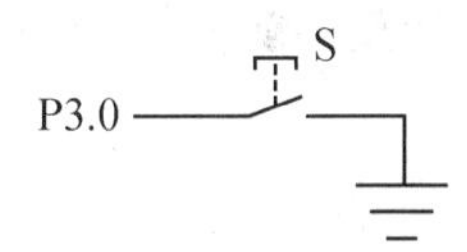

图4-2 按键电路

由于按键是机械触点，当机械触点断开、闭合时，会有抖动，P3.0输入端的波形如图4-3所示。这种抖动对于人来说是感觉不到的，但计算机是完全可以感知到的。由于计算机处理的速度是在微秒级，而机械抖动的时间一般为5～10ms，对计算机而言，这已是一个“漫长”的时间了。如果利用按键来控制其他功能，会出现灵敏度不一的情况，其实就是这个原因，你只按了一次按键，可是计算机却已执行了多次按键调用的功能代码，从而导致执行结果的不正确。

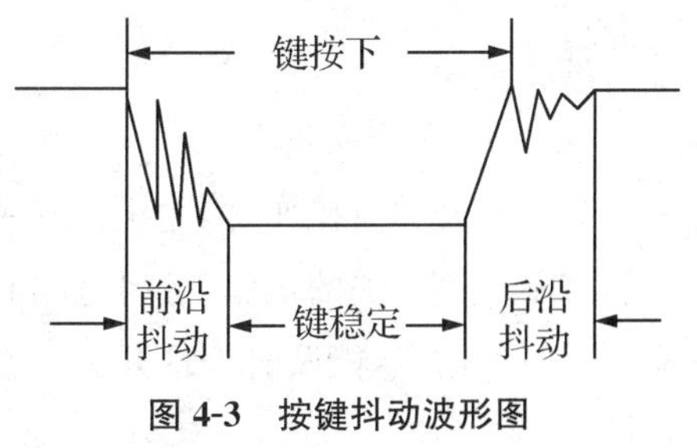

图4-3 按键抖动波形图

2. 消除抖动的方法

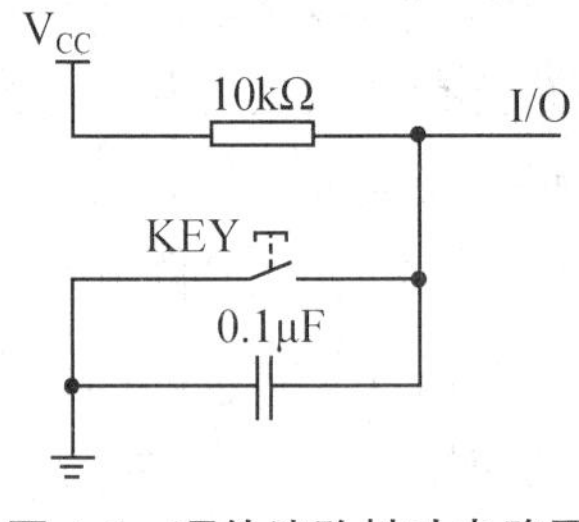

图 4-4 硬件消除抖动电路图

为使 CPU 能正确地读出 P3.0 的状态，对每一次按键只作一次响应，就必须考虑如何去除抖动，常用的去抖动的方法有两种：硬件方法和软件方法。

硬件消抖方法：将按键并联一个滤高频的电容（如图 4-4），该方法适合按键比较少的电路控制当中，如果按键比较多，它会明显增加硬件成本。

单片机中常用软件消抖法，就是在单片机获得 P3.0 端为低的信息后，不是立即认定 S 已被按下，而是延时 10 ms 后再次检测 P3.0 端，如果仍为低，说明 S 的确按下了，这实际上是避开了按键按下时的抖动时间。也可以在检测到按键释放后（P3.0 为高）再延时 10 ms 以消除后沿的抖动，然后再对键值进行处理。不过一般情况下，我们通常不对按键释放的后沿进行处理，实践证明，也能满足一定的要求。当然，实际应用中，对按键的要求也是千差万别，要根据不同的需要来编制处理程序。

4.2.3 单片机读取开关信号方法

在单片机应用系统中，对开关信号的读写，仅是 CPU 工作的一部分，因此，对该信号的读写不能占用 CPU 太多的时间，但又需要对开关的操作能够及时响应，根据单片机对信号扫描的方式不同，CPU 对开关信号的读取分为以下几种方式：

1. 编程扫描方式

当单片机空闲时，才调用键盘扫描子程序，反复扫描开关，等待用户从开关上输入命令或数据，来响应开关的输入请求。该方式对 CPU 工作影响小，但开关处理程序的运行间隔周期不能太长，否则会影响输入响应的及时性。

2. 定时扫描工作方式

单片机对开关的扫描也可用定时扫描方式，即每隔一定的时间对开关状态扫描一次。定时控制扫描与编程扫描方式的区别是：在扫描间隔时间内，前者用 CPU 工作程序填充，后者采用定时/计数器定时控制。该方式也要考虑定时时间不能太长，否则会影响输入响应的及时性。

3. 中断工作方式

只有在开关有操作时，才执行开关扫描程序并执行该按键功能程序，如果无键按下，单片机将不理会开关的操作。这种控制方式了克服了前两种控制方法的缺点。它避免出现响应不及时的缺点，能及时处理开关的输入，又能提高 CPU 运行效率，但是会占用宝贵的中断资源。

4.2.4 矩阵键盘(4×4)的结构

在键盘中按键数量较多时，为了减少 I/O 口的占用，通常将按键排列成矩阵形式，如图 4-5 所示。在矩阵式键盘中，每条水平线和垂直线在交叉处不直接连通，而是通过一个按键加以连接。这样，一个端口(如 P3 口)就可以构成 4×4=16 个按键，比之直接将端口线用于键盘多出了一倍，而且线数越多，区别越明显，比如再多加一条线就可以构成 4×5=20 个按键的键盘，而直接用端口线则只能多出一个按键。由此可见，在需要的键数比较多时，采用矩阵法来做键盘是合理的。

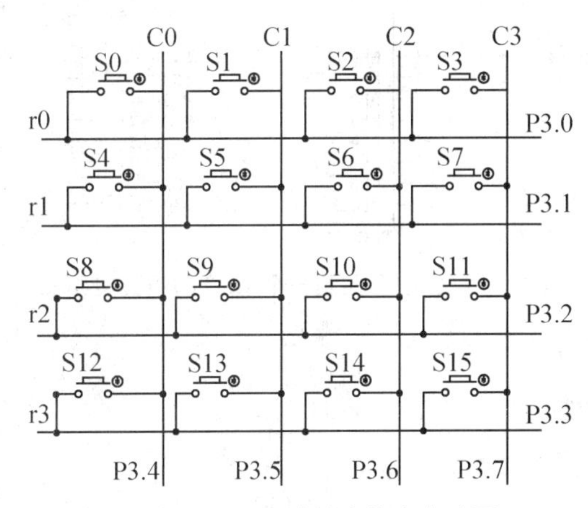

图 4-5　4×4 矩阵键盘仿真电路图

4.3　项目实施

4.3.1 任务一：独立按键控制 LED

子任务一：独立按键控制单个 LED

任务要求：利用独立按键 S1 控制单个 LED 的亮灭，即每按下去一次，该 LED 灯状态取反。

1. 硬件电路设计

根据任务要求，按键连接 P3.0 端口，接收按键输入信号；单片机输出信号由 P1.0 端口输出，控制 LED 亮灭，电路如图 4-6 所示。

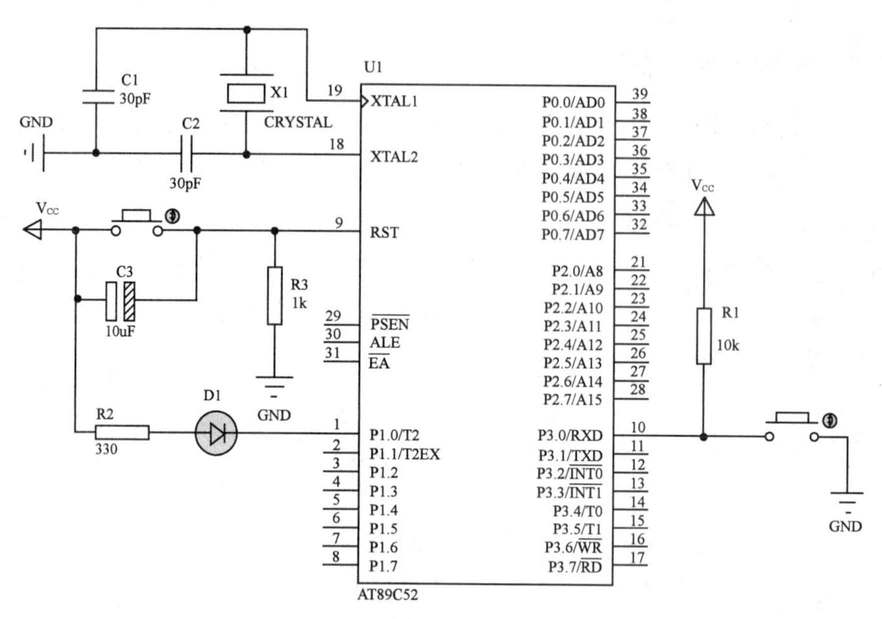

图 4-6　独立按键控制一个 LED 的仿真电路图

2. 程序设计

```
//功能:独立按键控制一个 LED 亮灭(查询方式)
#include <reg51.h>
sbit LED1 =P1^0;                    /*定义 LED1 灯*/
sbit S1=P3^0;                       /*定义按键 S1*/
void delayms(unsigned int x)        /*延时函数,延时 1ms*/
{unsigned int i,j;
for(i=x;i>0;i--)
for(j=130;j>0;j--);}
void main()
{ unsigned char i=0;
  while(1)
  { if(S1==0)
    {delayms(10);                   /*延时 10ms,消除抖动*/
    if(S1==0)
        LED1=~LED1;                 /*灯的状态取反*/
        while(S1==0);               /*等待按键释放*/
  }
 }
}
```

3. 仿真与调试

将编译后程序写入单片机芯片，按 S1 一次 LED 亮，再按一次 LED 灭，以此循环。

子任务二：独立按键控制多个 LED

任务要求：利用独立按键 S1 控制多个 LED 亮、灭，即每按下去一次，LED 在左右跑马灯间来回切换。

1. 硬件电路设计

如图 4-7 所示，利用 P3.2 接收独立按键 S2 输入信号，实现每按下一次按键，控制 P0 口信号输出，控制 8 个 LED 亮灭。

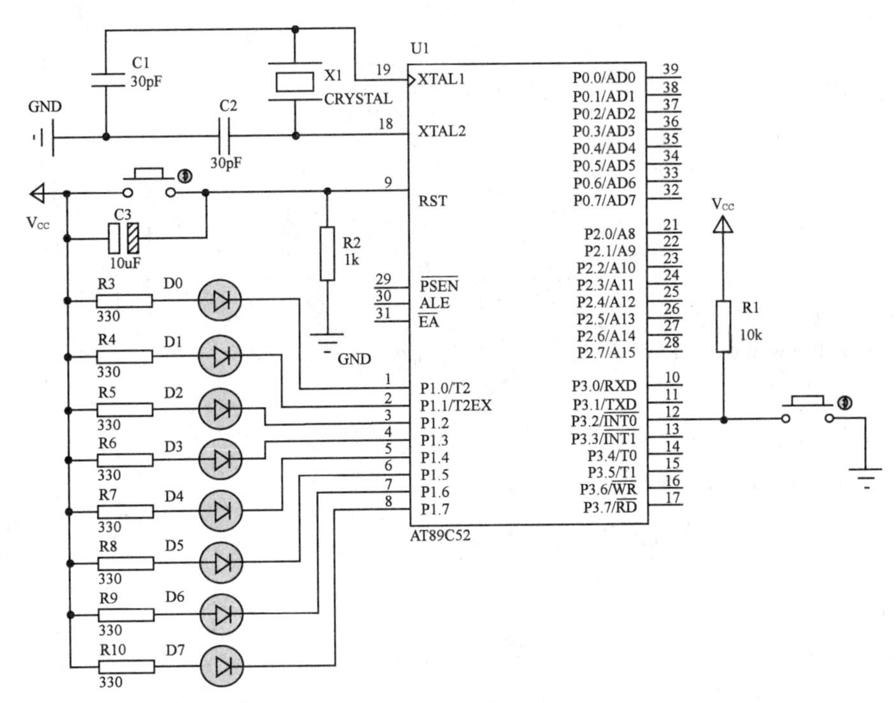

图 4-7 独立按键控制 8 个 LED 仿真电路图

2. 程序设计

```
//功能：独立按键控制 8 个 LED 在左右跑马灯间来回切换（中断方式）
#include<reg51.h>
sbit S2=P3^2;
bit flag=0;                         //控制左右跑马灯的标志位，全局变量
void left_led()                     //左移跑马灯函数
{
   static unsigned char j=0;
   static unsigned int i;
   while(flag==0)
```

```
  {
    P1=~(0x01<<j++);
    for(i=0;i<20000;i++);
    if(j= =0x08)
    j=0;
  }
}
void right_led()                    //右移跑马灯函数
{ static unsigned char j=0;
  static unsigned int i;
    while(flag= =1)
  {
    P1=~(0x80>>j++);
    for(i=0;i<20000;i++);
    if(j= =0x08)
    j=0;
  }
}
void delayms(unsigned int x)        /*延时函数*/
{
    unsigned int i,j;
    for(i=x;i>0;i--)
    for(j=130;j>0;j--);
}
void main()                         //主函数
{EA=1;                              //全局中断开
  EX0=1;                            //外部中断0开
  IT0=0;                            //边沿触发
  while(1)
        {
    right_led();
    left_led();
        }
}
void ISR_Key(void) interrupt 0      //外部中断0的中断服务函数
{if(S2= =1)
{
    delayms(10);                    //去抖动
```

```
        if(S2= =1)
        flag=~flag;                    //S2 按下触发一次,flag 取反一次
    }
}
```

3. 仿真与调试

将编译后程序写入单片机芯片,按 S1 一次 LED 依次左移,再按一次 LED 依次右移,以此循环。

4.3.2 任务二:按键控制数码管显示

子任务一:独立按键控制数码管显示

任务要求:独立按键 S1 每按一次,数码管 G1 的数字加 1,在 0~9 之间循环;独立按键 S2 每按一次,数码管 G2 的数字减 1,在 9~0 之间循环,且每按一次键,都有提示音。

1. 硬件电路设计(图 4-8)

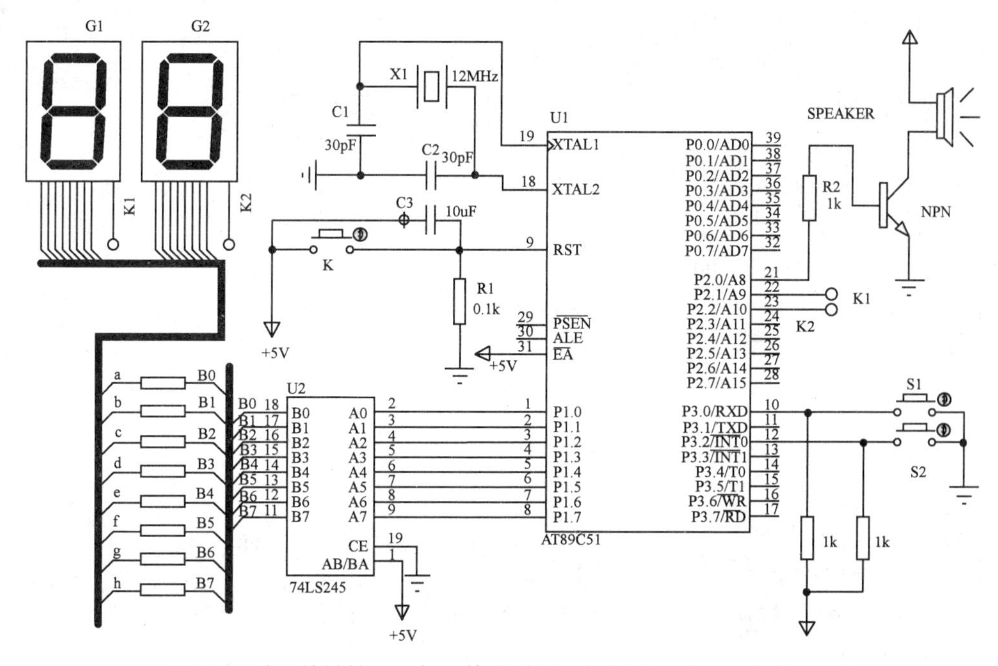

图 4-8 独立按键控制两数码管分别显示数字加或减的仿真电路图

按键电路可参照任务一;选用共阴极数码管,使用 74LS245 驱动,其公共端(COM 端)分别标记为 K1 和 K2,按下 S1 时,选中 G1 管,所以要求:K1=0,同时 K2=1;同理按下 S2(选中 G1 管)时,必须 K2=0,同时 K1=1;声音电路使用 NPN 三极管驱动扬声器,由 P2.0 控制输出,每按下一次按键,喇叭都发出一定的声音。具体如图 4-8 所示。其中,AB/$\overline{BA}$用于选择数据传输的方向(本例题是 A 入 B 出),当$\overline{CE}$为低电平时,B0~B7 与 A0~A7 的值对应

相等。

2. 程序设计

```
#include <reg51.h>
sbit S1=P3^0;                    //按键 S1
sbit S2=P3^2;                    //按键 S2
sbit SPK=P2^0;                   //喇叭控制端
sbit K1=P2^1;                    //数码管 G1 控制端
sbit K2=P2^2;                    //数码管 G2 控制端
unsigned char number[10]={0x3f,0x06,0x5b,0x4f,0x66,0x6d,0x7d,0x07,0x7f,0x6f };
                                 //数字 0~9 代码
unsigned char i=0,j=10;
void delayms(unsigned int x)     /* 延时函数 */
{
  unsigned int i,j;
  for(i=x;i>0;i--)
    for(j=130;j>0;j--);
}
void display(unsigned x)         //显示函数
{
  P1=number[x];
  delayms(500);
}
void speaker(bit s)              //小喇叭发声控制
{
      unsigned char i;
      if(s==0)
      { for(i=0;i<200;i++)
        {
          delayms(1);
          SPK=~SPK;
        }
    }
}
void main()                      //主函数
{
      P1=0x00;                   //开始时,两数码管都不亮
      while(1)
      {
```

```
        if(S1= =0)
        {
          delayms(10);          //去抖动
          if(S1= =0)
          {
          speaker(S1);          //按键 S1 按下,发声
          K1=0;K2=1;            //选中 G1 管
          display(i);
          i++;                  //数字增加
          if(i= =10)
          i=0;
          while(S1= =0);        //等待按键释放
          }
      }
      if(S2= =0)
      {
          delayms(10);
          if(S2= =0)
          {
            speaker(S2);
            K1=1;K2=0;
            display(j-1);
            j--;
            if(j= =0)
            j=10;
            while(S2= =0);
            }
        }
  }
}
```

3. 仿真与调试

将编译后的程序写入单片机芯片,按 S1 多次数码管 G1 显示数字从 0 开始依次递增至 9 循环,每按一次扬声器发出提示音;按 S2 多次数码管 G2 显示数字从 0 开始依次递增至 9 循环,每按一次扬声器发出提示音。

子任务二: 矩阵键盘控制数码管显示

矩阵键盘的扫描可以采用线反转法。先设行线全部为 0,读列线的值,如果有某一按键

被按下，对应的列线值为低电平；再设列线全部为零，读行线的值，同样，这时如果有某一按键被按下，对应的行线值为低电平。因此，可以通过行线和列线采集回来的信号判断哪个按键被按下。

任务要求：利用线反转法扫描矩阵键盘，并通过数码管显示所按下按键的编号（按 S0 则显示数字 0，按 S1 则显示数字 1）。

1. 硬件电路设计

数码管显示部分与图 4-8 一致，矩阵键盘如图 4-5 所示的电路，加入单片机最小系统得到图 4-9 所示的电路。

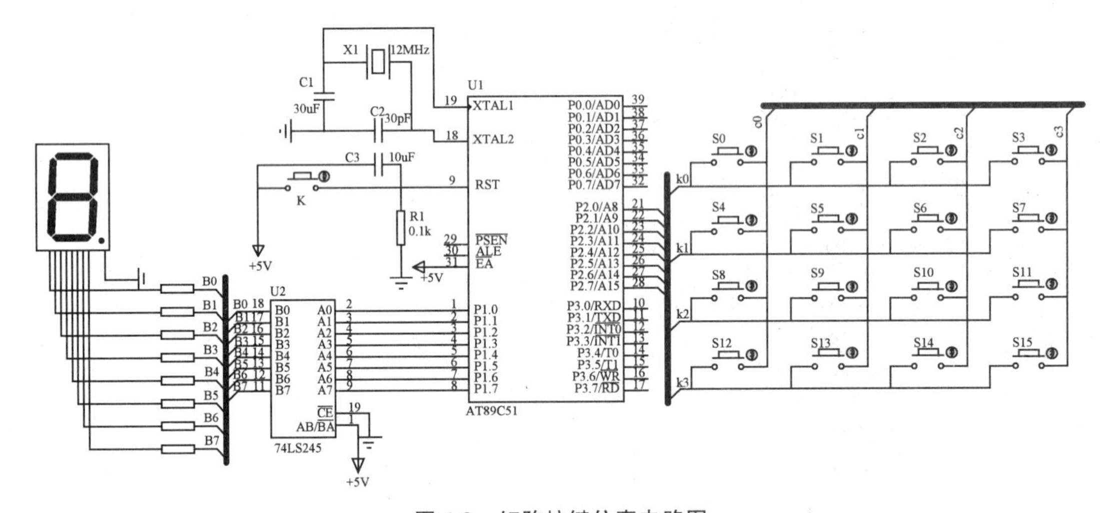

图 4-9　矩阵按键仿真电路图

当按键 S6 被按下时，其对应的行线 R1 与对应的列线 C2 为“0”，其余行线与列线都为“1”，即对应的二进制值为：10111101B，转换为十六进制为 0BDH。所以行线与列线扫描所得到的数与各按键值有一一对应的关系，具体如表 4-1 所示。

表 4-1　扫描数值与按键对应关系表

扫描数值	对应按键	扫描数值	对应按键	扫描数值	对应按键	扫描数值	对应按键
0EEH	S0	0DEH	S1	0BEH	S2	7EH	S3
0EDH	S4	0DDH	S5	0BDH	S6	7DH	S7
0EBH	S8	0DBH	S9	0BBH	S10	7BH	S11
0E7H	S12	0D7H	S13	0B7H	S14	77H	S15

2. 程序设计

```
#include<reg51.h>
#define uchar unsigned char
#define uint unsigned int
unsigned char constdofly[]={0x3f,0x06,0x5b,0x4f,0x66,0x6d,0x7d,0x07,
```

```
                            0x7f,0x6f,0x77,0x7c,0x39,0x5e,0x79,0x71};//0～F
uchar keyscan(void);                   //键盘扫描函数声明
void delayms(uint );                   //延时程序声明
void main()
{
  uchar key;
  P1=0x00;                             //数码管灭,按相应的按键,会显示按键上的字符
  while(1)
  {
  key=keyscan();                       //调用键盘扫描
  switch(key)
    {
    case 0xee:P1=dofly[0];break;//0 按下相应的键显示相对应的码值
    case 0xde:P1=dofly[1];break;//1
    case 0xbe:P1=dofly[2];break;//2
    case 0x7e:P1=dofly[3];break;//3
    case 0xed:P1=dofly[4];break;//4
    case 0xdd:P1=dofly[5];break;//5
    case 0xbd:P1=dofly[6];break;//6
    case 0x7d:P1=dofly[7];break;//7
    case 0xeb:P1=dofly[8];break;//8
    case 0xdb:P1=dofly[9];break;//9
    case 0xbb:P1=dofly[10];break;//a
    case 0x7b:P1=dofly[11];break;//b
    case 0xe7:P1=dofly[12];break;//c
    case 0xd7:P1=dofly[13];break;//d
    case 0xb7:P1=dofly[14];break;//e
    case 0x77:P1=dofly[15];break;//f
    }
  }
}
uchar keyscan(void)                  //键盘扫描函数,使用线反转扫描法
{
uchar cord_h,cord_l;                 //行列值中间变量
P2=0x0f;                             //行线输出全为0
cord_h=P2&0x0f;                      //读入列线值
if(cord_h! =0x0f)                    //先检测有无按键按下
  {
```

```
        delayms(10);                //去抖
        if(cord_h! =0x0f)
        {
          cord_h=P2&0x0f;           //读入列线值
          P2=cord_h|0xf0;           //输出当前列线值
          cord_l=P2&0xf0;           //读入行线值
          return(cord_h+cord_l);    //键盘最后组合码值
        }
      }return(0xff);                //返回该值
    }
    void delayms(uint x)            /*延时函数,延时1ms*/
    {
    uint i,j;
    for(i=x;i>0;i--)
    for(j=130;j>0;j--);
    }
```

3. 仿真与调试

将编译后程序写入单片机芯片,按S0后数码管上显示数字0,按S1后数码管上显示数字1……按S15后数码管上显示字符F,正常运行。

4.4　项目小结

本项目简单介绍了开关(按键)及矩阵键盘的基本结构,详细探讨了通过硬件电路和软件方法实现按键消抖的方法,通过具体任务的实现学习如何通过按键控制其他电路。实际上,键盘、显示处理是很复杂的,需要清楚地理解按键输入信号和输出控制信号之间对应的逻辑关系,它往往占到一个应用程序的大部分代码,这需要大量实践才能真正掌握。因此,在编写键盘处理程序之前,最好先把它从逻辑上理清,然后用适当的算法表示出来,最后再去写代码,这样,才能快速有效地写好代码。本项目涉及的知识点有:

(1) 按键输入信号及消抖方法;

(2) 矩阵键盘的电路结构;

(3) 矩阵键盘的读取方法。

4.5 拓展训练

1. 发挥想象力,利用矩阵按键控制数码管的数字变化。
2. 用定时中断的方式去抖动。
3. 在进行电子设计时,还常用薄膜开关作为矩阵按键(图 4-10),其所带的 8 个杜邦头,可插在排针上连接电路,键盘背面白色贴纸揭去即可牢固粘贴于机箱表面。使用薄膜开关矩阵键盘完成数码管显示控制(按对应按键后,显示分别为:1,2,3,A,4,5,6,B,7,8,9,C,E,0,F,D)。

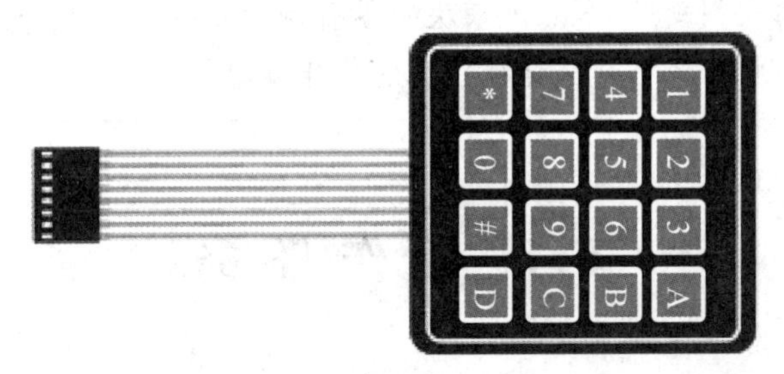

图 4-10　薄膜开关矩阵键盘

习题与思考

1. 按键存在抖动问题,请问去抖动的方法有哪些?
2. 比较开关电路的读取方式有什么异同点,并说明各自的优缺点。
3. 设计一个简易的加、减、乘、除计算器。
4. 已知两个按键 S0、S1 由 P1.0 和 P1.1 分别控制,当按键没有按下时,该口处于高电平状态,当按下时,该 I/O 口为低电平;P1.2、P1.3、P1.4 分别控制红、绿、黄三个 LED 灯,其中高电平点亮、低电平熄灭,请按以下要求编写程序:

   ①S0 单独按下,红灯亮,其余灯灭;

   ②S1 单独按下,绿灯亮,其余灯灭;

   ③其余情况,黄灯亮。
5. 试设计一个有 5 个工序的顺序控制器,每个工序的延时时间分别为 1 s,4 s,6 s,8 s,10 s。
6. 试说明单片机键盘中,移位键、加 1 键、减 1 键的功能及键处理程序的功能。

项目5 LED点阵显示单元设计

1. 理解LED点阵的内部等效原理；
2. 学会常用字模提取软件的使用；
3. 能使用万用表判断8×8点阵模块的各引脚功能；
4. 掌握单色点阵与单片机的硬件连接及软件编程。

5.1 工作任务

项目名称 LED点阵显示单元的设计与实现。

功能要求 利用单片机控制8×8或16×16单色LED点阵，显示汉字、数字或字母。

设计要求

1. 静态点亮8×8单色点阵中任一点；
2. 点亮8×8单色点阵中任一行或列；
3. 在8×8单色点阵上显示数字或简单图形；
4. 在16×16单色点阵上显示单个汉字。

5.2 相关知识链接

5.2.1 8×8单色点阵的基本原理

LED点阵式显示器件是把很多发光二极管(LED)按矩阵方式排列在一起，通过对各个LED的控制，完成各种字符或图形显示。其分类方法有多种，按阵列点数可分为5×7、5×8、6×8、8×8等；按发光颜色可分为单色、双色、三色等；按行线所接电平的高低，可分为共阳极和共阴极。

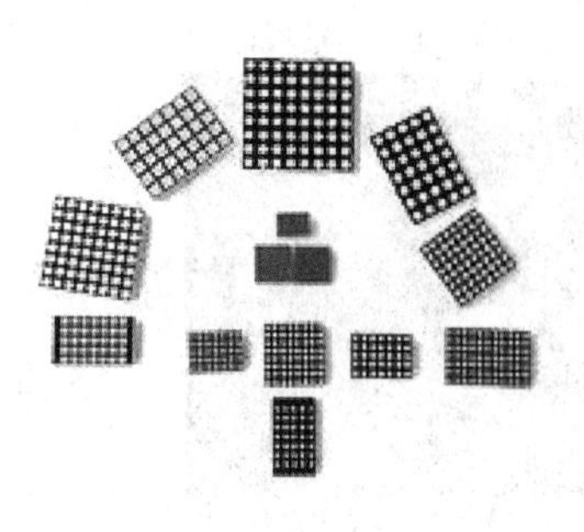

(a) LED 点阵类型

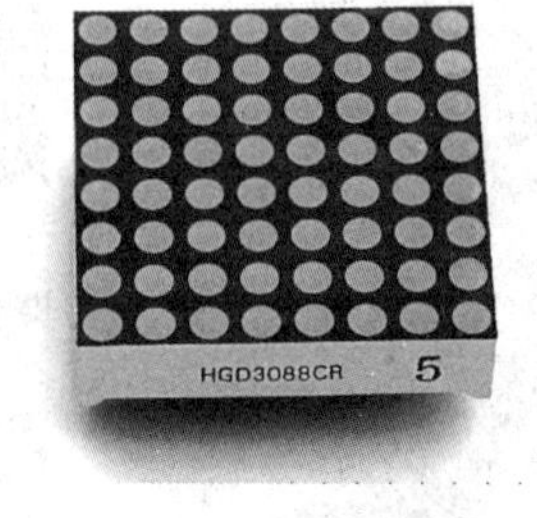

(b) 8×8 单色点阵正面图

(c) 8×8 单色点阵背面图

图 5-1　LED 点阵的外形图

下面我们以共阳极 8×8 单色点阵为例，分析其基本原理、控制电路的连接及程序编制。其等效电路如图 5-2 所示，将一块行共阳极的 8×8 单色点阵剖开来看，它是由 8 行 8 列发光二极管构成，其中 8 根行线 Y0～Y1 用数字 7～0 表示，8 根列线 X0～X7 用字母 A～H 表示。64 个 LED 每个都跨接在一根行线和一根列线上。

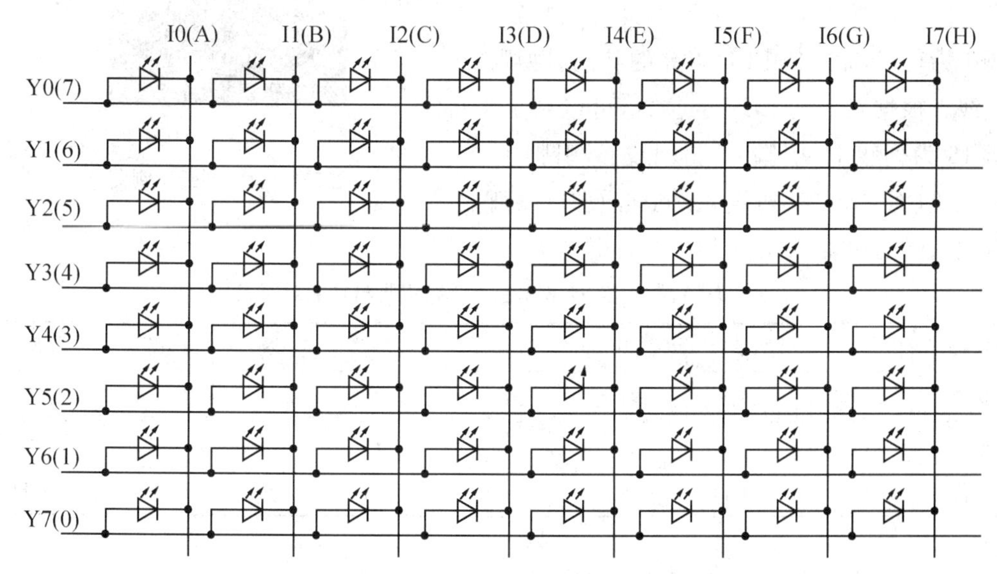

图 5-2　行共阳极 8×8 单色点阵的内部等效电路

要点亮图 5-2 中的一个发光二极管，其对应行必须加高电平，同时对应列加低电平，如果在短时间内依次点亮多个发光二极管，根据视觉暂留原理，可以看到多个发光二极管稳定点亮，可以显示数字、字母、汉字或其他图形。

5.2.2　8×8 共阳极单色点阵的引脚判断

共阳极单色点阵引脚是按逆时针方向排列的(如图 5-3)，但实际的引脚并非一边 8 根行线、一边 8 根列线排列的，可以使用万用表，结合其内部等效电路(图 5-2)及二极管的单向导电性，判定各引脚功能。

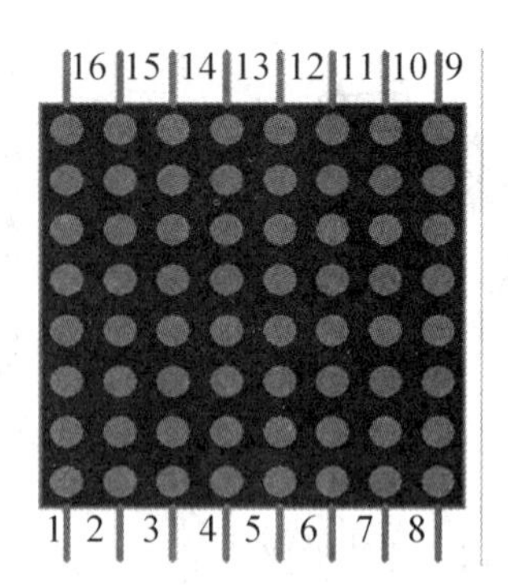

图 5-3　共阳极 8×8 单色点阵的引脚排列

使用万用表的欧姆挡，电池的正极(即数字表的红表笔或指针式的黑表笔)接引脚 1，另一表笔(电池负极)分别接其他几个引脚，可以看到有部分发光二极管被点亮(如图 5-4)，且所有被点亮的二极管都在同一行上，由此可以判断：引脚 1 为行线，而能使 LED 点亮的其他引脚则为列线。根据发光的 LED 的位置，可以判定：引脚 16 为列线 H，引脚 15 为列线 G，引脚 13 为列线 A，而引脚 1 为行线 3。同样道理可以判定其他引脚的功能(见表 5-1)。

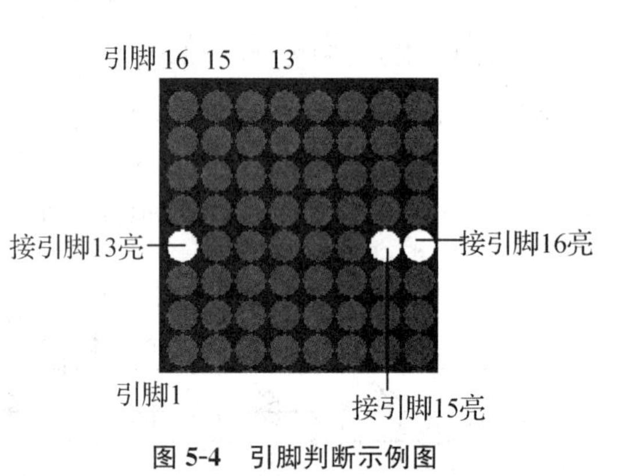

图 5-4　引脚判断示例图

表 5-1　行共阳极 8×8 单色点阵各引脚与功能对照表

引脚	1	2	3	4	5	6	7	8
功能	行 3	行 1	列 B	列 C	行 0	列 E	行 2	行 5
引脚	**9**	**10**	**11**	**12**	**13**	**14**	**15**	**16**
功能	行 7	列 D	列 F	行 4	列 A	行 6	列 G	列 H

5.2.3　字模提取软件介绍

用 LED 点阵显示时，常常需要用取模软件来完成将汉字或图形转化成一定规律代码的复杂工作，下面介绍两种常用取模软件的使用。

软件一：PCtoLCD2002

双击图标打开软件可以看到图 5-5 所示的画面，该软件有两种工作模式：字符模式和图形模式，软件默认是图形模式。

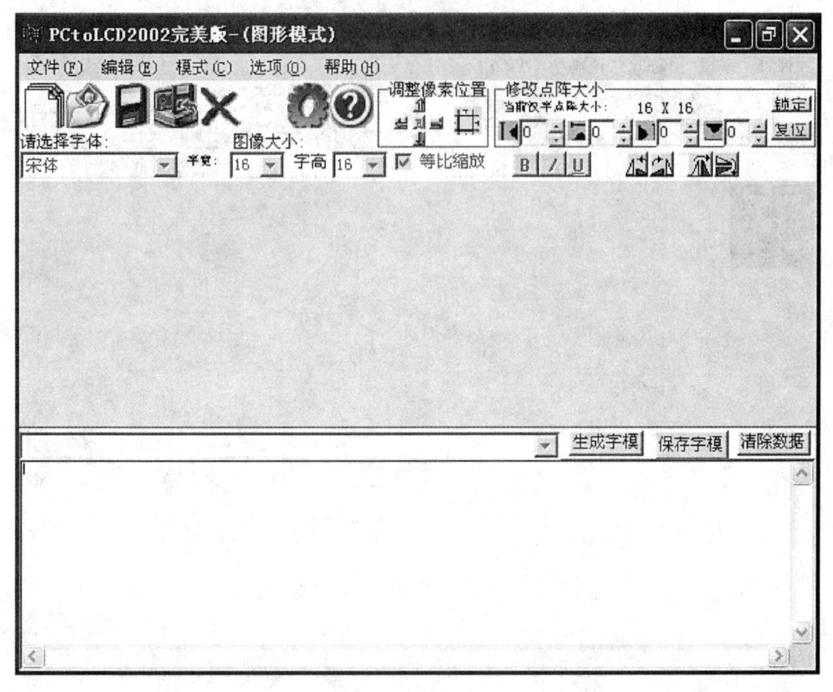

图 5-5　PCtoLCD2002 软件界面

1. 图形模式

单击工具栏左侧的新建图像按钮 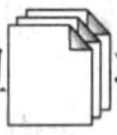　将弹出图 5-6 所示的对话框,要求输入新建图形的宽度和高度。假设我们要建立一个 8×8 的图形,则分别在两个文本框中输入 8(即 8×8 单色点阵),单击“确定”按钮,出现图 5-7 所示的界面。

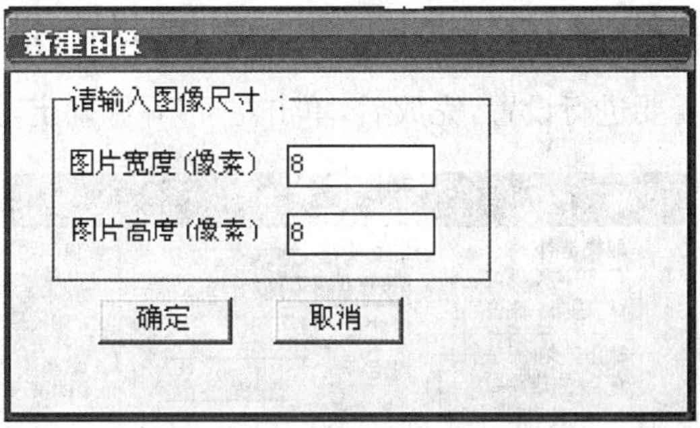

图 5-6　“新建图像”对话框

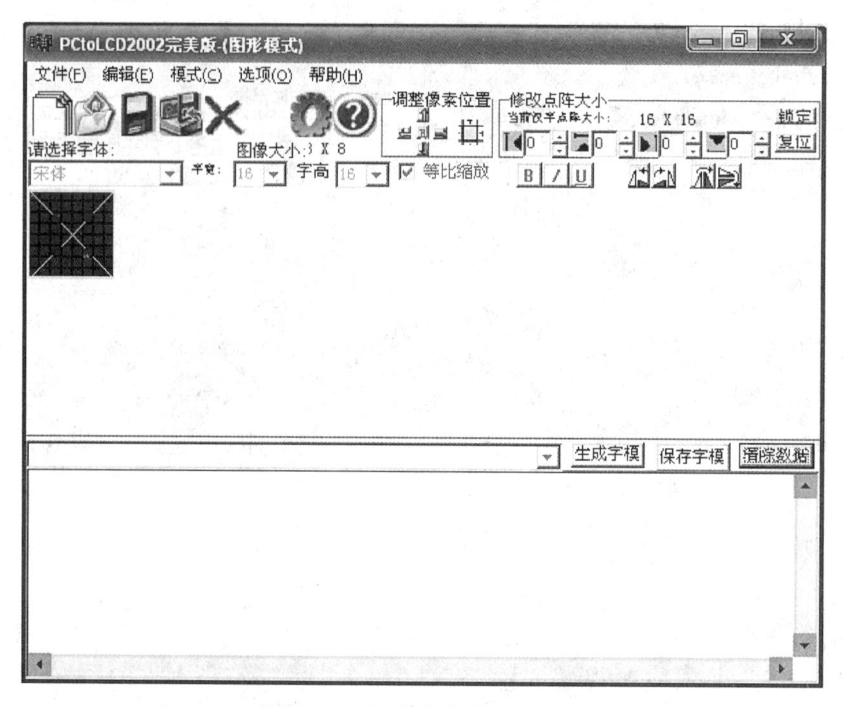

图 5-7　8×8 单色点阵编辑界面

图 5-7 中,每一个小方块代表一个发光二极管,单击可以点亮它,单击鼠标右键表示擦除。例如,要在点阵上显示一个“人”字,如图 5-8 所示,这个图形完全是用鼠标绘制的,可以通过 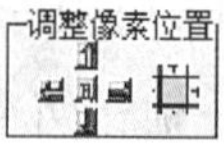 和   对画好的图像进行一些简单的处理。

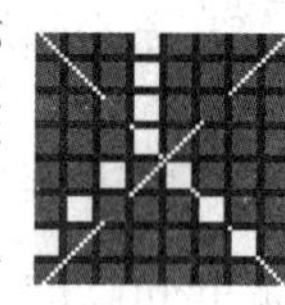

图 5-8

下拉主菜单“选项”或单击工具栏中的  图标按钮,可以看到图 5-9 所示的对话框。用户可以根据自己的实际需要进行设置,完成后,单击左下角的“确定”按钮进行保存。

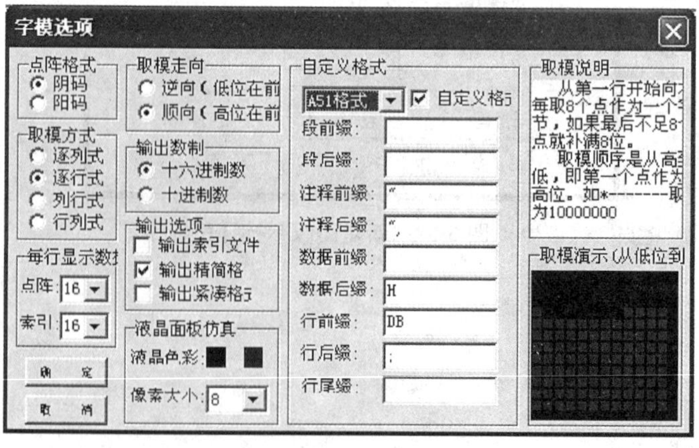

图 5-9　字模选项对话框

单击图 5-7 软件中部偏右位置的生成字模按钮，数据显示区域出现了对应字模数据；按下保存字模按钮，可以以文本格式保存生成的数据；单击清除数据按钮，将清空数据显示区的数据；如果想保存自己绘制的图形，那么单击就可以了。

如果想将一个现成的图形转换成对应的数据，那么首先要将图形转换成 BMP 格式。注意：打开的图形必须是二值图像，即只有黑色和白色两种颜色的像素，不能是灰度或者是彩色图像。而且图像不能太大，否则软件将无法打开。然后单击按钮，按照与前面操作相同的步骤生成数据即可。如图 5-10 所示，就是打开了一个 BMP 图形。

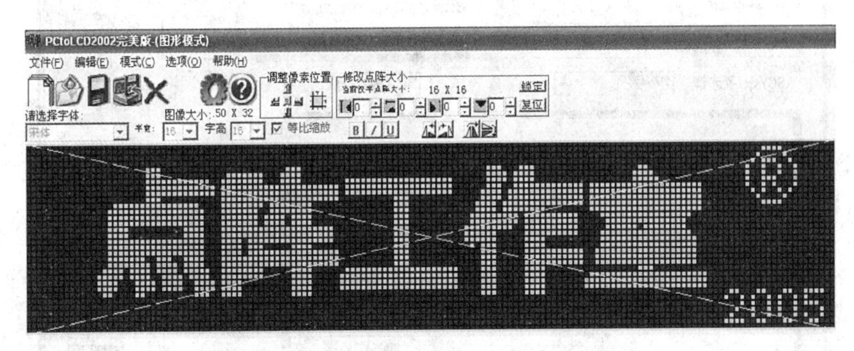

图 5-10　BMP 图形取模界面

2. 字符模式

通过菜单项“模式”选择“字符模式”，输入文字（包含汉字和全角或半角数字、字母等），生成字模的步骤与图形模式相同。软件界面如图 5-11 所示。

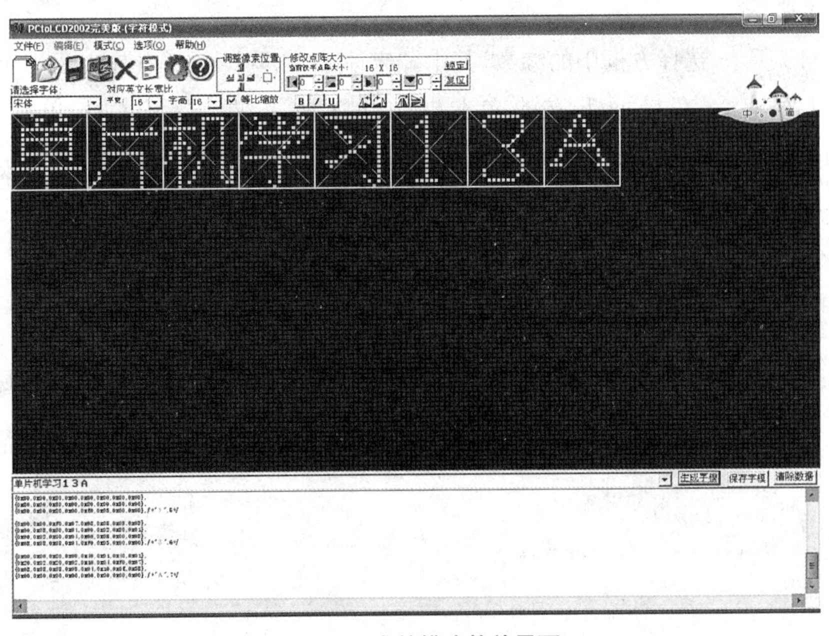

图 5-11　字符模式软件界面

软件二：晓奇取模软件

晓奇取模软件可以对汉字、ASCII 码字符及图片提取字模，双击图标打开软件，界面如图 5-12 所示，对“输出格式”和“取模方式”选择后，单击 参数确认 图标。

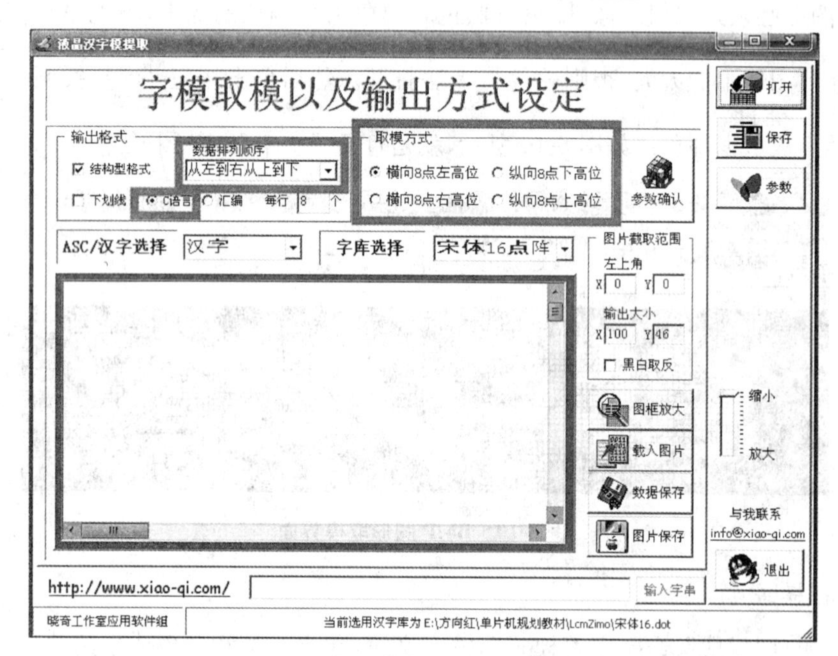

图 5-12　晓奇取模软件界面

1. 汉字取模

如图 5-13 所示，选择方框中的参数，其中，“宋体 16 点阵”中 16 点阵表示每个汉字都采用16×16 点阵显示，在界面下方的文本框中输入所需汉字字串（如：单片机），单击 输入字串 图标，生成字模（图 5-14），单击 保存 图标，可以将字模数据以文本形式保存下来。

图 5-13　汉字取模参数设置

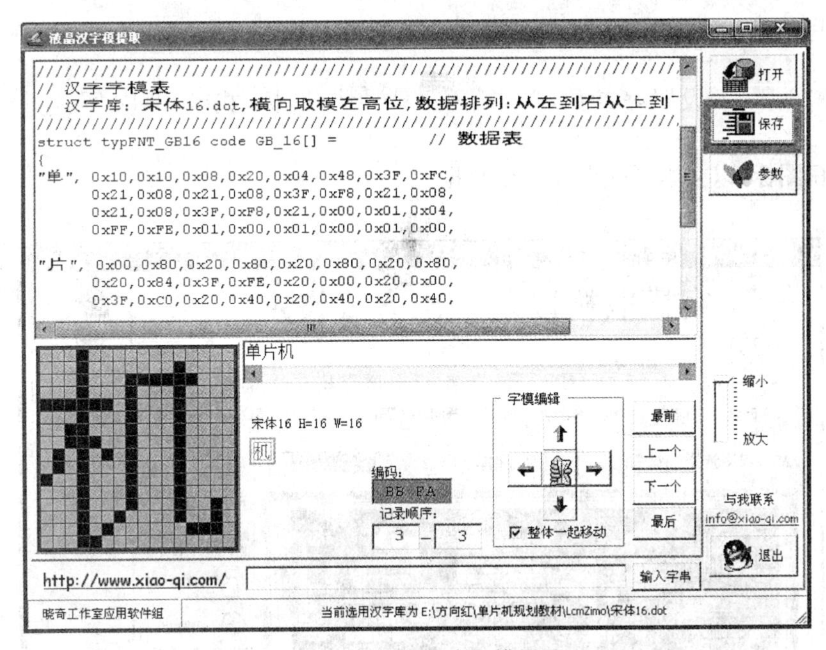

图 5-14　汉字字串取模界面

2. ASCII 码取模

如图 5-15 所示,“字库选择”可以设置 ASCII 码显示时的点阵阵列,其中“Asc8×16E”表示 8 行 16 列。单击 [ASC] 图标,可以生成所有常用 ASCII 码的字模数据。

图 5-15　ASCII 码取模界面

3. 图片取模

如图 5-16 所示，设置好参数，单击 载入图片 图标，找到 BMP 图片并载入，单击  数据保存 图标，以文本形式保存字模数据。

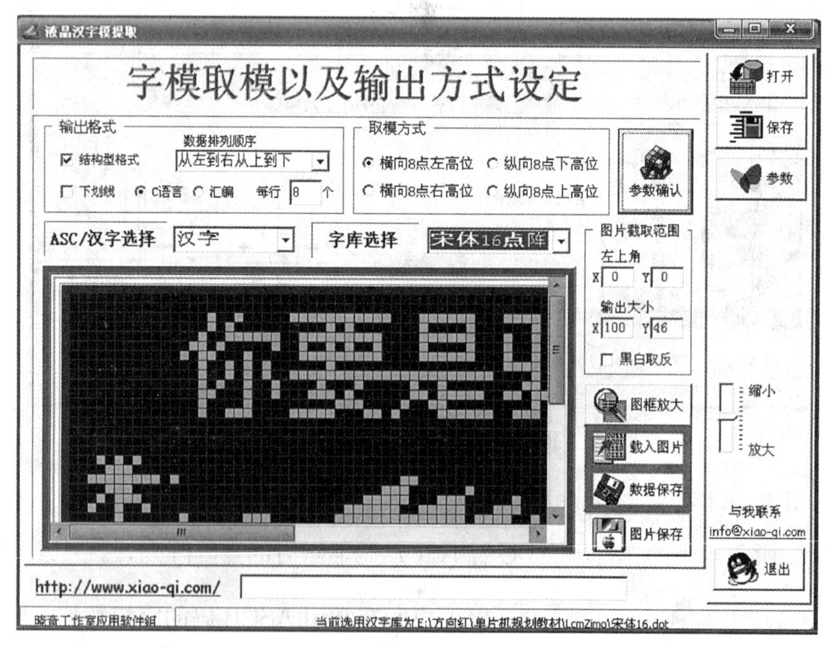

图 5-16　BMP 图片取模界面

5.3 项目实施

5.3.1 任务一:8×8 单色 LED 点阵显示系统设计

子任务一:静态点亮 8×8 单色点阵中任一点

任务要求:要求点亮图 5-17 中的这一点,该点对应的行线为 6,列线为 D。结合图 5-17,只要给行线 6(即 P1.1)加上高电平,其余行线都为低电平,同时列线 D(即 P2.3)加上低电平,其余列线都为高电平,即 P1 输出 02H,P2 输出 0F7H。

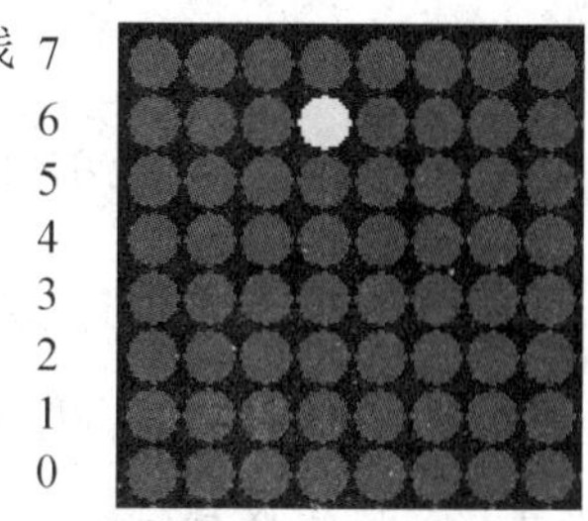

图 5-17 显示某一点示意图

1. 硬件电路设计

单片机控制一个 8×8 LED 点阵需要用到两个并行端口,一个端口控制行线,另一个端口控制列线,由于单片机并行口的负载能力有限,因此需要外接驱动电路。本电路中行线采用三态锁存器 74HC573 驱动,74HC573 在锁存使能端 LE 为高电平,同时输出允许端 $\overline{OE}$ 为低电平的情况下,输出 Q0～Q7 与输入 D0～D7 对应相等。列线直接由 P2 端口控制,硬件仿真电路如图 5-18 所示。

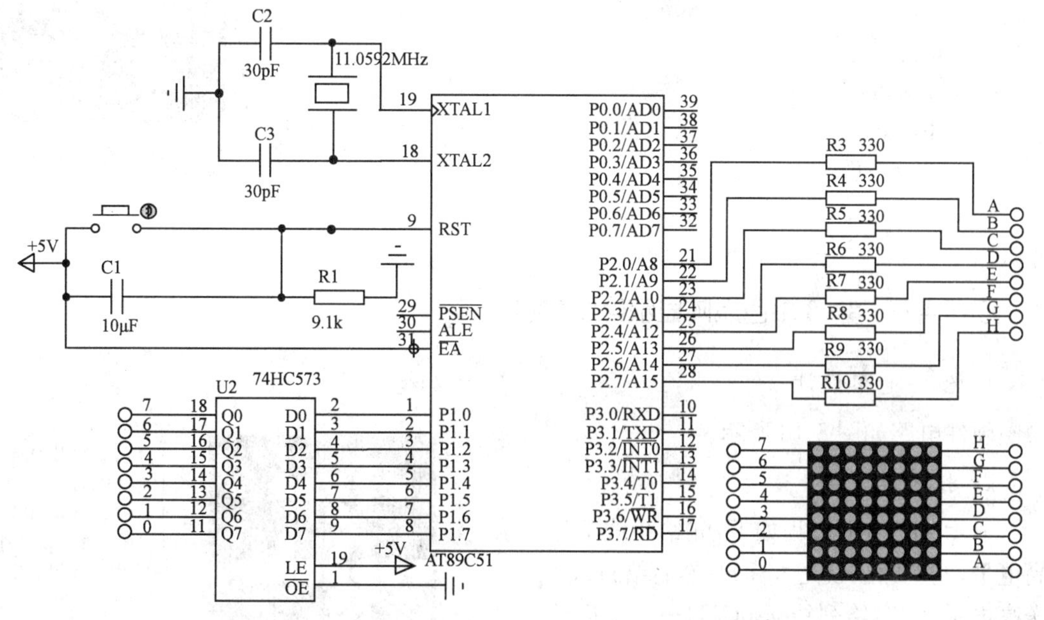

图 5-18 74HC573 驱动 8×8 单色点阵的仿真电路图

注:画仿真电路图时,在元件模式下,输入关键字"MATRIX",即可找到多个点阵器件,选择其中 8×8 绿色的模块,其两侧引脚一端为行线,一端为列线。判断引脚的原理与 5.2.2 节介绍的类似,在仿真电路图中,选取点阵后,用终端模式 下"POWER"和"GROUND"分别连接各引脚,仿真后根据点亮的 LED 位置即可判断。

2. 程序设计

```
#include<reg51.h>
void main()          //主函数
{
    while(1)
    {
    P1=0x02;
    P2=0xf7;
    }
}
```

子任务二：点亮 8×8 单色点阵中的第 C 列

1. 硬件电路设计

硬件电路如图 5-18 所示。

2. 程序设计

如图 5-19 所示，要点亮该列，必须列线 C 加低电平，其余列线为高电平，同时行线 0～7 均为高电平，即 P1＝0xff，同时 P2＝0xfb。

```
#include<reg51.h>
void main()                    //主函数
{
    while(1)
    {
      P1=0xff;
      P2=0xfb;
    }
}
```

图 5-19　显示 C 列示意图

子任务三：8×8 单色点阵显示简单文字“干”

1. 硬件电路设计

硬件电路如图 5-18 所示。

2. 程序设计

显示“干”字的过程如下：先给行线 7 送高电平，同时给列线送 0FFH；然后给行线 6 送高电平，同时给列线送 0C1H……最后给行线 0 送高电平，同时列线送 0F7H。行与行之间延时时间为 1～2ms（延时时间受 50Hz 闪烁频率限制，不能太大，应保证扫描

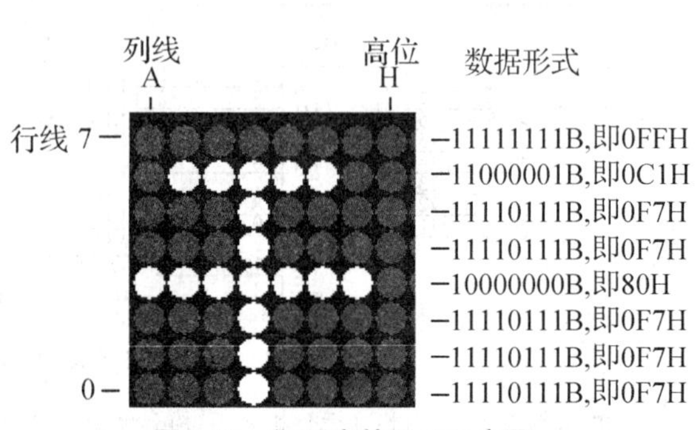

图 5-20　“干”字的显示示意图

所有 8 行的时间在 20ms 以内)，所有 8 行扫描结束后再从行线 7 开始重新循环进行。

```
//功能:在 8×8 点阵中显示“干”
#include<reg51.h>
#include<intrins.h>          //因 intrins.h 中有循环左移函数_crol_()的定义
#define uchar unsigned char
#define unit unsigned int
uchar code display[]={0xff,0xc1,0xf7,0xf7,0x80,0xf7,0xf7,0xf7};
void delayms(unit x);         //对函数 delayms 的声明
void main()
{
    uchar i,aa;
    aa=0x01;
    while(1)
    {
    for(i=0;i<8;i++)
      {
        P1=aa;                //行扫描码
        P2=display[i];
        delayms(1);           //延时 1ms
        P2=0xff;              //行扫描时,相应 LED 点亮 1ms 后熄灭,防止拖尾现象
        aa=_crol_(aa,1);      //行扫描码左移一位(循环移位)
      }
  }
}
void delayms(unit x)          //延时函数:延时(单位:ms)
{
  unit i,j;
  for(i=x;i>0;i--)
  for(j=130;j>0;j--);
}
```

子任务四:8×8 单色点阵显示简单图形

任务要求:在 8×8 单色点阵上显示爱心形状，如图 5-21 所示。

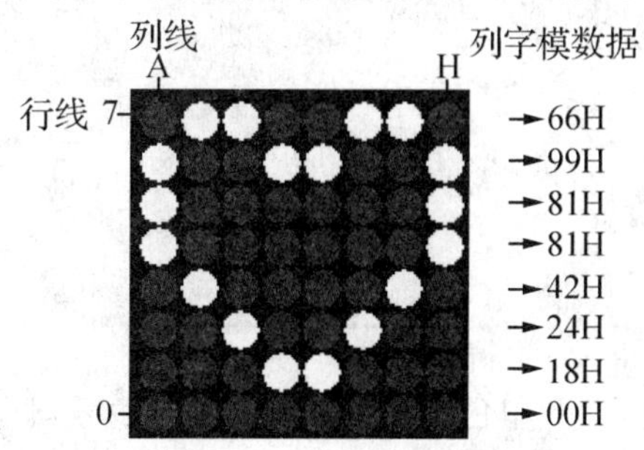

图 5-21 心形显示示意图

1. 硬件电路设计

硬件电路如图5-18所示。

2. 程序设计

在8×8单色点阵中可以显示简单的图形，通过在取模软件中点亮某些点，可以得到其列字模数据，程序编制原理与显示简单汉字基本相同。

```
//功能：在8×8单色点阵中显示爱心形图案
#include<reg51.h>
#include<intrins.h>
#define uchar unsigned char
#define unit unsigned int
uchar code display[]={0x66,0x99,0x81,0x81,0x42,0x24,0x18,0x00};
void delayms(unit x);
void main()
{
    uchar i,aa; aa=0x01;
    while(1)
    {
      for(i=0;i<8;i++)
      {
        P1=aa;
        P2=~display[i]; //取反是因为数组display中列线亮取为高电平，与实际相反
        delayms(1);
        P2=0xff;
        aa=_crol_(aa,1);
      }
    }
}
void delayms(unit x)
{
  unit i,j;
  for(i=x;i>0;i--)
  for(j=130;j>0;j--);
}
```

3. 仿真与调试

采用74HC573驱动的8×8单色点阵，电路原理图参考图5-18。元器件清单见表5-2，表中用手头现有的74LS573代替了74HC573，二者从逻辑功能上来说完全相同，只是前者

是 TTL 型集成电路，后者属于 CMOS 型集成电路。制作好的电路板实物见图 5-22，载入程序后的实验效果图见图 5-23。

表 5-2　74LS573 驱动的 8×8 单色点阵电路元器件清单

序　号	名　称	型　号	数　量
1	74LS573		1
2	电阻 330 欧	金属膜	8
3	8×8 单色点阵	行共阳	1
4	万能板	适当大小	1
5	排针	间距 2.54 mm	若干
6	导线		若干
7	杜邦线	适当长度	若干

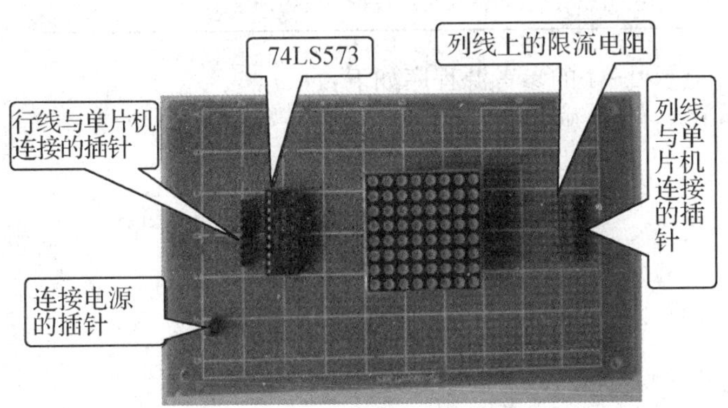

图 5-22　74LS573 驱动的 8×8 单色点阵电路板

图5-23　74LS573 驱动的 8×8 单色点阵实验效果图(显示心形图案)

子任务五：8×8 单色点阵显示数字

任务要求：在 8×8 单色点阵上循环显示数字 0～4。

1. 硬件电路设计

硬件电路如图 5-18 所示。

2. 程序设计

显示数字与显示简单文字的原理基本相同，也是采用行扫描的同时，给列线加上相应的数据，常用的 8×8 单色 LED 点阵中数字 0～9 对应的列数据如表 5-3 所示。

表 5-3 8×8点阵的数字字模

数　字	列 数 据
0	0x18，0x24，0x24，0x24，0x24，0x24，0x24，0x18
1	0x00，0x18，0x1c，0x18，0x18，0x18，0x18，0x18
2	0x00，0x1e，0x30，0x30，0x1c，0x06，0x06，0x3e
3	0x00，0x1e，0x30，0x30，0x1c，0x30，0x30，0x1e
4	0x00，0x30，0x38，0x34，0x32，0x7e，0x30，0x30
5	0x00，0x1e，0x02，0x1e，0x30，0x30，0x30，0x1e
6	0x00，0x1c，0x06，0x1e，0x36，0x36，0x36，0x1c
7	0x00，0x3f，0x30，0x18，0x18，0x0c，0x0c，0x0c
8	0x00，0x1c，0x36，0x36，0x1c，0x36，0x36，0x1c
9	0x00，0x1c，0x36，0x36，0x36，0x3c，0x30，0x1c

因此，在8×8 LED点阵上循环显示0～4的参考源程序如下：

```
//功能:在8×8点阵中循环显示0～4(74HC573驱动行线)
#include<reg51.h>
#include<intrins.h>
#define uchar unsigned char
#define unit unsigned int
void delayms(unit x);
uchar code display[]=
{0x18,0x24,0x24,0x24,0x24,0x24,0x24,0x18,  //0
 0x00,0x18,0x1c,0x18,0x18,0x18,0x18,0x18,  //1
 0x00,0x1e,0x30,0x30,0x1c,0x06,0x06,0x3e,  //2
 0x00,0x1e,0x30,0x30,0x1c,0x30,0x30,0x1e,  //3
 0x00,0x30,0x38,0x34,0x32,0x7e,0x30,0x30}; //4
void main()
  {
    uchar i,j,k,m,aa;
    while(1)
    {
      for(k=0;k<5;k++)            //k——字符个数控制变量
      {
        for(m=0;m<100;m++)       //m——每个字符扫描时间控制变量
        {
          j=k*8;                  //指向数组display的第k个字符的第一个显示码下标
          aa=0x01;
          for(i=0;i<8;i++)
          {
```

```
                P1=aa;
                P2=~display[j];
                delayms(1);
                P2=0xff;
                aa=_crol_(aa,1);
                j++;
              }
            }
          }
        }
    }
    void delayms(unit x)
    {
      unit i,j;
      for(i=x;i>0;i--)
      for(j=130;j>0;j--);
    }
```

当单片机 I/O 端口不够用或是为了节省端口资源时，可以采用译码器 74HC138 和反相器 7406 来驱动 8×8 单色点阵，电路如图 5-24 所示。跟图 5-18 相比，P2 口只用了 3 个 I/O 口，节省了 P2.3～P2.7 共 5 个端口。

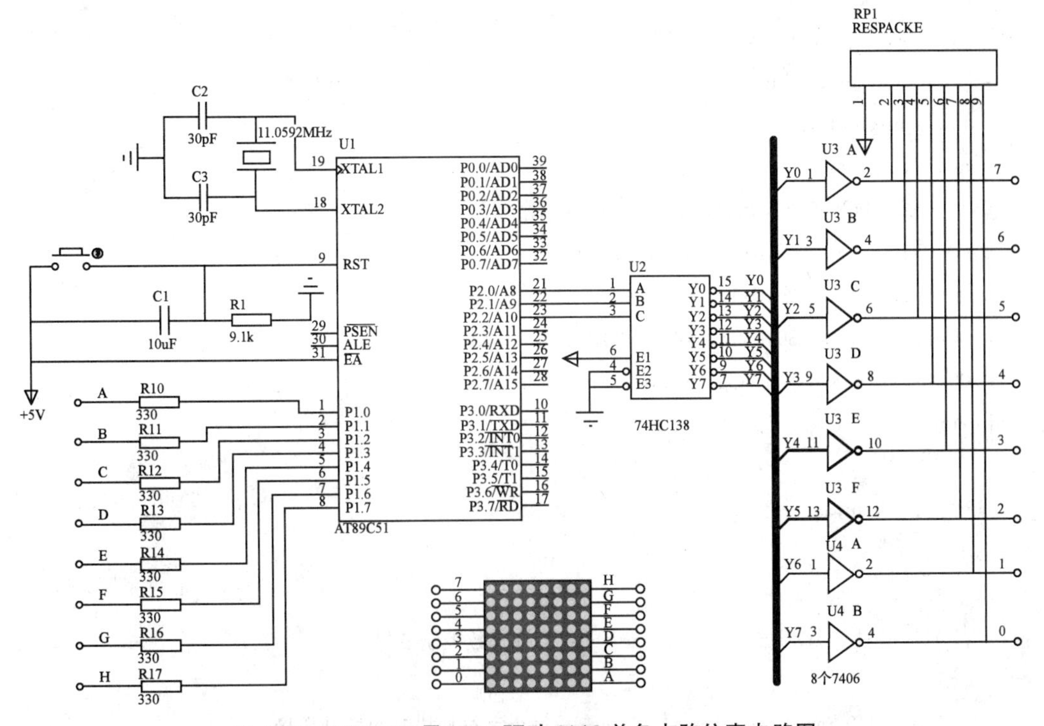

图 5-24　74HC138 及 7406 驱动 8×8 单色点阵仿真电路图

74HC138的逻辑功能如表5-4所示。在使能端E1为高电平,同时$\overline{E1}$和$\overline{E2}$都为低电平的情况下,能够根据输入CBA的值,实现3线-8线译码功能。其中,L表示低电平,H代表高电平。编程时,随着CBA组合值不断加一,译码器的输出经过反相器反相后,正好是点阵需要的行扫描信号。

表5-4 74HC138译码器的真值表

C	B	A	$\overline{Y0}$	$\overline{Y1}$	$\overline{Y2}$	$\overline{Y3}$	$\overline{Y4}$	$\overline{Y5}$	$\overline{Y6}$	$\overline{Y7}$
L	L	L	L	H	H	H	H	H	H	H
L	L	H	H	L	H	H	H	H	H	H
L	H	L	H	H	L	H	H	H	H	H
L	H	H	H	H	H	L	H	H	H	H
H	L	L	H	H	H	H	L	H	H	H
H	L	H	H	H	H	H	H	L	H	H
H	H	L	H	H	H	H	H	H	L	H
H	H	H	H	H	H	H	H	H	H	L

其在8×8单色点阵上循环显示0~4的参考源程序如下:

```
//功能:在8×8点阵中循环显示0~4(74HC138和7406驱动行线)
#include<reg51.h>
#define uchar unsigned char
#define unit unsigned int
void delayms(unit x);
uchar code display[]=
{0x18,0x24,0x24,0x24,0x24,0x24,0x24,0x18,    //0
 0x00,0x18,0x1c,0x18,0x18,0x18,0x18,0x18,    //1
 0x00,0x1e,0x30,0x30,0x1c,0x06,0x06,0x3e,    //2
 0x00,0x1e,0x30,0x30,0x1c,0x30,0x30,0x1e,    //3
 0x00,0x30,0x38,0x34,0x32,0x7e,0x30,0x30};   //4
void main()
{
    uchar i,j,k,m,aa;
    while(1)
    {
      for(k=0;k<5;k++)              //k——字符个数控制变量
      {
        for(m=0;m<100;m++)          //m——每个字符扫描时间控制变量
        {
          j=k*8;                    //指向数组display的第k个字符的第一个显示码下标
```

```
            aa=0x00;
            for(i=0;i<8;i++)
            {
              P2=aa&0x07;            //译码器输入信号,"&0x07"的目的是去除P2高五位的干扰
              P1=~display[j];
              delayms(1);
              P1=0xff;
              aa++;                  //译码器输入CBA值加1
              j++;
            }
          }
        }
      }
    }
    void delayms(unit x)
    {
    unit i,j;
    for(i=x;i>0;i--)
    for(j=130;j>0;j--);
    }
```

3. 仿真与调试

采用74HC138译码器加反相器7406驱动的8×8单色点阵。

电路图参考图5-24,图中7406的实物是带高压输出的六路反相缓冲驱动器SN7406N,所以两块SN7406N(其中一块只用了2路反相器)就代表了图中的8个7406反相器,元器件清单如表5-5所示,制作好的电路板实物见图5-25,载入"循环显示0~4"的程序后的实验效果图见图5-26。

表5-5 74HC138加7406驱动的8×8单色点阵电路元器件清单

序号	名称	型号	数量
1	74HC138		1
2	SN7406N		2
3	电阻330Ω	金属膜	8
4	8×8单色点阵	行共阳	1
5	万能板	适当大小	1
6	排阻	9脚,100Ω	1
7	排针	间距2.54 mm	若干

续表

序号	名称	型号	数量
8	导线		若干
9	杜邦线	适当长度	若干

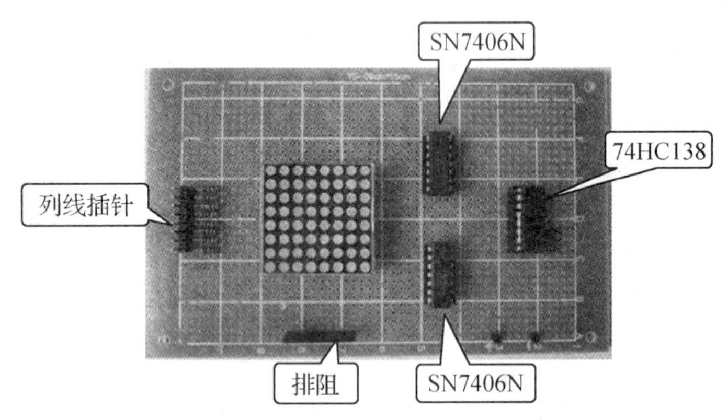

图 5-25　74HC138 加 7406 驱动的 8×8 单色点阵电路板

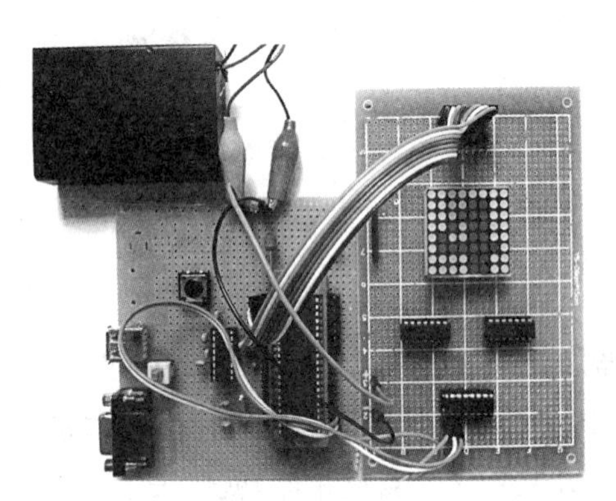

图 5-26　74HC138 加 7406 驱动的 8×8 单色点阵实验效果图

5.3.2　任务二:16×16 单色点阵显示系统

任务要求:在 16×16 单色点阵上显示单个汉字"联"。

1. 硬件电路设计

对于笔划较多的汉字,可以采用 16×16 单色点阵显示。16×16 单色点阵由四个 8×8 单色点阵组成,硬件电路如图 5-27 所示。其中 LED(1)与 LED(2)的行线并联在一起构成 R0～R7,LED(3)与 LED(4)的行线并联在一起构成 R8～R15;LED(1)与 LED(3)的列线并联在一起构成 C0～C7,LED(2)与 LED(4)的列线并联在一起构成 C8～C15。行驱动电路由 4～16 译码器 74HC154 和反相器 7406 构成,P1 口的低四位经过译码,产生 16 个控制信号,反相后生成 16 个行线的控制信号。列驱动电路由两个 74HC573 组成。

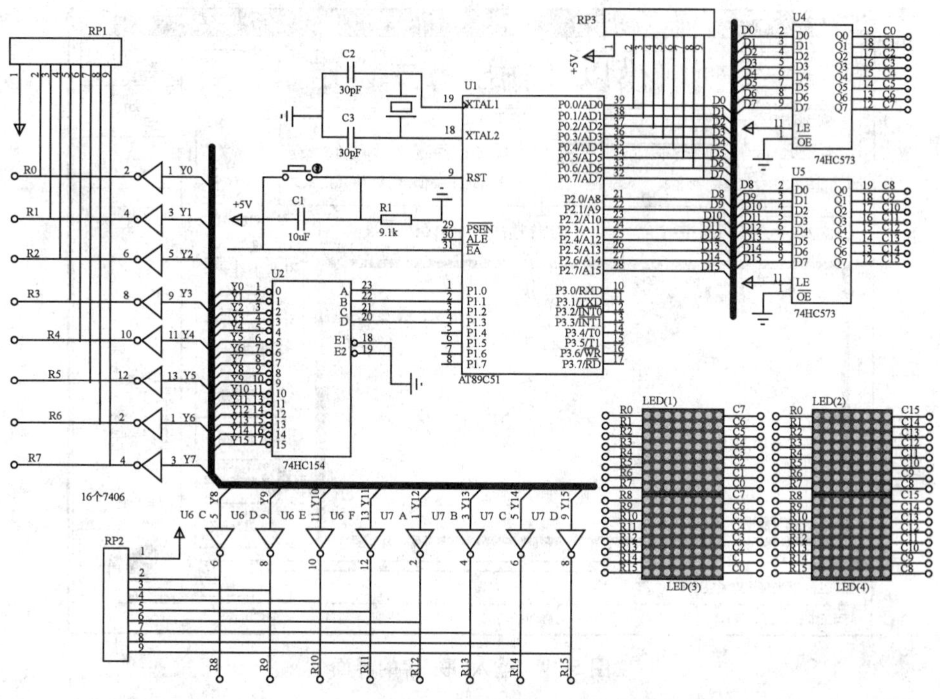

图 5-27　16×16 单色点阵显示系统仿真电路图

2. 由取模软件产生字模

设置参数如图 5-28 所示，单击“参数确认”按钮；输入“联”，单击“输入字串”按钮（图 5-29）；产生字模（图 5-30）。

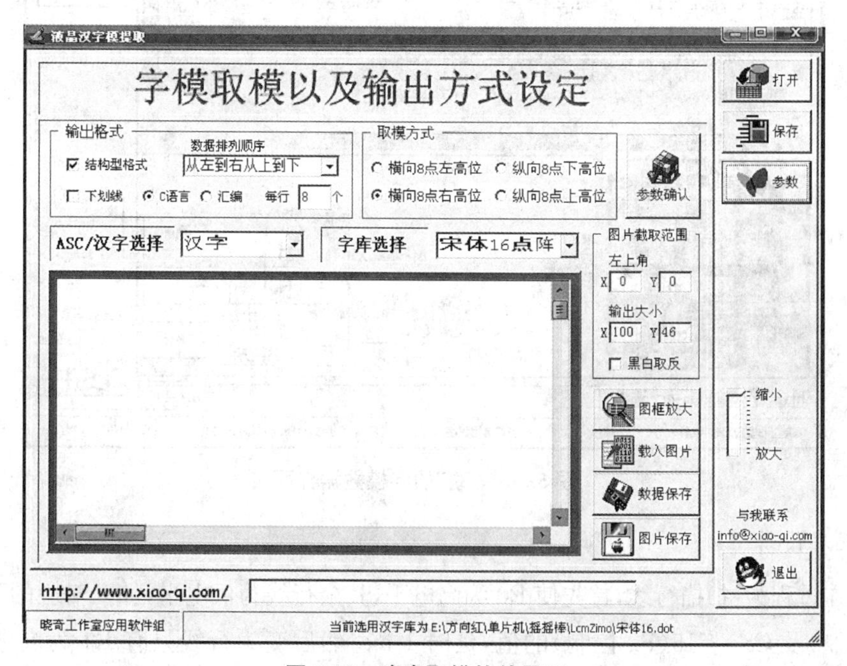

图 5-28　晓奇取模软件界面

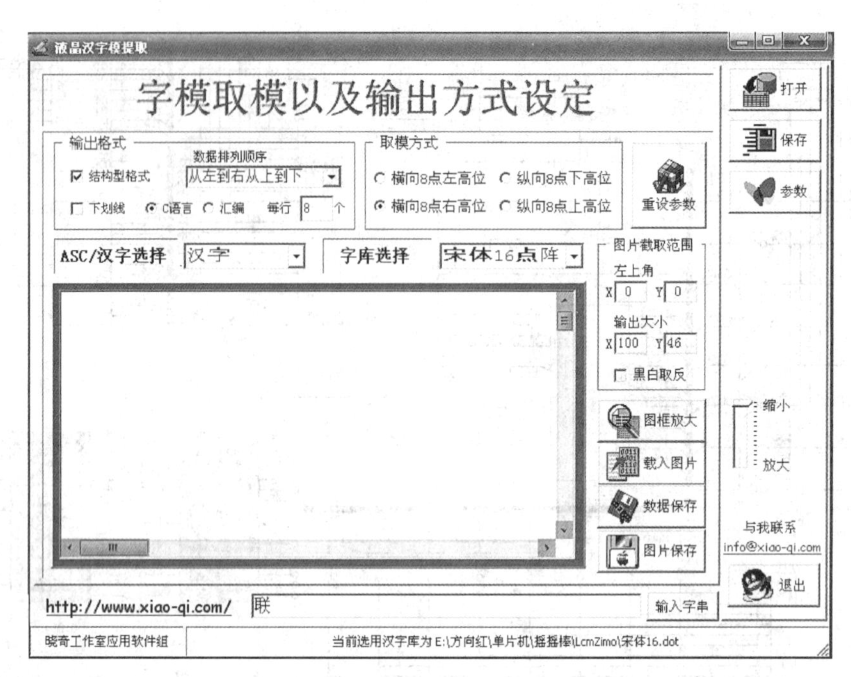

图 5-29　输入“联”字的界面

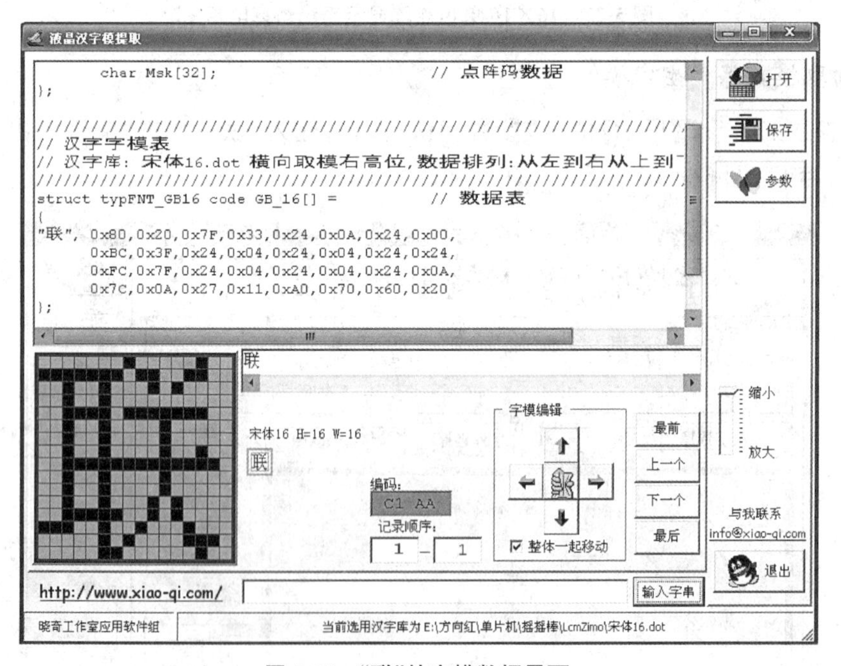

图 5-30　“联”的字模数据界面

3. 程序设计

其工作过程为：扫描行线，首先使 R0 为高电平，其余行线为低电平，加入对应的列线 C0～C7(P0 控制)及 C8～C15(P2 控制)的值，延时 1 ms；然后变为行线只有 R1 为高电平，改变 P0 和 P2 的值，如此反复。行与行之间的延时 1 ms 是为了使 16 行扫描所用时间之和不超过 20ms。因此编制源程序如下：

```
//功能:在 16×16 点阵中显示汉字“联”
#include<reg51.h>
#define uchar unsigned char
#define unit unsigned int
uchar   code display[]=
{0x80,0x20,0x7f,0x33,0x24,0x0a,0x24,0x00,
 0xBC,0x3F,0x24,0x04,0x24,0x04,0x24,0x24,
 0xFC,0x7F,0x24,0x04,0x24,0x04,0x24,0x0A,
 0x7C,0x0A,0x27,0x11,0xA0,0x70,0x60,0x20}; //显示“联”字代码
void delayms(unit x);
void main()
{
  uchar i,j,aa;
  while(1)
  {
    aa=0x00;
    for(i=0;i<32;i=i+2)
    {
      P1=aa&0x0f;                        //“&0x0f”目的是去除 P1 高四位的干扰
      j=i;                               //j——数组 display[]的下标
      P0=~display[j];                    //列线 C0~C7 数据
      j++;
      P2=~display[j];                    //列线 C8~C15 数据
      delayms(1);
      P2=P0=0xff;                        //列数据为高电平,对应行 LED 灭,防止拖尾现象
      aa++;                              //译码器输入值加一
    }
  }
}
void delayms(unit x)
{
  uniti,j;
  for(i=x;i>0;i--)
  for(j=130;j>0;j--);
}
```

4. 仿真与调试

首先在 Proteus 软件中仿真，电路原理图参考图 5-27，图中 16 个反相器的实物是三块 SN7406N(其中一块只用了四路反相器)，元器件清单如表 5-6 所示，制作好的电路板实物如

图5-31所示。

表5-6　16×16单色点阵电路元器件清单

序号	名称	型号	数量
1	74HC154		1
2	SN7406N		3
3	74LS573		2
4	8×8 LED点阵	行共阳	4
5	万能板	适当大小	2
6	排阻	9脚,100Ω	2
7	排针	间距2.54 mm	若干
8	导线		若干
9	杜邦线	适当长度	若干

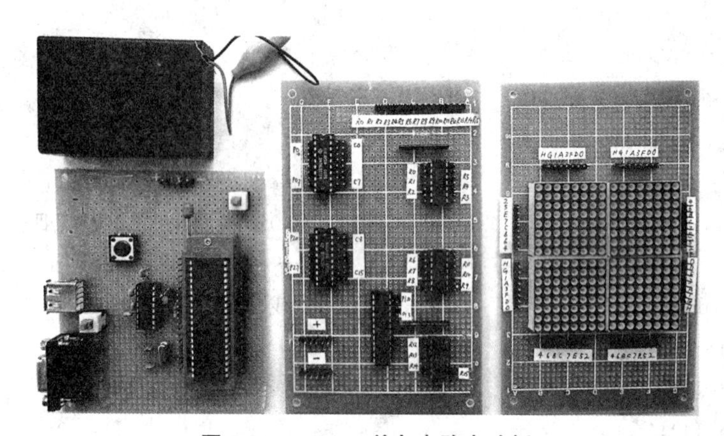

图5-31　16×16单色点阵电路板

注:本项目只制作点阵部分电路,单片机最小系统则使用项目1中已做好的板子,然后通过杜邦线和插针相连。焊接前,必须用万用表判断8×8单色点阵各引脚的功能。

5.4　项目小结

本项目从任务制作入手,介绍了单色LED点阵的显示原理和点阵取模软件的使用,通过具体的实例和硬件制作,详细阐述了单片机与点阵组成的显示系统的电路设计和编程方法。

在进行LED点阵电路设计和软件编制时要注意以下几点:

(1) 分清点阵各引脚的具体作用;

(2) 确定单片机引脚与各行线、列线的控制关系;

(3) 本项目针对共阳极点阵，即如果点亮一个 LED，其行线接高电平，同时对应列线接低电平；

(4) 点阵显示时，大多采用行扫描法；

(5) 使用取模软件时，如果点亮某 LED，其列线数据取高电平；则在编程时，该数据需要取反处理(取低电平)。

本项目涉及的知识点有：

(1) LED 点阵的显示原理；

(2) 部分取模软件的应用；

(3) LED 点阵显示的控制方法。

习题与思考

1. 动手做做：使用 8×8 单色点阵实现图 5-32 中显示图形。

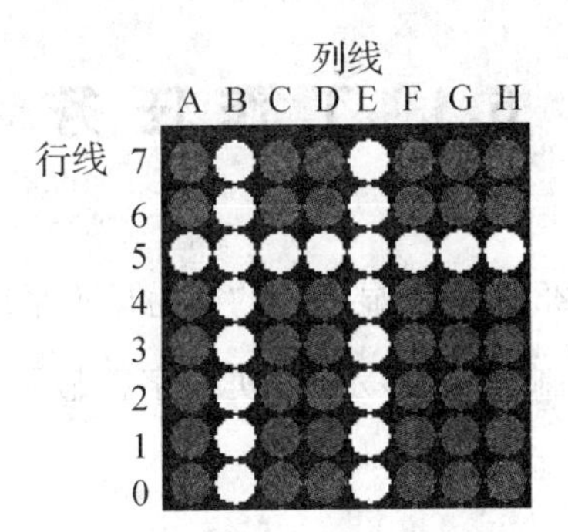

图 5-32　8×8 点阵显示的图形

2. 编程实现：在单色 8×8 LED 点阵上循环显示数字 0～9，时间间隔为 1 s。
3. 在图 5-27 仿真电路中，实现在单色 16×16 LED 点阵上，循环显示“大家一起来学单片机”。

项目6　LCD显示屏设计

学习目标

1. 熟悉液晶屏与单片机的接口方法；
2. 理解液晶屏显示文字或字符图形原理；
3. 会识读LCD1602的时序图；
4. 掌握LCD1602和LCD12864写指令和写数据的编程方法；
5. 会简单应用LCD1602及LCD12864显示字符串或文字。

6.1　工作任务

项目名称　基于1602和12864液晶显示屏的简易显示系统设计。

功能要求　应用单片机控制1602显示屏，实现字符显示；应用单片机控制12864显示屏，实现字符显示。

设计要求

(1) 用Proteus ISIS软件绘制电路原理图；

(2) 使用Keil软件编辑源文件，编译、链接生成目标代码文件；

(3) 将目标代码文件载入，在Proteus ISIS软件中仿真，验证结果；

(4) 制作硬件电路，完成相关元件电路焊接与程序调试。

6.2　相关知识链接

LCD(Liquid Crystal Display)即液晶显示器，它是由一种高分子材料制作而成。LCD从20世纪中叶开始逐渐应用于轻薄型显示，目前LCD已经成为许多电子产品的通用元件，如在计算器、手机、数字万用表、电子表及很多家用电子产品中都可以看到。LCD液晶显示屏是一种功耗极低的显示器件，其具有厚度薄、适用于大规模集成电路直接驱动和易于实现全彩色显示的特点，目前已经广泛应用在便携式计算机、数字摄像机和PDA移动通信工具等众多领域，尤其是便携式电子产品中。它不仅省电，而且能够显示大量的信息，如文字、曲线、专用符号、图形等，其显示界面与数码管相比较有了质的提高。

在单片机系统中应用液晶显示器作为输出显示元件有以下优点：(1) 显示质量高；(2) 数字式接口；(3) 体积小、质量小；(4) 功耗低。

前面的项目中，我们经常采用数码管作为字符显示器件，但是当要显示的字符较多时，不仅电路结构较复杂、功耗较大，而且无法显示汉字。此时，采用液晶屏进行字符显示，则能很好地解决这些问题，尤其是显示比较长的字符串或汉字时优势更加明显。目前常见液晶屏有 LCD1602、LCD12864 和触摸屏，本项目主要介绍 LCD1602、LCD12864 的基本应用。

6.2.1 LCD1602 基本原理

1. 认识 LCD1602 液晶屏

常见的字符液晶模块 LCD1602 如图 6-1 中所示。

(a) LCD1602 液晶的背面

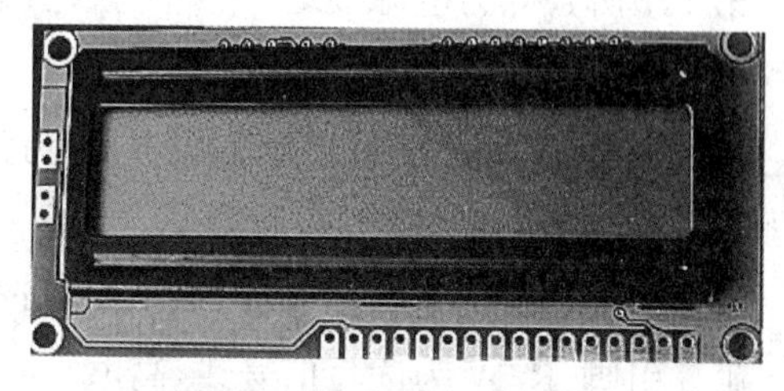

(b) LCD1602 液晶正面

图 6-1　1602 液晶屏实物图

1602 液晶也叫 1602 字符型液晶，它是一种专门用来显示字母、数字、符号等的点阵型液晶模块。它由若干个 5×7 点阵字符位组成，每个点阵字符位都可以显示一个字符，每位之间有一个点距的间隔，每行之间也有间隔，起到了字符间距和行间距的作用。1602 是指液晶屏为 16×2 的，即可以显示两行，每行 16 个字符(显示字符和数字)。

(1) 主要技术参数

1602 主要技术参数如表 6-1 所示。

表 6-1　主要技术参数

显示容量	16×2 个字符
芯片工作电压	4.5～5.5 V
工作电流	2.0 mA(5.0 V)
模块最佳工作电压	5.0 V
字符尺寸	2.95mm(W)×4.35mm(H)

(2) 接口信号说明

字符型 LCD1602 通常有 16 条引脚线，引脚定义如表 6-2 所示。

表 6-2 1602 引脚功能表

编号	符号	引脚说明	编号	符号	引脚说明
1	V_{SS}	电源接地	9	D2	数据引脚
2	V_{DD}	电源正极	10	D3	数据引脚
3	V_O	液晶显示偏压	11	D4	数据引脚
4	RS	数据/命令选择端	12	D5	数据引脚
5	R/W	读/写选择端	13	D6	数据引脚
6	E	使能信号	14	D7	数据引脚
7	D0	数据引脚	15	BLA	背光电源正极
8	D1	数据引脚	16	BLK	背光电源负极

由表 6-2 可以看出，这 16 个管脚功能分别如下：

第 1 引脚：V_{SS}为电源接地；

第 2 引脚：接 5 V 正电源；

第 3 引脚：V_O 为液晶显示器对比度调整端，接正电源时对比度最弱，接地时对比度最强；

第 4 引脚：RS 为寄存器选择，高电平时选择数据寄存器、低电平时选择指令寄存器；

第 5 引脚：R/W 为读写信号线，高电平时进行读操作，低电平时进行写操作；

第 6 引脚：E 端为使能端，当 E 端由低电平跳变为高电平时，液晶模块执行命令；

第 7～14 引脚：D0～D7 为 8 位双向数据线；

第 15 引脚：背光源正极；

第 16 引脚：背光源负极。

2. LCD1602 的应用

(1) LCD1602 的基本操作

单片机对 LCD1602 有四种基本操作：写命令、读状态、写数据和读数据，由 LCD1602 的三个控制引脚 RS、R/W 和 E 的不同组合所决定，如表 6-3 所示。

表 6-3 LCD1602 基本操作与三个控制引脚的关系

LCD1602 控制引脚			LCD1602 基本操作
RS	R/W	E	
0	0	⌐¬ (高脉冲)	写命令操作(用于初始化、光标定位等)
0	1	⌐¬ (高脉冲)	读状态操作(用于读忙标志)
1	0	⌐¬ (高脉冲)	写数据操作(用于送要显示的数据)
1	1	⌐¬ (高脉冲)	读数据操作(可以把显示存储区中的数据反读出来)

RS:数据和指令选择控制端,RS=0:命令/状态;RS=1:数据。

R/W:读写控制线,R/W=0:写操作;R/W=1:读操作。

E:数据读写操作控制位,E 线向 LCD 模块发送一个脉冲,LCD 模块与单片机之间将进行一次数据交换。

(2) LCD1602 的指令

1602 液晶模块内部的控制器共有 11 条控制指令,如表 6-4 所示。

表 6-4 1602 内部控制指令

序号	指令	RS	R/W	D7	D6	D5	D4	D3	D2	D1	D0
1	清显示	0	0	0	0	0	0	0	0	0	1
2	光标返回	0	0	0	0	0	0	0	0	1	*
3	设置输入模式	0	0	0	0	0	0	0	1	I/D	S
4	显示开/关控制	0	0	0	0	0	0	1	D	C	B
5	光标或字符移位	0	0	0	0	0	1	S/C	R/L	*	*
6	功能设置	0	0	0	0	1	DL	N	F	*	*
7	字符发生存储器地址设置(CGRAM 地址设置)	0	0	0	1	字符发生存储器地址					
8	数据存储器地址设置(DDRAM 地址设置)	0	0	1	显示数据存储器地址(7 位)						
9	读忙标志或地址	0	1	BF	地址计数器 AC 值						
10	写数据到 CGRAM 或 DDRAM	1	0	写入的数据内容							
11	从 CGRAM 或 DDRAM 读数据	1	1	读出的数据内容							

1602 液晶模块的读写操作、屏幕和光标的操作都是通过指令编程来实现的。(说明:1 为高电平,0 为低电平。)

指令 1:清显示,指令码 01H,光标复位到地址 00H 位置。

指令 2:光标复位,光标返回到地址 00H。

指令 3:光标和显示模式设置 I/D:光标移动方向,高电平右移,低电平左移 S:屏幕上所有文字是否左移或者右移。高电平表示有效,低电平表示无效。

指令 4:显示开关控制。D:控制整体显示的开与关,高电平表示开显示,低电平表示关显示;C:控制光标的开与关,高电平表示有光标,低电平表示无光标;B:控制光标是否闪烁,高电平闪烁,低电平不闪烁。

指令 5:光标或显示移位 S/C:高电平时移动显示的文字,低电平时移动光标。

指令 6:功能设置命令 DL:高电平时为 4 位总线,低电平时为 8 位总线;N:低电平时为单行显示,高电平时双行显示;F:低电平时显示 5×7 的点阵字符,高电平时显示 5×10 的点阵字符。

指令7:字符发生器RAM地址设置。

指令8:DDRAM地址设置。

指令9:读忙信号和光标地址。BF:为忙标志位,高电平表示忙,此时模块不能接收命令或者数据,如果为低电平表示不忙。

指令10:写数据。

指令11:读数据。

(3) 基本操作时序表

读写操作时序如图6-2和图6-3所示。

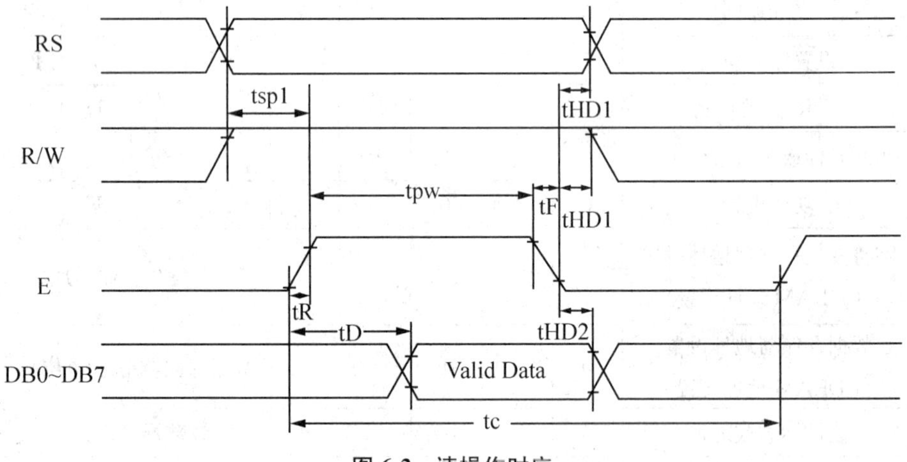

图6-2 读操作时序

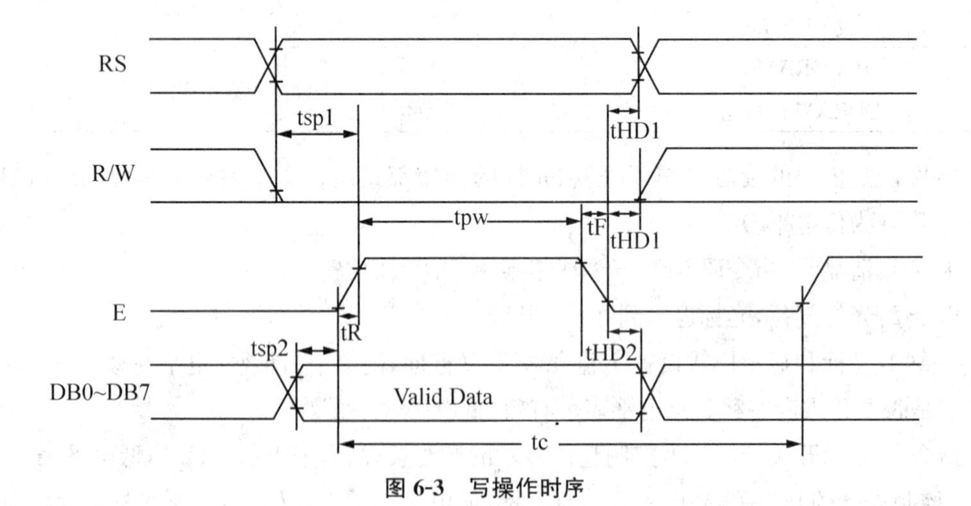

图6-3 写操作时序

* **备注:**

图6-2和图6-3中的读写操作时间参数的含义:tSP1—地址建立时间;tHD1—地址保持时间;tPW—E脉冲宽度;tR、tF—E上升沿/下降沿时间;tD—数据建立时间(读操作);tHD2—数据保持时间(读操作);tC—E信号周期;tSP2—数据建立时间(写操作);tHD2—数据保持时间(写操作)。

分析图 6-3 所示的写操作时序图可知操作 LCD1602 液晶的写操作流程如下：

①通过 RS 确定是写数据还是写命令。写命令是设置 LCD1602 按照什么样的方式来工作，如液晶屏的光标显示/不显示、光标闪烁/不闪烁、在屏的什么位置显示等。写数据是指要显示什么信息。

②读/写控制端设置为写模式，即低电平。

③将数据或命令送达数据线上。

④给 E 一个高脉冲将数据送入液晶控制器，完成写操作。

根据上面的流程，完成 LCD1602 写数据子函数的编写，程序代码如下所示。

```
void lcd_wri_dat(unsigned char dat)
{
    unsigned char i;
    RW=0;
    delay1();
    RS=1;               // RW=1,RS=0,写 LCD 命令字
    delay1();
    E=1;                // E 端时序
    delay1();
    P1=dat;             // 将 dat 中的显示数据写入 LCD 数据口
    delay1();
    E=0;
    delay1();
    RW=1;
    delay(255);
}
```

按照相同的方法，大家可以自己分析出读操作的流程，分别写出写命令、读数据、读命令的子函数。

关于时序图中的各个延时，不同厂家生产的液晶的延时不同，一般无法提供准确的数据，但大多数基本都为纳秒级，而单片机操作最小单位为 μs，因此在写程序时可不做延时，不过为了使液晶运行稳定，最好做简短延时，这需要大家自行测试以选定最佳延时。

(4) LCD 标准字库

1602 液晶模块内部的字符发生存储器(CGROM)已经存储了 160 个不同的点阵字符图形，如表 6-5 所示。这些字符有：阿拉伯数字、大小写的英文字母、常用的符号、和日文假名等。每一个字符都有一个固定的代码，比如大写的英文字母“A”的代码是 01000001B(41H)，显示时模块把地址 41H 中的点阵字符图形显示出来，我们就能看到字母“A”。

表 6-5　LCD CGROM 中字符码与字符字模关系对照表

高4位 低4位	0000	0010	0011	0100	0101	0110	0111	1010	1011	1100	1101	1110	1111
xxxx0000	CG RAM (1)		0	@	P	`	p		ー	タ	ミ	α	p
xxxx0001	(2)	!	1	A	Q	a	q	。	ア	チ	ム	ä	q
xxxx0010	(3)	"	2	B	R	b	r	「	イ	ツ	メ	β	θ
xxxx0011	(4)	#	3	C	S	c	s	」	ウ	テ	モ	ε	∞
xxxx0100	(5)	$	4	D	T	d	t	、	エ	ト	ヤ	μ	Ω
xxxx0101	(6)	%	5	E	U	e	u	・	オ	ナ	ユ	σ	ü
xxxx0110	(7)	&	6	F	V	f	v	ヲ	カ	ニ	ヨ	ρ	Σ
xxxx0111	(8)	'	7	G	W	g	w	ァ	キ	ヌ	ラ	g	π
xxxx1000	(1)	(	8	H	X	h	x	ィ	ク	ネ	リ	√	x̄
xxxx1001	(2)	)	9	I	Y	i	y	ゥ	ケ	ノ	ル	⁻¹	y
xxxx1001	(3)	*	:	J	Z	j	z	ェ	コ	ハ	レ	j	千
xxxx1011	(4)	+	;	K	[	k	{	ォ	サ	ヒ	ロ	×	万
xxxx1100	(5)	,	<	L	¥	l	|	ャ	シ	フ	ワ	¢	円
xxxx1101	(6)	-	=	M	]	m	}	ュ	ス	ヘ	ン	£	÷
xxxx1110	(7)	.	>	N	^	n	→	ョ	セ	ホ	゛	ñ	
xxxx1111	(8)	/	?	O	_	o	←	ッ	ソ	マ	゜	ö	█

这个标准字库里并没有中文字符，要想显示中文字符，可以用字符发生存储器 CGRAM 编制，一般 LCD1602 所提供的 CGRAM 能够自编 8 个 5×7 字符，可以按照命令字格式来编写不同汉字的字模。

(5) 初始化操作流程

使用 LCD1602 进行字符显示，首先应根据系统需求进行初始化，主要是设置 LCD 的工作方式、显示状态、清屏、输入方式、光标位置等，LCD 初始化的操作流程如图 6-4 所示。

在下面的程序代码中，进行了 LCD1602 的初始化操作，其中 lcd_wcom() 函数为定义的 LCD1602 写命令的子函数。

```
void lcd_init()                    //1602 初始化函数
```

```
{
    lcd_wcom(0x38);        //8 位数据，双列，5×7 字形
    lcd_wcom(0x0c);        //开启显示屏，关光标，光标不闪烁
    lcd_wcom(0x06);        //显示地址递增，即写一个数据后，显示位置右移一位
    lcd_wcom(0x01);        //清屏
}
```

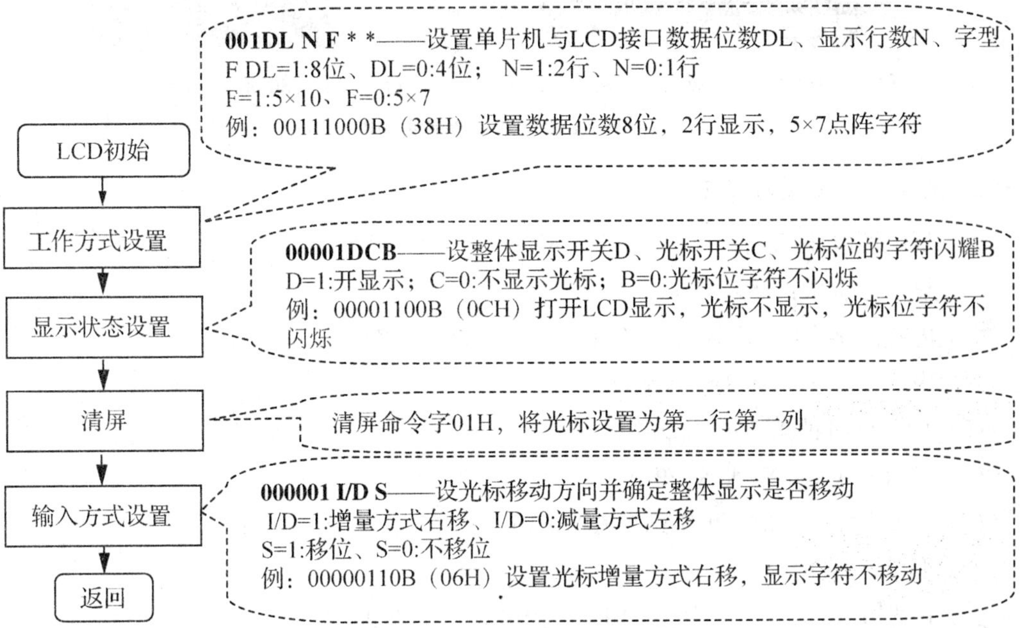

图 6-4 LCD 初始化流程

6.2.2 LCD12864 基本原理

1. LCD12864 简介

LCD12864 分为两种，带中文字库和不带中文字库的，不带中文字库的液晶屏在显示汉字时可以自由选择字体。带字库的液晶屏只能显示液晶屏中自带的 GB2312 宋体，要想显示其他的字体，需要用图片的形式显示，带字库的应用较多，字符型液晶显示可分为串行方式和并行方式两种，可以根据需要选择，一般都是整体显示，不分左右屏的。下面仅以带中文字库的 12864 为例来介绍。

带中文字库的 12864 是一种具有 4 位/8 位并行、2 线或 3 线串行多种接口方式，内部含有国标一级、二级简体中文字库的点阵图形液晶显示模块；其显示分辨率为 128×64，内置 8192 个 16×16 点汉字和 128 个 16×8 点阵 ASCII 字符集。利用该模块灵活的接口方式和简单、方便的操作指令，可构成全中文人机交互图形界面。可以显示 8×4 行 16×16 点阵的汉字，也可完成图形显示。低电压、低功耗是其显著特点。图 6-5 所示为 12864 液晶屏实物图。

(a) LCD 12864 液晶的正面

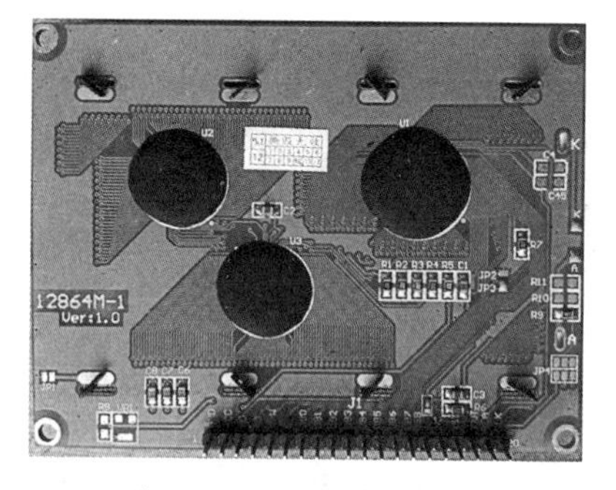

(b) LCD12864 液晶背面

图 6-5 LCD12864 液晶实物图

2. 主要技术参数与显示特性

(1) 低电源电压(V_{DD}:+3.0～+5.5 V);

(2) 显示分辨率:128×64 点;

(3) 内置汉字字库,提供 8192 个 16×16 点阵汉字(简繁体可选);

(4) 内置 128 个 16×8 点阵字符;

(5) 2 MHz 时钟频率;

(6) 显示方式:STN、半透、正显;

(7) 驱动方式:(1/32)DUTY,(1/5)BIAS;

(8) 视角方向:6 点;

(9) 背光方式:侧部高亮白色 LED,功耗仅为普通 LED 的 1/5～1/10;

(10) 通讯方式:串行、并口可选;

(11) 内置 DC-DC 转换电路,无须外加负压;

(12) 无须片选信号,简化软件设计;

(13) 工作温度:0～+55℃,存储温度:-20～+60℃。

3. 模块接口说明

12864 共有 20 个引脚,其功能如表 6-6 所示。

表 6-6 12864 引脚功能表

管脚号	管脚名称	电平	管脚功能描述
1	V_{SS}	0 V	电源接地
2	V_{CC}	+3.0～5.5 V	电源正极
3	V0	—	对比度(亮度)调整
4	RS(CS)	H/L	RS=“H”,表示 DB7～DB0 为显示数据 RS=“L”,表示 DB7～DB0 为显示指令数据

续表

管脚号	管脚名称	电平	管脚功能描述
5	R/W(SID)	H/L	R/W=“H”,E=“H”,数据被读到 DB7～DB0 R/W=“L”,E=“H→L”, DB7～DB0 的数据被写到 IR 或 DR
6	E(SCLK)	H/L	使能信号
7	DB0	H/L	三态数据线
8	DB1	H/L	三态数据线
9	DB2	H/L	三态数据线
10	DB3	H/L	三态数据线
11	DB4	H/L	三态数据线
12	DB5	H/L	三态数据线
13	DB6	H/L	三态数据线
14	DB7	H/L	三态数据线
15	PSB	H/L	H:8 位或 4 位并口方式,L:串口方式
16	NC	—	空脚
17	/RESET	H/L	复位端,低电平有效
18	VOUT	—	LCD 驱动电压输出端
19	A	V_{DD}	背光源正端(+5 V)
20	K	V_{SS}	背光源负端

控制器接口信号说明：

(1) 部分概念

忙标志:BF BF 标志提供内部工作情况。BF=1 表示模块在进行内部操作,此时模块不接受外部指令和数据。BF=0 时,模块为准备状态,随时可接受外部指令和数据。利用 STATUS RD 指令,可以将 BF 读到 DB7 总线,从而检验模块之工作状态.

此触发器用于模块屏幕显示开和关的控制。DFF=1 为开显示(DISPLAY ON), DDRAM 的内容就显示在屏幕上,DFF=0 为关显示(DISPLAY OFF)。DFF 的状态是指令 DISPLAY ON/OFF 和 RST 信号控制的。

显示数据 RAM(DDRAM) 模块内部显示数据 RAM 提供 64×2 个位元组的空间,最多可控制 4 行 16 字(64 个字)的中文字型显示,当写入显示数据 RAM 时,可分别显示 CGROM 与 CGRAM 的字型;此模块可显示三种字型,分别是半角英数字型(16×8)、CGRAM 字型及 CGROM 的中文字型,三种字型的选择,由在 DDRAM 中写入的编码选择,在 0000H～0006H 的编码中(其代码分别是 0000、0002、0004、0006 共 4 个)将选择 CGRAM 的自定义字型,02H～7FH 的编码中将选择半角英数字的字型,至于 A1 以上的编码将自动的结合下一个位元组,组成两个位元组的编码形成中文字型的编码 BIG5(A140～D75F),

GB(A1A0～F7FFH)。

字型产生 RAM(CGRAM) 字型产生 RAM 提供图像定义(造字)功能，可以提供四组16×16 点的自定义图像空间，使用者可以将内部字型没有提供的图像字型自行定义到CGRAM 中，便可和 CGROM 中的定义一样地通过 DDRAM 显示在屏幕中。

地址计数器 AC 地址计数器是用来存储 DDRAM/CGRAM 之一的地址，它可由设定指令暂存器来改变，之后只要读取或是写入 DDRAM/CGRAM 的值时，地址计数器的值就会自动加 1，当 RS 为“0”时而 R/W 为“1”时，地址计数器的值会被读取到 DB6～DB0 中。

光标/闪烁控制电路 此模块提供硬体光标及闪烁控制电路，由地址计数器的值来指定DDRAM 中的光标或闪烁位置。

(2) RS、R/W 的配合选择决定控制界面的 4 种模式，如表 6-7 所示。

表 6-7 读写模式选择

RS	R/W	功能说明
L	L	MPU 写指令到指令暂存器(IR)
L	H	读出忙标志(BF)及地址记数器(AC)的状态
H	L	MPU 写入数据到数据暂存器(DR)
H	H	MPU 从数据暂存器(DR)中读出数据

(3) E 信号

E 信号高低电平状态的含义如表 6-8 所示。

表 6-8 E 信号状态含义

E 状态	执行动作	结果
高→低	I/O 缓冲→DR	配合/W 进行写数据或指令
高	DR→I/O 缓冲	配合 R 进行读数据或指令
低→高	无动作	

4. 指令说明

模块控制芯片提供两套控制命令，基本指令和扩充指令如表 6-9 和表 6-10 所示，显示基本字符和汉字用基本指令，显示图片用扩充指令。

表 6-9 指令表 1:(RE=0:基本指令)

指令	指令码										功能
	RS	R/W	D7	D6	D5	D4	D3	D2	D1	D0	
清除显示	0	0	0	0	0	0	0	0	0	1	将 DDRAM 填满“20H”，并且设定 DDRAM 的地址计数器(AC)到“00H”
地址归位	0	0	0	0	0	0	0	0	1	X	设定 DDRAM 的地址计数器(AC)到“00H”，并且将游标移到开头原点位置；这个指令不改变 DDRAM 的内容

续表

指令	指令码										功能
	RS	R/W	D7	D6	D5	D4	D3	D2	D1	D0	
显示状态开/关	0	0	0	0	0	0	1	D	C	B	D=1：整体显示 ON　C=1：游标 ON B=1：游标位置反白允许
进入点设定	0	0	0	0	0	0	0	1	I/D	S	指定在数据的读取与写入时，设定游标的移动方向及指定显示的移位
游标或显示移位控制	0	0	0	0	0	1	S/C	R/L	X	X	设定游标的移动与显示的移位控制位；这个指令不改变 DDRAM 的内容
功能设定	0	0	0	0	1	DL	X	RE	X	X	DL=0/1：4/8 位数据 RE=1：扩充指令操作 RE=0：基本指令操作
设定 CGRAM 地址	0	0	0	1	AC5	AC4	AC3	AC2	AC1	AC0	设定 CGRAM 地址
设定 DDRAM 地址	0	0	1	0	AC5	AC4	AC3	AC2	AC1	AC0	设定 DDRAM 地址(显示位址) 第一行：80H～87H 第二行：90H～97H
读取忙标志和地址	0	1	BF	AC6	AC5	AC4	AC3	AC2	AC1	AC0	读取忙标志(BF)可以确认内部动作是否完成，同时可以读出地址计数器(AC)的值
写数据到 RAM	1	0	数据								将数据 D7～D0 写入到内部的 RAM (DDRAM/CGRAM/IRAM/GRAM)
读出 RAM 数据	1	1	数据								从内部 RAM 读取数据 D7～D0 (DDRAM/CGRAM/IRAM/GRAM)

表 6-10　指令表 2：(RE=1：扩充指令)

指令	指令码										功能
	RS	R/W	D7	D6	D5	D4	D3	D2	D1	D0	
待命模式	0	0	0	0	0	0	0	0	0	1	进入待命模式，执行其他指令都可终止待命模式
卷动地址开关开启	0	0	0	0	0	0	0	0	1	SR	SR=1：允许输入垂直卷动地址 SR=0：允许输入 IRAM 和 CGRAM 地址
反白选择	0	0	0	0	0	0	0	1	R1	R0	选择 2 行中的任一行作反白显示，并可决定反白与否； 初始值 R1R0=00，第一次设定为反白显示，再次设定变回正常
睡眠模式	0	0	0	0	0	0	1	SL	X	X	SL=0：进入睡眠模式 SL=1：脱离睡眠模式

续表

指令	指令码										功能
	RS	R/W	D7	D6	D5	D4	D3	D2	D1	D0	
扩充功能设定	0	0	0	0	1	CL	X	RE	G	0	CL=0/1:4/8位数据 RE=1：扩充指令操作 RE=0：基本指令操作 G=1/0:绘图开关
设定绘图RAM地址	0	0	1	0 AC6	0 AC5	0 AC4	AC3 AC3	AC2 AC2	AC1 AC1	AC0 AC0	设定绘图RAM 先设定垂直(列)地址AC6AC5…AC0 再设定水平(行)地址AC3AC2AC1AC0 将以上16位地址连续写入即可

* **备注**：当IC1在接受指令前，微处理器必须先确认其内部处于非忙碌状态，即读取BF标志时，BF须为零，方可接收新的指令；如果在送出一个指令前并不检查BF标志，那么在前一个指令和这个指令中间必须延长一段较长的时间，即等待前一个指令确实执行完成。

5. 应用举例

(1) 使用前的准备

先给模块加上工作电压，再调节LCD的对比度，使其显示出黑色的底影。此过程亦可以初步检测LCD有无缺段现象。

(2) 字符显示

带中文字库的128×64屏可显示4行8列共32个16×16点阵的汉字，每个显示RAM可显示1个中文字符或2个16×8点阵全高ASCII码字符，即每屏最多可实现32个中文字符或64个ASCII码字符的显示。

带中文字库的128×64屏内部提供128×2字节的字符显示RAM缓冲区(DDRAM)。字符显示是通过将字符显示编码写入该字符显示RAM实现的。根据写入内容的不同，可分别在液晶屏上显示CGROM(中文字库)、HCGROM(ASCII码字库)及CGRAM(自定义字形)的内容。三种不同字符/字型的选择编码范围为：0000～0006H(其代码分别是0000、0002、0004、0006共4个)显示自定义字型，02H～7FH显示半宽ASCII码字符，A1A0H～F7FFH显示8192种GB2312中文字库字形。字符显示RAM在液晶模块中的地址80H～9FH。字符显示的RAM的地址与32个字符显示区域有着一一对应的关系，其对应关系如表6-11所示。

表6-11 RAM地址对应表

Y坐标	X坐标							
Line1	80H	81H	82H	83H	84H	85H	86H	87H
Line2	90H	91H	92H	93H	94H	95H	96H	97H
Line3	88H	89H	8AH	8BH	8CH	8DH	8EH	8FH
Line4	98H	99H	9AH	9BH	9CH	9DH	9EH	9FH

(3) 图形显示

先设垂直地址再设水平地址(连续写入两个字节的资料来完成垂直与水平的坐标地址)

垂直地址范围 AC5…AC0;

水平地址范围 AC3…AC0。

绘图 RAM 的地址计数器(AC)只会对水平地址(X 轴)自动加一,当水平地址=0FH 时会重新设为 00H 但并不会对垂直地址做进位自动加一,故当连续写入多笔资料时,程序须自行判断垂直地址是否须重新设定。

(4) 应用说明

应用带中文字库的 12864 显示模块时应注意以下几点:

①欲在某一个位置显示中文字符时,应先设定显示字符位置,即先设定显示地址,再写入中文字符编码。

②显示 ASCII 字符过程与显示中文字符过程相同。不过在显示连续字符时,只须设定一次显示地址,由模块自动对地址加 1 指向下一个字符位置,否则,显示的字符中将会有一个空 ASCII 字符位置。

③当字符编码为 2 字节时,应先写入高位字节,再写入低位字节。

④模块在接收指令前,必须先向处理器确认模块内部处于非忙状态,即读取 BF 标志时 BF 须为"0",方可接收新的指令。如果在送出一个指令前不检查 BF 标志,则在前一个指令和这个指令中间必须延迟一段较长的时间,即等待前一个指令确定执行完成。指令执行的时间请参考指令表中的指令执行时间说明。

⑤"RE"为基本指令集与扩充指令集的选择控制位。当变更"RE"后,以后的指令集将维持在最后的状态,除非再次变更"RE"位,否则使用相同指令集时,无须每次均重设"RE"位。

6.3 项目实施

本项目通过两个任务的实施,练习 LCD1602 液晶屏的使用方法,以及 LCD12864 显示文字或图形的编程思路。

6.3.1 任务一:LCD1602 显示字符串

子任务一:LCD1602 显示两行字符

任务要求:在 LCD1602 第一行显示"abcdefgh",第二行显示"0123456789"。

1. 硬件电路设计

根据 1602 引脚功能,分配单片机端口,V_{SS}端接地、V_{DD}端接电源、VEE 端接变阻器的滑动端;RS 连接 P0.5 引脚、RW 连接 P0.6 引脚、E 连接 P0.7 引脚,这三个引脚都要连接电阻；D0～D7 端连接 P2.0～P2.7，中间连接 10 kΩ 排阻，如图 6-6 所示。

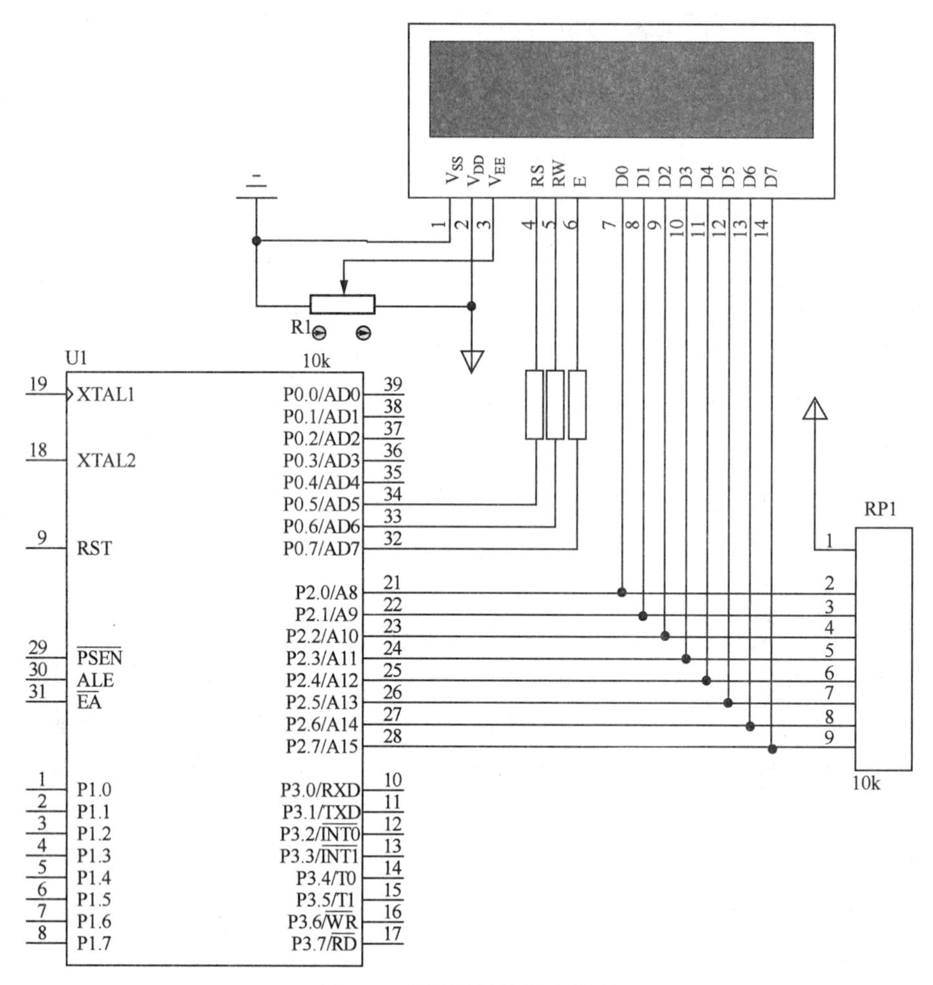

图 6-6　系统硬件仿真电路图

2. 程序设计

绘制流程图如图 6-7 所示。

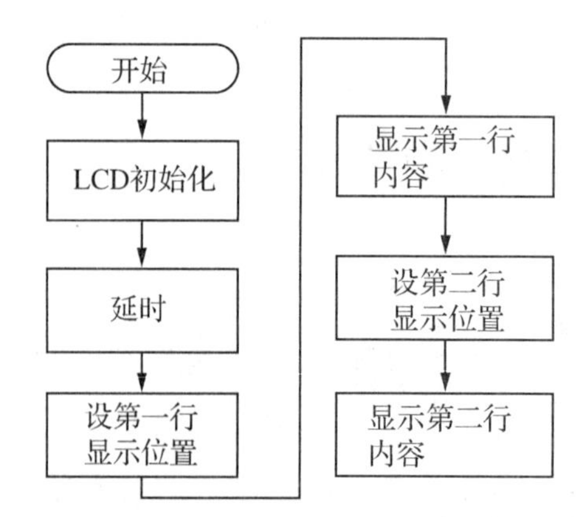

图 6-7　LCD1602 显示系统流程图

按照上述程序设计思想，编写的程序代码如下：

```
#include<reg51.h>
#include<intrins.h>
unsigned char code table[]="abcdefgh";
unsigned char code table1[]="0123456789";
void delay_ms(unsigned int x);
unsigned char num;
sbit RS=P0^5;                  //数据指令选择端
sbit RW=P0^6;                  //读写选择端
sbit EN=P0^7;                  //液晶使能端
/*延时函数(延时 x,单位 ms)*/
void delay_ms(unsigned int x)
{
  unsigned int i,j;
  for(i=0;i<x;i++)
    for(j=0;j<110;j++);
}
/*写指令函数,请参考图 6-3 时序图*/
void lcd_wcom(unsigned char cmd)
{
  RS=0;
  RW=0;
  EN=0;
  P2=cmd;
  delay_ms(5);
  EN=1;
  delay_ms(5);
  EN=0;
}
/*写数据函数,请参考图 6-3 时序图*/
void lcd_wdata(unsigned char dat)
{
  RS=1;
  RW=0;
  EN=0;
  P2=dat;
  delay_ms(5);
  EN=1;
```

```
    delay_ms(5);
    EN=0;
}
/*初始化函数*/
void lcd_inti()
{
    lcd_wcom(0x38);                  //显示模式设置,参考表 6-4
    delay_ms(5);
    lcd_wcom(0x0c);                  //设置开显示,参考表 6-4
    delay_ms(5);
    lcd_wcom(0x06);                  //写一个字符后地址加一
    delay_ms(5);
    lcd_wcom(0x01);                  //显示清 0,参考表 6-4
    delay_ms(5);
}
void main()
{
    lcd_inti();                      //初始化函数
    lcd_wcom(0x80);                  //设置第一行的位置
    for(num=0;num<8;num++)           //显示第一行内容
    {
        lcd_wdata(table[num]);
        delay_ms(5);
    }
    lcd_wcom(0x80+0x40);             //设置第二行的位置
    for(num=0;num<10;num++)          //显示第一行内容
    {
        lcd_wdata(table1[num]);
        delay_ms(5);
    }
    while(1);
}
```

3. 仿真与调试

在 Proteus 软件中将程序写入芯片,LCD1602 仿真模块显示结果如图 6-8 所示:

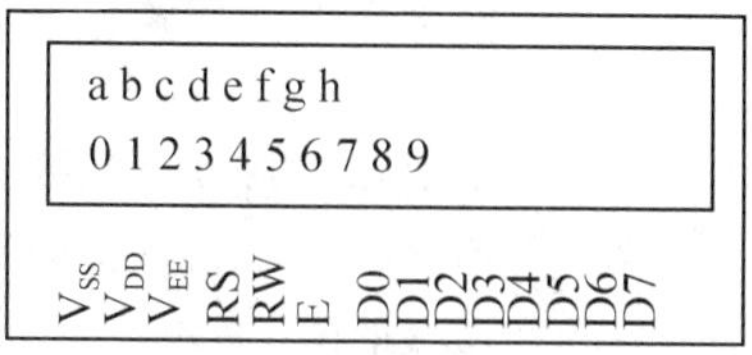

a b c d e f g h
0 1 2 3 4 5 6 7 8 9
VSS VDD VEE RS RW E D0 D1 D2 D3 D4 D5 D6 D7

图 6-8　LCD1602 模块显示仿真效果图

子任务二：以 LCD1602 为显示器件的计时系统

任务要求：设计以 LCD1602 为显示器件的时间显示系统。显示效果为：液晶屏第一行显示："shijian"，第二行显示具体时间(格式：12：00：00)，初始显示时间可以自定义。

1. 硬件电路设计

由于 1602 硬件电路基本固定，所以硬件电路仍使用图 6-6 所示的电路。

2. 程序设计

根据项目任务要求，确定本系统功能可分为初始化模块、状态显示模块、时间控制模块及中断服务程序等几个模块，系统功能流程如图 6-9 所示。

系统时间控制模块可以采用中断准确控制，采用 60 进制，60 s 为 1 min，60 min 为 1 h，全天设置为 24 h。时间控制模块流程图如图 6-10 所示。

开始
定时器及中断定时器初始化
时间控制
T0中断服务程序
状态显示

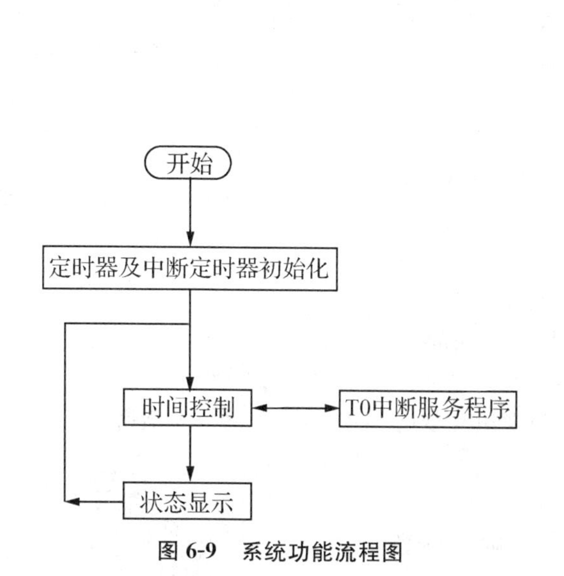

图 6-9　系统功能流程图

T0中断 保护现场 计时
到1s了吗?
N
Y
秒单元加1
到60s了吗?
N
Y
秒单元清零，分单元加1
到60min了吗?
N
Y
秒单元清零，时单元加1
到24h了吗?
N
Y
时单元清零
恢复现场 中断返回

图 6-10　时间控制模块流程图

按照上述程序设计思想，编写的程序代码如下：

```
#include <reg51.h>
#define uint unsigned int
#define uchar unsigned char
```

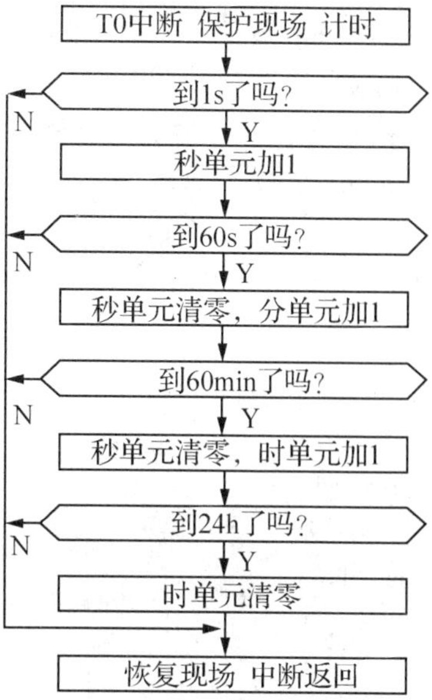

```
unsigned char hour,min,sec;
unsigned char sec100;
uchar code table[]="  shi jian:  ";     //要显示的内容放入数组 table
sbit rs=P1^0;                            //1602 的数据/指令选择控制线
sbit rw=P1^1;                            //1602 的读写控制线
sbit en=P1^2;                            //1602 的使能控制线
void inc_sec();
void inc_min();
void inc_hour();
void delayms(unsigned char ms);          /*P2 口接 1602 的 D0~D7,注意不要接错了顺序*/
void delay(uint n)                       //延时函数
{
    uint x,y;
    for(x=n;x>0;x--)
        for(y=110;y>0;y--);
}
void lcd_wcom(uchar com)                 //1602 写命令函数(单片机给 1602 写命令)
{
    rs=0;                                //选择指令寄存器
    rw=0;                                //选择写
    P2=com;                              //把命令字送入 P2
    delay(5);                            //延时一会儿,让 1602 准备接收数据
    en=1;                                //使能线电平变化,命令送入 1602 的 8 位数据口
    en=0;
}
void lcd_wdat(uchar dat)                 //1602 写数据函数
{
    rs=1;                                //选择数据寄存器
    rw=0;                                //选择写
    P2=dat;                              //把要显示的数据送入 P2
    delay(5);                            //延时一小会儿,让 1602 准备接收数据
    en=1;                                //使能线电平变化,数据送入 1602 的 8 位数据口
    en=0;
}
void lcd_init()                          //1602 初始化函数
{
    lcd_wcom(0x38);                      //8 位数据,双列,5*7 字形
    lcd_wcom(0x0c);                      //开启显示屏,关光标,光标不闪烁
    lcd_wcom(0x06);                      //显示地址递增,即写一个数据后,显示位置右移一位
    lcd_wcom(0x01);                      //清屏
```

```
}
void main(void)
{
    uchar m=0;
    lcd_init();                         //液晶初始化
    TMOD = 0x10;                        // 定时器 1 工作模式 1，16 位定时方式
    TH1 = 0xd8;                         //10ms
    TL1 = 0xf0;
    hour = 12;
    min = 0;
    sec = 0;
    sec100 = 0;
    EA =1;                              // 开关中断
    ET1=1;                              //允许定时器 1 中断
    TR1 = 1;                            //启动定时器
    lcd_wcom(0x80);                     //显示地址设为 80H(即 00H)上排第一位(也是执行一条命令)
    for(m=0;m<16;m++)                   //将 table[]中的数据依次写入 1602 显示
    {
        lcd_wdat(table[m]);
        delay(200);
    }
    while(1)
    {
        lcd_wcom(0x80+0x40);            // 液晶屏第二行起始地址
        lcd_wdat(hour/10+0x30);         // 写数据(小时的十位)
        lcd_wdat(hour%10+0x30);         // 写数据(小时的个位)
        lcd_wdat(':');                  // 写数据(:)
        lcd_wdat(min/10+0x30);          // 写数据(分钟的十位)
        lcd_wdat(min%10+0x30);          // 写数据(分钟的个位)
        lcd_wdat(':');                  // 写数据(:)
        lcd_wdat(sec/10+0x30);          // 写数据(秒的十位)
        lcd_wdat(sec%10+0x30);          // 写数据(秒的个位)
    }
}
void timer1() interrupt 3
{
    TH1 = 0xd8;
    TL1=0xf0;
    sec100++;
    if(sec100 >= 100)
```

```
        {
            sec100 = 0;
            inc_sec();
        }
    }
    void inc_sec()
    {
            sec++;
            if(sec > 59)
            {
                sec = 0;
                  inc_min();
            }
    }
    void inc_min()
    {
        min++;
        if(min > 59)
        {
            min = 0;
            inc_hour();
        }
    }
    void inc_hour()
    {
        hour++;
        if(hour > 23)
            hour = 0;
    }
    void delayms(unsigned char ms)// 延时子程序
    {
        unsigned char i;
        while(ms--)
            for(i = 0; i < 120; i++);
    }
```

上面的程序中有一条语句:"lcd_wdat(hour/10+0x30);",这是向 LCD1602 中写要显示的字符信息,也就是把小时数的十位数取出送给 1602 显示,可是为什么要加 0x30 呢?这是因为液晶屏 LCD1602 字库集保存的是 ASCII 码信息,如果要显示数字,应把该数字对应的 ASCII 码送给 1602。查看 ASCII 码字符表可以看出,数字 0~9 的 ASCII 码可直接在该数字上加 0x30(十进制数的 48)即可得到。

3. 仿真与调试

Proteus 软件中进行硬件电路的搭建，并将在 Keil 中编写好的程序写入芯片中，进行系统功能调试。系统仿真运行效果如图 6-11 所示。

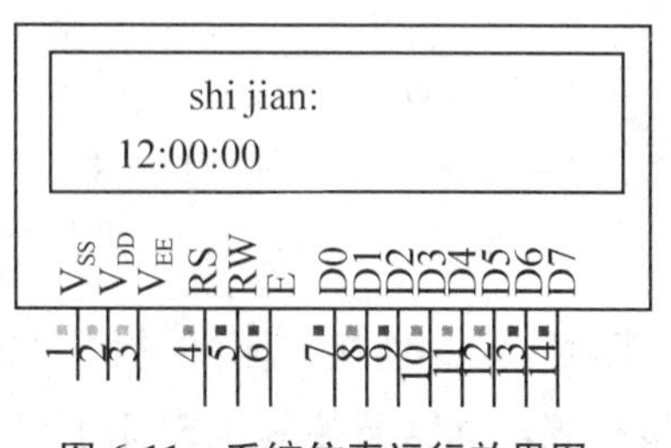

图 6-11　系统仿真运行效果图

4. 硬件电路板制作

在完成系统仿真之后，就可以进行电路板的制作了，制好以后进行系统最后调试。使用万能板来搭建单片机最小系统以及串口通信电路，再焊接 1602 接口电路，也可以使用印制电路板来焊接元器件，完成电路板制作。本例中编者用的是印制电路板，图 6-12 是焊好 1602 的电路板实物显示结果图。

图 6-12　用 1602 实现简易时钟系统的实物显示结果图

6.3.2　任务二：LCD12864 显示文字或图形

LCD12864 有并行和串行两种连接方法。串行数据传送共分三个字节完成：

第一个字节：串口控制——格式 11111ABC。

A 为数据传送方向控制：H 表示数据从 LCD 到 MCU，L 表示数据从 MCU 到 LCD。

B 为数据类型选择：H 表示数据是显示数据，L 表示数据是控制指令；C 固定为 0。

第二个字节：(并行)8 位数据的高 4 位——格式 DDDD0000。

第三个字节：(并行)8 位数据的低 4 位——格式 0000DDDD。

由于串行方式比较慢，所以使用 12864 液晶显示屏来显示文字或图片时多用并行方式。12864 显示字符 ASCII 码与 1602 是一样的，只需要把字符对应的 ASCII 码的数据送入液晶显示即可。因为一个汉字的大小是 16×16，占两个 ASCII 字符的位置，要显示字库中的汉字，需要将相应的汉字编码分两次送入液晶显示即可，当然也可以用数组的方式，编译器在编译时自动转换对应的编码。

下面举两个任务来说明 LCD12864 显示文字的方法。

子任务一：LCD12864 显示一行文字

项目要求：仿真实现 51 单片机控制的 LCD12864(无字库)中第一行显示“认真学习单片机”6 个字，前 3 个字和后 3 个字之间空一个汉字位置。

1. 硬件电路设计

在设计 LCD12864 显示电路时，V_{OUT}连接变阻器的滑动端，变阻器一端连接电源，另一端连接 V_O端；RST、V_{CC}端连接电源，GND 端接地；CS1 和 CS2 分别连接 P2.0 和 P2.1 引脚，RS、RW 和 E 端分别连接 P2.2、P2.3 和 P2.4 引脚；DB0～DB7 端连接 P0.0～P0.7 引脚，二者之间连接排阻 RP1，阻值为 10 kΩ，如图 6-13 所示。

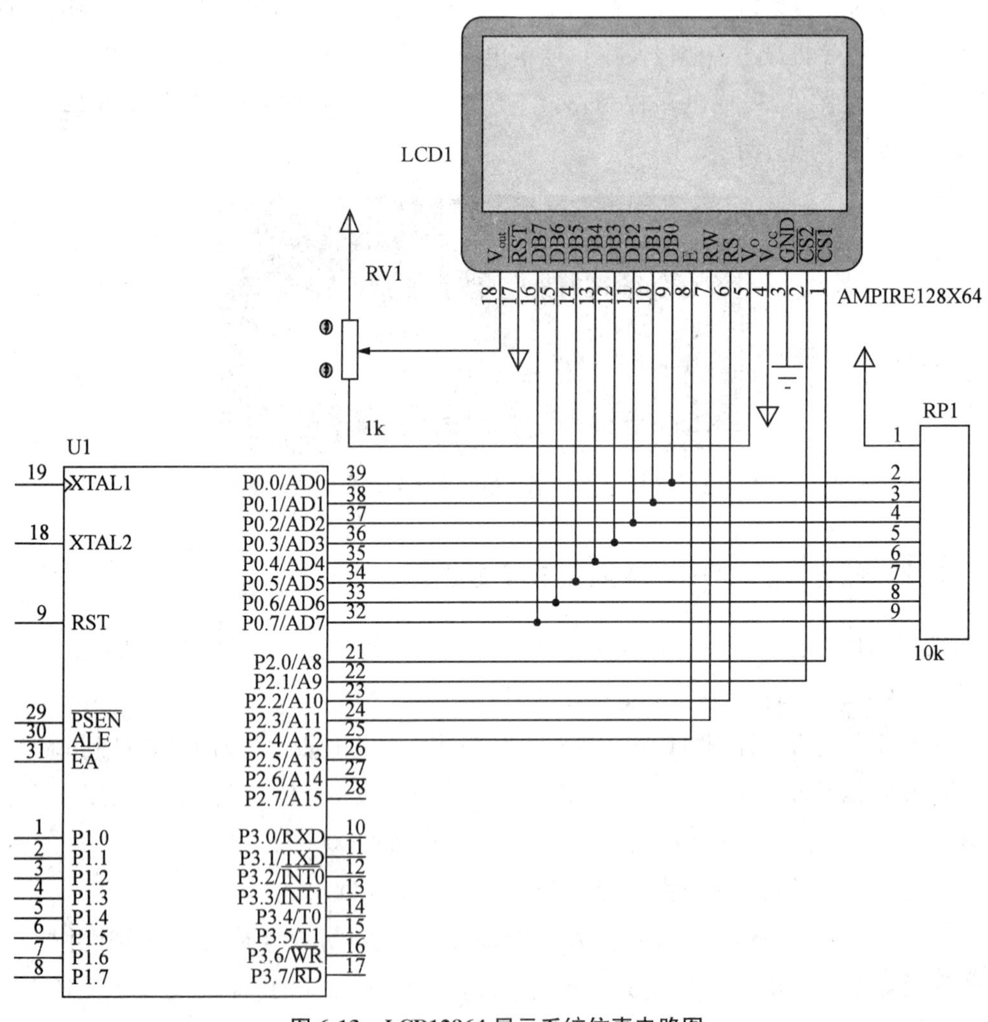

图 6-13　LCD12864 显示系统仿真电路图

2. 程序设计

首先根据项目要求编写程序流程图如图 6-14 所示。

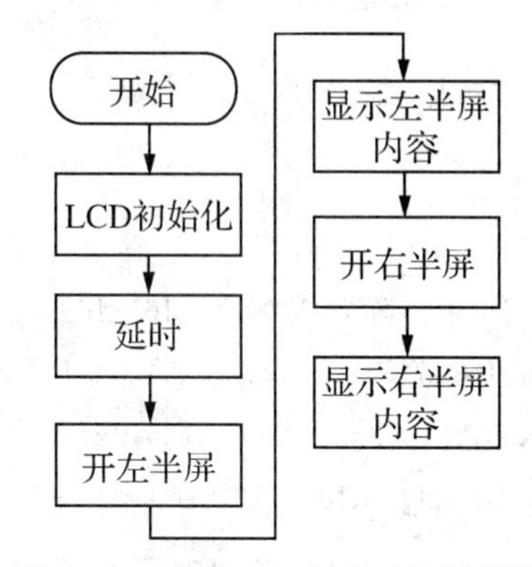

图 6-14　LCD12864 显示系统流程图

根据项目控制要求，编写 C 语言程序源代码如下：

```
#include<reg51.h>
#include<intrins.h>
#define screen_on     0x3f   //设置屏幕开关显示，0x3f 表示开显示
#define screen_off  0x3e     //设置屏幕开关显示，0x3e 表示关显示
#define line  0xC0           //首行地址为 0xC0
#define page  0xb8           //首页地址为 0xB8
#define col  0x40            //首列地址为 0x40

sbit CS1=P2^0;               //片选 1
sbit CS2=P2^1;               //片选 2
sbit RS=P2^2;                //数据/指令选择端
sbit RW=P2^3;                //读/写选择端
sbit EN=P2^4;                //控制使能端

void delay_ms(unsigned int x)
{
    unsigned int i,j;
    for(i=0;i<x;i++)
        for(j=0;j<110;j++);
}
//认字的字模
unsigned char code ren[]=
{/*--   文字：  认   --*/
/*--   宋体 12；  此字体下对应的点阵为：宽×高=16×16   --*/
```

```
0x40,0x40,0x42,0xCC,0x00,0x00,0x00,0x00,0x00,0xFF,0x00,
0x00,0x00,0x00,0x00,0x00,0x00,0x00,0x00,0x3F,0x90,0x48,
0x20,0x18,0x07,0x00,0x07,0x18,0x20,0x40,0x80,0x00
};
//真字的字模
unsigned char code zhen[]=
{/*--  文字:  真  --*/
/*--  宋体 12;  此字体下对应的点阵为:宽×高=16×16  --*/
0x00,0x04,0x04,0xF4,0x54,0x54,0x54,0x5F,0x54,0x54,0x54,
0xF4,0x04,0x04,0x00,0x00,0x10,0x10,0x90,0x5F,0x35,0x15,
0x15,0x15,0x15,0x15,0x35,0x5F,0x90,0x10,0x10,0x00
};
//学字的字模
unsigned char code xue[]=
{/*--  文字:  学  --*/
/*--  宋体 12;  此字体下对应的点阵为:宽×高=16×16  --*/
0x40,0x30,0x11,0x96,0x90,0x90,0x91,0x96,0x90,0x90,0x98,
0x14,0x13,0x50,0x30,0x00,0x04,0x04,0x04,0x04,0x04,0x44,
0x84,0x7E,0x06,0x05,0x04,0x04,0x04,0x04,0x04,0x00
};
//习字的字模
unsigned char code xi[]=
{/*--  文字:  习  --*/
/*--  宋体 12;  此字体下对应的点阵为:宽×高=16×16  --*/
0x00,0x02,0x02,0x02,0x12,0x22,0xC2,0x02,0x02,0x02,0x02,
0x02,0xFE,0x00,0x00,0x00,0x00,0x08,0x18,0x08,0x04,0x04,
0x04,0x02,0x02,0x41,0x81,0x40,0x3F,0x00,0x00,0x00
};
//单字的字模
unsigned char code dan[]=
{/*--文字:  单  --*/
/*--宋体 12;  此字体下对应的点阵为:宽×高=16×16  --*/
0x00,0x00,0xF8,0x49,0x4A,0x4C,0x48,0xF8,0x48,0x4C,0x4A,
0x49,0xF8,0x00,0x00,0x00,0x10,0x10,0x13,0x12,0x12,0x12,
0x12,0xFF,0x12,0x12,0x12,0x12,0x13,0x10,0x10,0x00
};
//片字的字模
unsigned char code pian[]=
```

```
{/*--  文字:  片  --*/
/*--  宋体12;  此字体下对应的点阵为:宽×高=16×16  --*/
0x00,0x00,0x00,0xFE,0x20,0x20,0x20,0x20,0x20,0x3F,0x20,
0x20,0x20,0x20,0x00,0x00,0x00,0x80,0x60,0x1F,0x02,0x02,
0x02,0x02,0x02,0x02,0xFE,0x00,0x00,0x00,0x00,0x00
};
//机字的字模
unsigned char code ji[]=
{/*--  文字:  机  --*/
/*--  宋体12;  此字体下对应的点阵为:宽×高=16×16  --*/
0x10,0x10,0xD0,0xFF,0x90,0x10,0x00,0xFE,0x02,0×02,0x02,
0xFE,0x00,0x00,0x00,0x00,0x04,0x03,0x00,0xFF,0x00,0x83,
0x60,0x1F,0x00,0x00,0x00,0x3F,0x40,0x40,0x78,0x00
};
/*写指令函数*/
void lcd_wcom(unsigned char cmd)
{
    RS=0;
    RW=0;
    EN=0;
    P0=cmd;
    EN=1;
    delay_ms(1);
    EN=0;
}
/*写数据函数*/
void lcd_wdata(unsigned char dat)
{
    RS=1;
    RW=0;
    EN=0;
    P0=dat;
    EN=1;
delay_ms(1);
EN=0;
}
//初始化LCD
void init()
```

```
{
    CS1=1;                          //刚开始关闭两屏
    CS2=1;
    Delay_ms(100);
    lcd_wcom(screen_off);           //关屏幕显示
    lcd_wcom(page);                 //设置页地址,首页地址为0xb8
    lcd_wcom(line);                 //设置行地址,共有64行,首行地址为0xC0
    lcd_wcom(col);                  //设置列地址,半屏共有64列,首列地址为0x40
    lcd_wcom(screen_on);            //设置屏幕开显示
}
//清除LCD内存程序
void clr()
{
    unsigned char i,j;
    CS1=0;                          //左、右屏均开显示
    CS2=0;
    for(i=0;i<8;i++)                //控制页数0~7,共8页
    {
      lcd_wcom(page+i);             //每页每页进行写
      lcd_wcom(col);                //控制列数0~63,共64列,列地址会自动加1
      for(j=0;j<64;j++)             //最多写32个中文文字或64个ASCII字符
      lcd_wdata(0x00);
    }
}
/* p代表页,col表示列,*zm表示汉字点阵数据,是一维数组 */
void disp(unsigned char p,unsigned char column, unsigned char code *zm)
{
    unsigned char i,j;
    for(i=0;i<2;i++)                //写一个汉字需要2页
    {
        lcd_wcom(page+p+i);         //首页地址为0xb8
        lcd_wcom(col+column);       //首列地址为0x40,列地址自动加1
        for(j=0;j<16;j++)
        lcd_wdata(zm[16*i+j]);      //j=0表示第0行的数据,j=1表示第1行的数据
    }
}
//主函数
void main()
```

```
{
    init();                     //初始化 LCD
    clr();                      //清除 LCD 内存程序
    CS1=0;                      //左屏开显示
    CS2=1;                      //右屏关显示
    disp(0,0*16,ren);           //显示"认",从第 0 页,第 0 列(即左屏第 1 个汉字位置)
    disp(0,1*16,zhen);          //显示"真"
    disp(0,2*16,xue);           //显示"学"
    disp(0,3*16,xi);            //显示"习"

    CS1=1;                      //左屏关显示
    CS2=0;                      //右屏开显示
    disp(0,0*16,dan);           //显示"单",从第 0 页,第 0 列(即右屏第 1 个汉字位置)
    disp(0,1*16,pian);          //显示"片"
    disp(0,2*16,ji);            //显示"机"
    while(1);
}
```

3. 仿真与调试

程序调试无误后,生成 HEX 文件,写入单片机运行之后,液晶模块 12864 显示仿真结果如图 6-15 所示,实现了项目要求,可以显示文字。

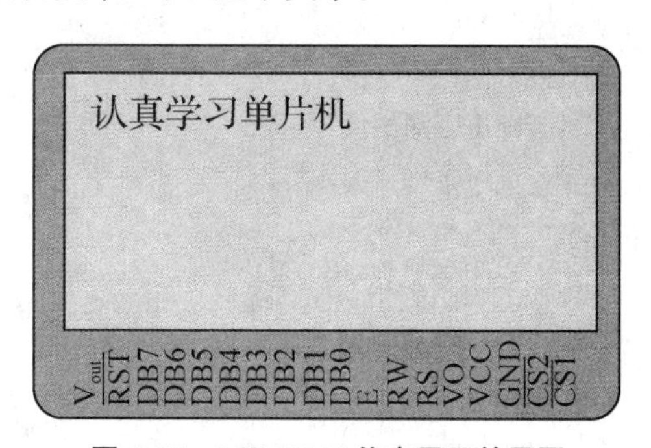

图 6-15　LCD12864 仿真显示效果图

子任务二:LCD12864 显示多行文字

项目要求:在单片机控制的 LCD12864(带字库)中的四行分别显示"abcdefgh""0123456789""智能电阻测试仪"和"全国电子设计大赛"。

1. 硬件电路设计

设计 12864 显示系统电路图,与单行显示一致,如图 6-13 所示。

2. 程序设计

根据项目要求，首先绘制程序流程图，如图 6-16 所示。

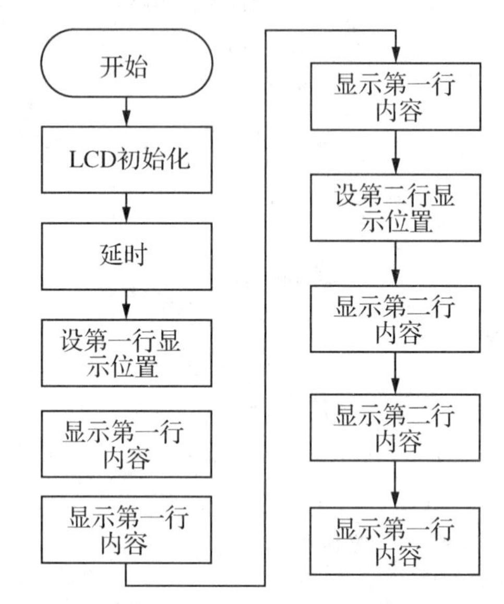

图 6-16　LCD12864 显示多行文字程序流程图

根据流程图，编写 C 语言程序，源代码如下：

```
#include<reg51.h>
#include<intrins.h>
unsigned char code table[]="abcdefgh";
unsigned char code table1[]="0123456789";
unsigned char code table2[]="智能电阻测试仪";
unsigned char code table3[]="全国电子设计大赛";
void delay_ms(unsigned int x);
sbit RS=P0^7;                    //数据指令控制端
sbit RW=P0^6;                    //读写控制端
sbit EN=P0^5;                    //使能端
sbit PSB=P0^4;                   //串/并方式控制

/*延时函数*/
void delay_ms(unsigned int x)
{
    unsigned int i,j;
    for(i=0;i<x;i++)
      for(j=0;j<110;j++);
}
/*写指令函数*/
```

```
void lcd_wcom(unsigned char cmd)
{
    RS=0;
    RW=0;
    EN=0;                          //写入指令的基本时序
    P2=cmd;
    delay_ms(5);
    EN=1;
    delay_ms(5);
    EN=0;
}
/*写数据函数*/
void lcd_wdata(unsigned char dat)
{
    RS=1;
    RW=0;
    EN=0;                          //写入数据的基本时序
    P2=dat;
    delay_ms(5);
    EN=1;
    delay_ms(5);
    EN=0;
}
/*设置行显示位置函数*/
void lcd_set(unsigned char a,unsigned char b)
{
    unsigned char set,num;
    if(a==1)
    {
    num=0x80;                      //第一行位置
    }
    else if(a==2)
    {
    num=0x90;                      //第二行位置
    }
    else if(a==3)
  {
    num=0x88;                      //第三行位置
```

```
    }
    else if(a==4)
    {
      num=0x98;                          //第四行位置
    }
    set=num+b;
    lcd_wcom(set);
}
/*初始化函数*/
void lcd_inti()
{
      PSB=1;                             // 选择并口控制方式
      lcd_wcom(0x30);                    // 回归基本指令操作
      delay_ms(5);
      lcd_wcom(0x0c);                    // 显示开,关光标
      delay_ms(5);
      lcd_wcom(0x01);                    // 清除 LCD12864 显示内容
      delay_ms(5);
}
void main()
{
      unsigned char z;
      lcd_inti();

      lcd_set(1,0);                      //设置第一行位置
      z=0;                               //显示第一行数据
      while(table[z]! ='\0')
      {
          lcd_wdata(table[z]);
          z++;
      }

        lcd_set(2,0);                    //设置第二行位置
        z=0;                             //显示第二行数据
        while(table1[z]! ='\0')
        {
          lcd_wdata(table1[z]);
          z++;
```

```
        }

        lcd_set(3,0);                    //设置第三行位置
        z=0;                             //显示第三行内容
        while(table2[z]! ='\0')
      {
            lcd_wdata(table2[z]);
            z++;
      }

        lcd_set(4,0);                    //设置第四行位置
        z=0;                             //显示第四行内容
        while(table3[z]! ='\0')
            {
              lcd_wdata(table3[z]);
              z++;
            }

    while(1);
  }
```

3. 仿真与调试

先在 Proteus 中进行仿真,结果与设计要求一致。

4. 硬件电路板制作

按照控制电路图焊接硬件实物,并把仿真调试通过的程序写入单片机,通上电之后,运行效果如图 6-17 所示。

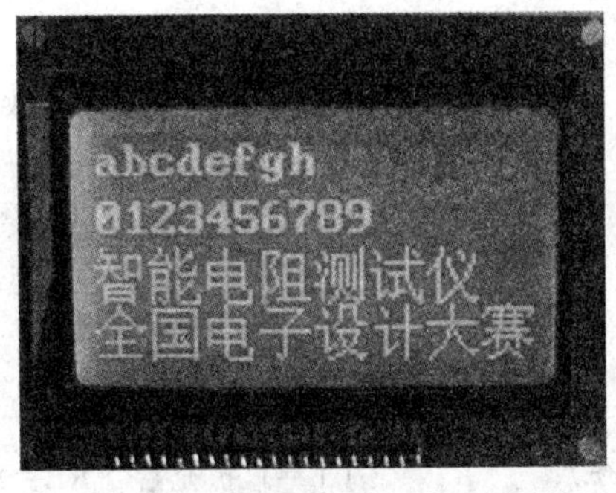

图 6-17　LCD12864 显示系统实际显示结果图

附注：

LCD12864常用的功能除了实现显示文字，还可以使用扩充指令来显示图形。其初始化函数与显示文字不同。要显示图形，需要先设定垂直地址，再设定水平地址，要连续写入两个字节的资料，来完成垂直于水平的坐标地址。下面简单说明一下显示图片所用的函数。

```
void display_BMP(uchar * address)          //显示图形函数
uchar i,j;
for(i=0;i<32;i++)
{
  write_LCD_command(0x80+i);               //先送垂直地址
  write_LCD_command(0x80);                 //再送水平地址——显示图形的上半部分0x80~0x87
  for (j=0;j<16;j++)
    {
    write_LCD_data( * address);
    address++;
    }
  }
for(i=0;i<32;i++)
  {
  write_LCD_command(0x80+i);               //先送垂直地址
  write_LCD_command(0x88);                 //再送水平地址——显示图形的下半部分0x88~0x8f
  for (j=0;j<16;j++)
    {
    write_LCD_data( * address);
    address++;                             //指针地址指向下一个位置
    }
  }
}
```

还有一点需要注意的是，显示图形与显示ASCII码和汉字所用的初始化函数不同，要用扩展指令。

```
void init_BMP()                            //显示图形的初始化函数
{
  write_LCD_command(0x36);                 //CL=1~8位。扩充指令RE=1,绘图打开G=1
  delay(80);                               //适当延时
  write_LCD_command(0x36);
  delay(30);
  write_LCD_command(0x3E);                 //CL=1,扩充指令RE=1,绘图打开G=1
  delay(80);
  write_LCD_command(0x01);                 //清屏指令
  delay(80);
}
```

上面的延时函数可以不要，也可以根据需要酌情设置延时时间。此外，LCD12864 还可以动态显示曲线、动画等，限于篇幅此处不再赘述，需要时读者可查阅相关文献。

6.4 项目小结

本项目详细介绍了 LCD1602 和 LCD12864 的基本参数、读写时序和常用控制指令。通过硬件电路设计、程序设计和仿真与调试三个基本流程，设计了 LCD1602 和 LCD12864 字符显示系统和 LCD1602 简易数字时钟系统。利用 Proteus、Keil 等软件对设计进行仿真，并制作实物。通过几个任务的实现来阐述 LCD12864 显示单行、多行文字的方法，以及显示图形应用的函数与注意事项，这部分内容不难，重在掌握液晶屏与单片机接口方法与 LCD 显示程序的设计思路。更多的应用实例读者可参考技术手册，进行大量编程练习，即可快速掌握 LCD 的应用。本项目涉及的知识点有：

（1）LCD1602 的基本参数、读写时序和常用控制指令；

（2）LCD1602 的具体使用方法；

（3）LCD12864 的基本参数、读写时序和常用控制指令；

（4）LCD12864 的具体使用方法。

6.5 拓展训练

在 51 单片机控制的 LCD1602 中显示两行字符，分别为“abcdefgh”和“0123456789”。开始上电之后，实现第一行从右侧移入，同时第二行从左侧移入，每个字符移入间隔 1 s，全部内容移入后，停留在屏幕上。

习题与思考

1. 与 LED 数码管相比，液晶显示屏有哪些特点？
2. 字符型液晶显示器 1602 在进行写数据前，必须进行什么操作？
3. 如何对 LCD 进行清屏，清屏的目的是什么？
4. 带中文字库的 LCD12864 与不带中文字库的 12864 相比，有何差异？
5. 使用 LCD1602 或 12864 液晶显示屏设计一个中文广告牌，要求显示的内容是：“welcome to Fangte world”，要求动态循环显示。

项目7　单片机通信单元设计

学习目标

1. 学习掌握串行口通信原理；
2. 掌握如何利用单片机实现串行口通信；
3. 学习掌握单片机串行口如何控制信息灯控的实现；
4. 掌握利用串行口方式0扩展并行输出口和输入口；
5. 掌握利用串行口方式1实现双机异步通信；
6. 掌握利用串行口中断方式和查询方式的软件编写。

本项目通过3个子任务详细讲解单片机的串行口的工作方式及其原理，讲解与串行口有关的SCON、SBUF、PCON特殊寄存器每一位的作用。通过学习，掌握利用串行口的方式0扩展并行输出口和输入口涉及的硬件和软件设计知识和技巧；掌握用串行口方式1实现双机异步通信的软件设计方法。

7.1　工作任务

项目名称

(1) 单片机串行口实现数据移位；

(2) 单片机串行口扩展8位并行输入口；

(3) 单片机双机通信。

功能要求

(1) 利用串行口方式0扩展并行输出口驱动数码管显示器显示数字；

(2) 利用串行口方式0扩展并行输入口外接开关；

(3) 两台单片机之间互传数据。

设计要求

(1) 利用串行口工作在方式0外接两片74HC595串行输入并行输出寄存器，用于扩展16位并行输出接口，通过两个数码管依次显示0—9的数字，在视觉效果上实现了数据的移位。

(2) 利用串行口工作在方式0，外接低功耗芯片74LS165并行输入串行输出移位寄存器，扩展出 8 位并行输入接口，外接 8 位拨码开关，控制 P1 口连接的发光二极管显示。

(3) 两台单片机之间通信，发送机扫描到 S1(P3.2)键合上后，即启动串行发送，将 64H 这个数发送给对方即接收机，接收机收到数据后，然后由与单片机 P1 口相连的 8 个 LED 显示出来。

7.2 相关知识链接

7.2.1 数据通信的传输方式

一般把计算机与外界的信息交换称为通信。计算机与外部设备之间的通信分为两种：串行通信和并行通信，如图 7-1 所示。

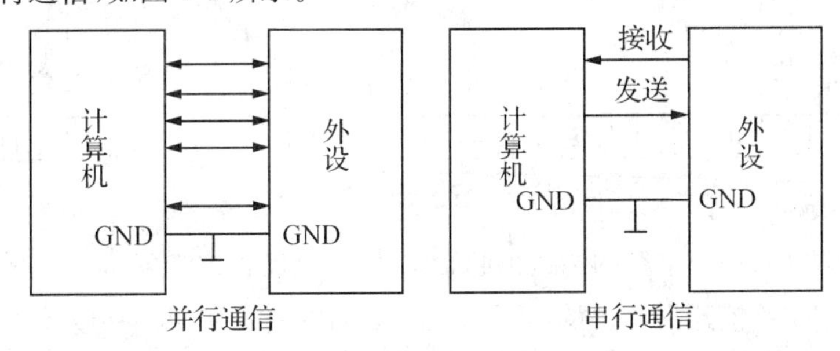

图 7-1 并行通信与串行通信

并行通信是指一个数据的各个位用多条数据线同时进行传送的通信方式。其优点是传送速度很快。缺点是一个并行数据有多少个位，就需要多少根传输线，只适用于近距离传送，远距离传送的成本太高，一般不采用。

串行通信是指一个数据的各位逐位顺序传送的通信方式。其优点是仅需单线传输信息，特别是数据位很多和远距离数据传送时，这一优点更为突出。串行通信方式的主要缺点是传送速度较低。

串行通信可分为同步通信和异步通信两类。

同步通信是一种连续串行传送数据的通信方式，它将数据分块传送。在传送每一个数据块开始处要用 1～2 个同步字符，使发送与接收双方取得同步，如图 7-2 所示。

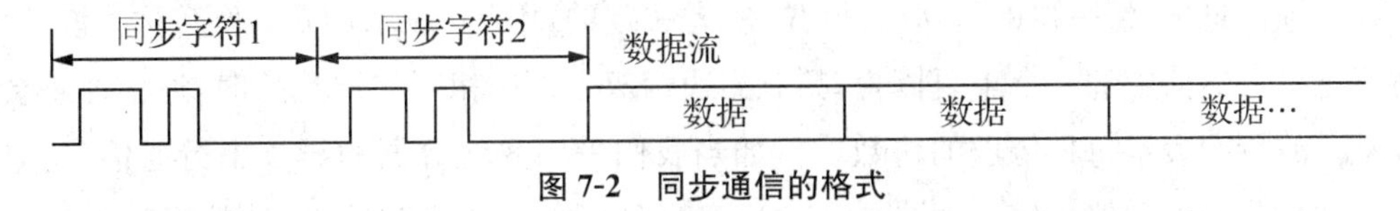

图 7-2 同步通信的格式

在同步通信中，由同步时钟来实现发送和接收的同步。在发送时要插入同步字符，接收端接收到同步字符后，开始接收串行数据位。发送端在发送数据流过程中，若出现没有准备好数据的情况，便用同步字符来填充，一直到下一字符准备好为止。数据流由一个个数据组成，称为数据块。每一个数据可选 5～8 个数据位和一个奇偶校验位。此外整个数据流还可进行奇偶校验或循环冗余校验(CRC)。同步字符可以采用统一的标准格式,也可自由约定。

同步通信的数据传送速率较高,一般适合于传送大量的数据。

异步通信是指通信时发送设备与接收设备使用各自的时钟控制数据的发送和接收过程,这两个时钟彼此独立,互不同步。数据通常是以一个字(也称为字符)为单位组成字符帧传送的。字符帧由发送端一帧一帧地发送,每一帧数据均是低位在前,高位在后,通过传输线被接收端一帧一帧地接收。

在异步通信中,接收端是依靠字符帧格式来判断发送端是何时开始发送,何时结束发送的。字符帧也叫数据帧,由起始位、数据位、校验位和停止位等四部分组成,其典型的格式如图 7-3 所示。

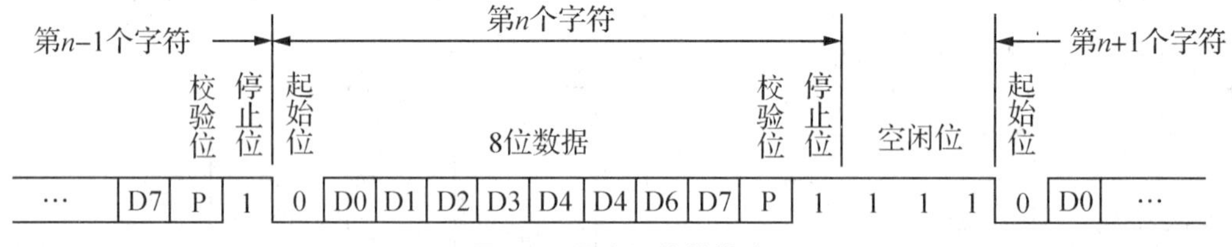

图 7-3 异步通信的格式

在上述帧格式中,一个字符的传送由起始位开始,至停止位结束。

起始位:位于字符帧开头,为逻辑低电平信号,只占一位,用于向接收端表示发送端开始发送一帧信息,应准备接收。

数据位:紧跟在起始位之后,通常为 5～8 位字符编码。发送时低位在前,高位在后。

奇偶校验位:位于数据位之后,仅占一位,用来表征通信中采用奇校验还是偶校验。

停止位:位于字符帧最后,表示字符结束。其为逻辑高电平信号,可以占 1 位或 2 位。接收端接收到停止位,就表示这一字符的传送已结束。

在异步通信中,两相邻字符帧可以通过空闲位来间隔,使用中可以没有空闲位,也可以有若干空闲位。

由于异步通信每帧都要加上起始位和停止位,所以通信速度相对同步来说较慢,但是它的间隔时间可以任意改变,使得它的使用非常自由。在小数据量且间隔时间不定的通信中,往往采用异步串行通信。

在一帧信息中,每一位的传送时间(位宽)是一定的,用 Td 表示,Td 的倒数称为波特率。波特率是串行通信中的一个重要概念,只有当通信双方采用相同的波特率时,通信才不会发生混乱。波特率表示每秒传送的位数。例如当我们采用 8 位数据的异步串行通信(这时每个字符加上起始位和停止位,一共为 10 位),且每秒发送 120 个字符时,波特率为:10bit/字符×120 字符/s=1200bit/s;每一位的传送时间 Td=(1/1200)s=0. 833 ms。

波特率用于表征数据传输的速度,波特率越高,数据传输速度越快。但波特率和字符的实际传输速率不同,字符的实际传输速率是每秒内所传字符帧的帧数,和字符帧格式有关。通常,异步通信的波特率为 50～9600bit/s。

在串行通信中按照信息传送的方向，可以分为单工、半双工和全双工三种方式。

单工方式指数据传送方向只能单方向传送信息，如图 7-4(a)所示。

半双工方式下，每个站都由一个发送器和一个接收器组成，如图 7-4 (b)所示。在这种方式下，信息能从甲站传送到乙站，也可以从乙站传送到甲站，即能双向传送信息；但在同一时间，信息只能向一个方向传送，而不能同时在两个方向上传送。

全双工通信系统的每端都有发送器和接收器，能同时实现信息的双向传送，如图 7-4(c)所示。

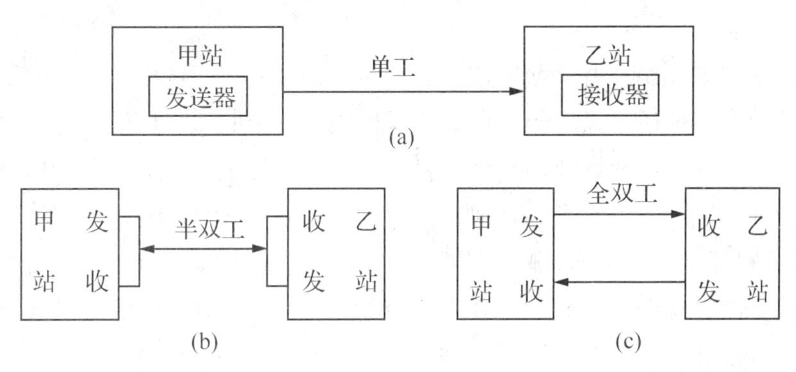

图 7-4 串行口传送方式

7.2.2 与串行口相关的控制寄存器

控制 AT89C51 单片机串行口的控制寄存器有两个，分别是特殊功能寄存器 SCON 和 PCON。

1. 串行口控制寄存器 SCON

AT89C51 对串行通信方式的选择、接收和发送控制以及串行口的状态标志等均由串行口控制寄存器 SCON 控制和指示，SCON 可以位寻址，字节地址 98H，单片机复位时，所有位均为 0，其控制字格式如图 7-5 所示。

SCON	9FH	9EH	9DH	9CH	9BH	9AH	99H	98H
	SM0	SM1	SM2	REN	TB8	RB8	TI	RI

图 7-5 SCON 各位定义

SM0、SM1：串行方式选择位，用于设定串行口的工作方式，两个选择位对应四种通信方式，如表 7-1 所示。

表 7-1 串行口工作方式

SM0	SM1	工作方式	功能说明	波特率
0	0	方式 0	同步移位寄存器	$f_{osc}/12$
0	1	方式 1	8 位数据 UART	可变(T_1溢出率/n)
1	0	方式 2	9 位数据 UART	$f_{osc}/64$ 或 $f_{osc}/32$
1	1	方式 3	9 位数据 UART	可变(T_1溢出率/n)

SM2：多机通信控制位，主要用于允许方式2和方式3进行多机通信。在方式2和方式3处于接收方式时，若SM2=1，接收到的第9位数据且RB8=1时，则置RI=1。在方式2、3处于接收或发送方式时，若SM2=0，不论接收到的第9位RB8为0还是为1，TI、RI都以正常方式被激活。工作在方式0时，SM2必须是0。工作在方式1处于接收状态时，若SM2=1，则只有接收到有效停止位，RI才置1，产生中断请求。

REN：允许串行接收位。由软件置位清位。REN=1时，允许接收；REN=0时，禁止接收。

TB8：在方式2或方式3中，是将发送数据的第九位放入TB8中，可以用软件规定其作用(置位或清零)。TB8还可以用作数据的奇偶校验位，或在多机通信中，作为地址帧/数据帧的标志位，TB8=1表示地址帧，TB8=0表示数据帧。在方式0和方式1中，该位未使用。

RB8：在方式2和方式3时将接收到的第9位数据放入RB8中。也可约定作为奇偶校验位，以及在多机通信中区别地址帧或数据帧；在方式2或方式3的多机通信中，若SM2=1，如果RB8=1表示地址帧。在方式1中，若SM2=0，RB8中存放的是已收到的停止位。在方式0中，该位未使用。

TI：发送中断标志位。在方式0中，当串行发送至第8位数据结束时，或在其他方式，串行发送停止位时，由内部硬件使TI置1，向CPU发中断申请。在中断服务程序中，必须用软件将其清零，才能取消此中断申请。

RI：接收中断标志位。在方式0时，当串行接收第8位数据结束时，或在其他方式，串行接收停止位的中间时，由内部硬件使RI置1，向CPU发中断申请。在中断服务程序中，必须用软件将其清零，才能取消此中断申请。

程序中语句

SCON=0x00；

就是对SCON初始化使SM0、SM1为00，TI、RI为00，其他位状态与方式0无关，这里取0。

2. 电源控制寄存器PCON

PCON主要是为CHMOS型单片机的电源控制而设置的专用寄存器，不可以位寻址，字节地址为87H。在HMOS型的单片机中，PCON除了最高位以外，其他的位均无意义。其格式如图7-6所示。

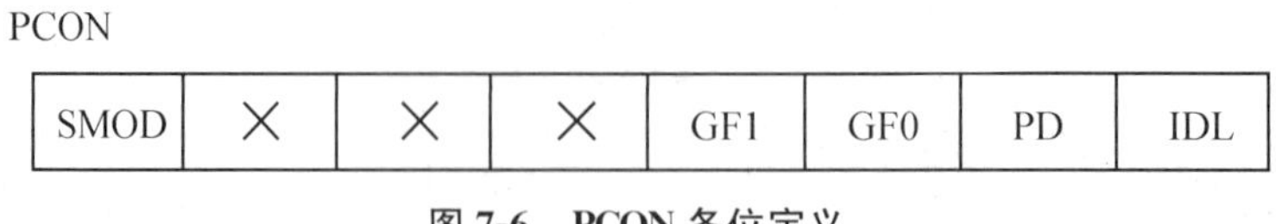

图7-6 PCON各位定义

与串行通信有关的只有SMOD位。SMOD为波特率选择位。在方式1、2和3时，串行通信的波特率与SMOD有关。当SMOD=1时，通信波特率乘2；当SMOD=0时，波特率不变。

3. 发送和接收数据缓冲器 SBUF

串行口缓冲器 SBUF 是由发送缓冲器和接收缓冲器组成，在单片机中占有同一个字节地址(99H)，可同时发送和接收数据。单片机在执行指令时，根据读写操作来区分对这两个缓冲器进行的操作，不会出现冲突和错误。发送缓冲器只能写不能读，接收缓冲器只能读不能写。程序中语句

SBUF＝seg[s_i]；

此处的 SBUF 是发送数据缓冲器，功能是将显示数字的段码写入到串行口输出数据缓冲器。

7.2.3 串行口工作方式

1. 串行口方式 0

(1) 利用串行口方式 0 发送数据的方法

AT89C51 的串行口有 4 种工作方式，通过 SCON 的 SM0、SM1 位来决定，如表 7-1 所示。

方式 0 为同步移位寄存器方式。在方式 0 时，数据由 RXD 脚上发送或接收。而 TXD 脚作为同步移位脉冲的输出脚，用来控制时序。一帧信息由 8 位数据位组成，低位在前，高位在后，波特率固定，为 f_{osc}/12(振荡频率的 1/12)。这种方式常用于扩展 I/O 口。

以方式 0 发送数据时，数据从 RXD 端串行输出，TXD 端输出同步信号。当一个 8 位数据写入串行口发送缓冲器 SBUF 时，串行口将 8 位数据以 f_{osc}/12 的波特率从 RXD 串行输出(低位在前)，8 位数据发送完后有硬件置中断标志 TI 为 1，可向 CPU 请求中断。在再次发送数据之前，必须由软件清 TI 为 0。

以方式 0 发送数据时，CPU 执行一条写数据到 SBUF 的指令，如："SBUF＝seg[s_i]；"就启动了发送过程。发送的时序如图 7-7 所示。

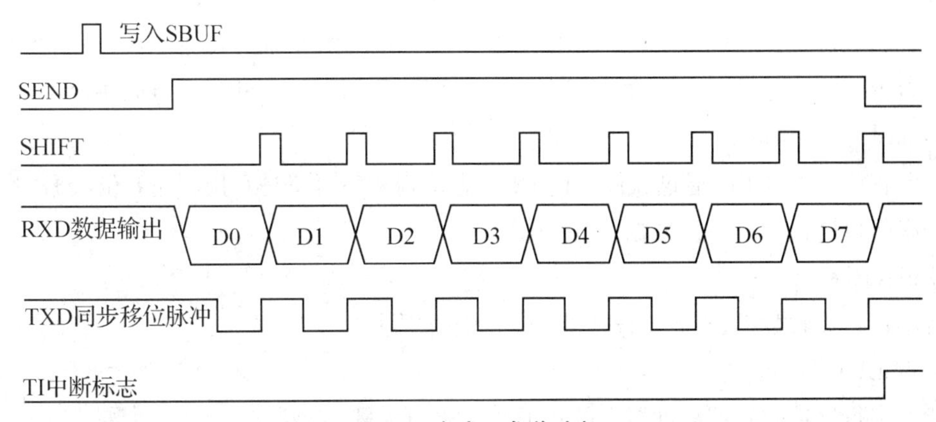

图 7-7 方式 0 发送时序

利用串行口方式 0 发送数据的方法有两种：

第一种方法是软件查询TI标志位，在以方式0启动串行口发送数据后，CPU通过等待查询发送中断标志位TI是否为1来判断一个8位的数据是否发送完毕，若发送完对TI清0，若没发送完继续等待串行口发送。程序1中语句

```
while(TI==0);
```

就是等待查询是否发送完毕。当发送完时，TI由硬件置1，此时必须由软件对其清0。程序中语句

```
TI=0;
```

是对TI清0的语句。

第二种方法是利用串行口中断的方式，TI=1时中断系统会向CPU申请中断，如果事先CPU对串行口中断开放即允许串行口中断的话，CPU就要响应串行口中断，执行事先编写好的串行口中断函数。程序2中语句

```
    ES=1;         //开串行口中断
    EA=1;
```

就是允许串行口中断的语句。

程序2中断函数定义时，通过关键词interrupt和中断号4指出该函数是串行口的中断函数，在CPU响应串行口中断即执行串行口中断函数时，必须有清TI为0的语句。

(2) 利用串行口方式0接收数据的方法

①以软件查询方式接收

在串行口控制寄存器SCON的SM0位和SM1位初始值设置为00，REN为1时，就启动串行口以方式0接收外部同步移位寄存器输出过来的数据，数据以$f_{osc}/12$的波特率从RXD端串行输入，TXD端输出同步移位脉冲信号。程序中语句

```
SCON=0x10;
```

就是设置串行口方式0并启动接收。

当一个8位数据在同步移位脉冲作用下一位一位输入到串行口内部的移位寄存器时，由硬件置RI为1，同时将接收的8位数据送到接收数据缓冲器SBUF，接收中断标志RI为1，可向CPU申请中断。

在源程序1中，CPU通过软件查询RI标志位判断串行口是否接收完8位数据，若RI=1，说明串行口已接收完8位数据，程序中语句

```
while(RI==0);
```

是等待串行口接收数据，直到RI=1为止。程序中语句

```
m=SBUF;
```

就是读取串行口接收数据缓冲器上的数据并存放到变量m。

②以中断方式接收

利用串行口中断的方式，在8位数据接收完时，由硬件置RI=1，中断系统会向CPU申

请中断，如果事先 CPU 对串行口中断开放即允许串行口中断的话，CPU 就要响应串行口中断，即执行事先编写好的串行口中断函数。程序 2 中语句

```
ES=1;          //开串行口中断
EA=1;
```

就是允许串行口中断的语句。

程序 2 中断函数定义时，通过关键词 interrupt 和中断号 4 指出该函数是串行口的中断函数，在 CPU 响应串行口中断即执行串行口中断函数时，必须有清 RI 为 0 的语句。

其时序图如图 7-8 所示。

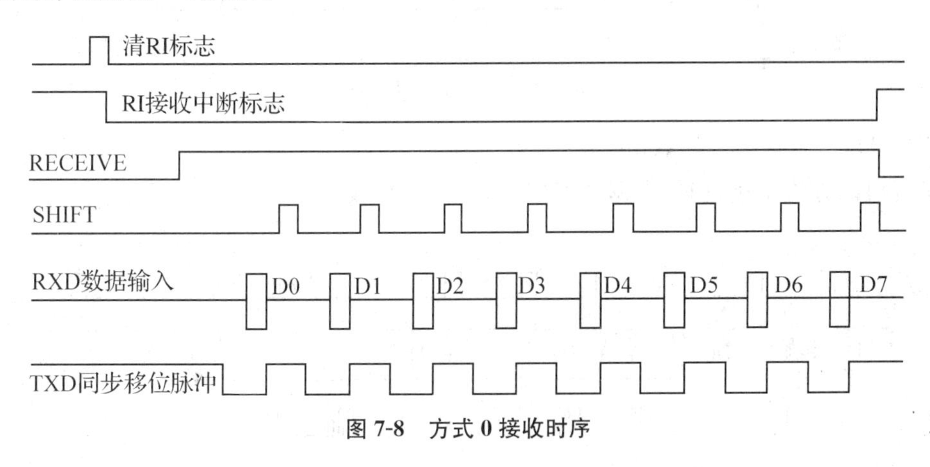

图 7-8　方式 0 接收时序

2. 串行口方式 1

当 SM0=0，SM1=1 时，串行口以方式 1 工作。方式 1 为 10 位通用异步通信接口。其中 TXD 发送数据，RXD 接收数据。一帧信息包括：一个起始位，8 位数据位（低位在前），1 位停止位。

（1）串行口方式 1 发送数据

发送时，数据从 TXD 端输出。当向 CPU 执行一条写 SBUF 指令即开启了发送过程。发送时序如图 7-9 所示。CPU 执行“写 SBUF”指令启动发送控制器，同时将并行数据送入 SBUF。经过一个机器周期，发送控制器 SEND、DATA 有效，输出控制门被打开，在发送移位脉冲（TX CLOCK）的作用下，向外逐位输出串行信号。在发送时，串行口自动地在数据的前后分别插入一位起始位“0”和一位停止位“1”，以构成一帧信息；在 8 位数据发出之后，并在停止位开始时，CPU 自动使 TI 为 1，申请发送中断。当一帧信息发完后，自动保持 TXD 端的信号为“1”。

方式 1 发送时的移位时钟是由定时器 T1 送来的溢出信号经过 16 分频或 32 分频（取决于 PCON 中的 SMOD 位）而取得的，因此方式 1 的波特率是可变的。

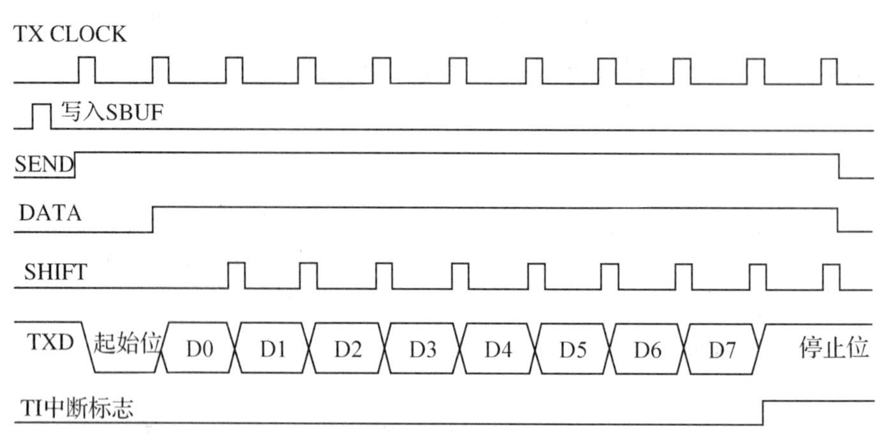

图 7-9 方式 1 发送时序

（2）串行口方式 1 接收数据

串行口以方式 1 接收时，数据从 RXD 端输入。接收时序如图 7-10 所示。

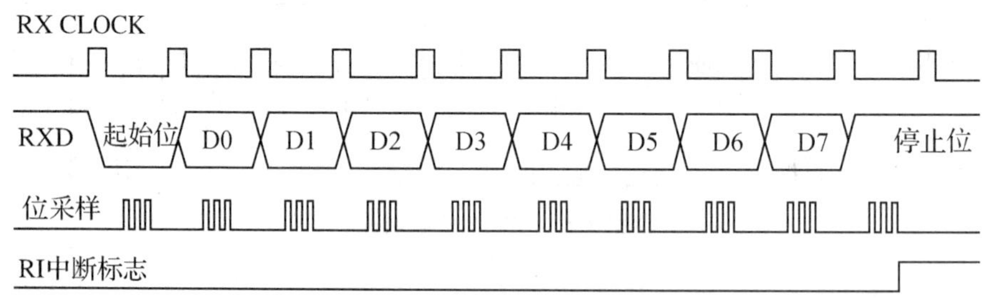

图 7-10 方式 1 接收时序

当允许接收标志 REN＝1 后，就允许接收器接收。在没有信号到来时，RXD 端状态保持为“1”，当检测到存在由“1”到“0”的变化时，就确认是一帧信息的起始位“0”，便开始接收一帧数据。在接收移位脉冲(RX CLOCK)的控制下，把收到的数据一位一位地移入接收移位寄存器中，直到 9 位数据全部接收齐(包括 1 位停止位)。

在接收操作中，接收移位脉冲的频率和发送波特率相同，也是由定时器 T1 的溢出信号经过 16 分频或 32 分频(由 SMOD 位决定)而得到的。接收器以波特率的 16 倍速率采样 RXD 脚状态。当检测到“1”到“0”的变化启动接收控制器接收数据。为了避免通信双方波特率微小不同的误差影响，接收控制器将一位数据的传送时间等分为 16 份，并在第 7、8、9 三个状态由位检测器采样 RXD 三次，取三次采样中至少两次相同的值作为数据。这样可以大大减少干扰影响，保证通信准确无误。

接收完一帧信息后，如果 RI＝0，并且 SM2＝0 或停止位为 1，则表示接收数据有效，开始装载 SBUF，8 位有效数据送入 SBUF，停止位送入 SCON 中得 RB8，同时硬件置 RI＝1；否则接收数据与否，信息将丢失。无论数据接收有效无效，接收控制器将再次采样 RXD 引脚的负跳变，以接收下一帧信息。

3. 方式 2 和方式 3

当 SM0＝1、SM1＝0 时，串行口工作在方式 2，为 9 位异步串行通信。方式 2、方式 3 的发送接收方式与方式 1 基本相同，不同的是，它的数据是 9 位的，即它的一帧包括 11 位，1 个开始位、9 个数据位和 1 个停止位。其中第 9 位(即 D8)数据是可由用户编程，作为奇偶校验位或地址数据标志位。

方式 2 和方式 3 的差别仅仅在于波特率不一样，方式 2 的波特率是固定的，为 $f_{osc}/32$(SMOD＝1 时)或 $f_{osc}/64$(SMOD＝0 时)；方式 3 的波特率是可变的，可通过定时器 T1 或 T2 自由设定。

(1) 发送

发送时，先根据通信协议由软件设置 TB8，然后用指令将要发送的数据写入 SBUF，启动发送器。写 SBUF 的指令，除了将 8 位数据送入 SBUF 外，同时还将 TB8 装入发送移位寄存器的第 9 位，并通知发送控制器进行一次发送。一帧信息即从 TXD 发送，在送完一帧信息后，TI 被自动置 1。在发送下一帧信息之前，TI 必须由中断服务程序或查询程序清 0。

(2) 接收

当 REN＝1 时，允许串行口接收数据。数据由 RXD 端输入，接收 11 位的信息。当接收器采样到 RXD 端的负跳变，并判断起始位有效后，开始接收一帧信息。当接收器接收到第 9 位数据后，若同时满足以下两个条件：RI＝0 和 SM2＝0 或接收到的第 9 位数据为 1，则接收数据有效，8 位数据送入 SBUF，第 9 位送入 RB8，并置 RI＝1。若不满足上述两个条件，则信息丢失。

7.2.4 51 单片机串行口的波特率

在串行通信中，收发双方对传送的数据速率，即波特率要有一定的约定。51 单片机的串行口通过编程可以有 4 种工作方式。其中，方式 0 和方式 2 的波特率是固定的，方式 1 和方式 3 的波特率可变，由定时器 1 的溢出率决定，下面加以分析。

1. 方式 0 和方式 2

当采用方式 0 和方式 2 时，波特率仅仅与晶振频率有关。

在方式 0 中，波特率为时钟频率的 1/12，即 $f_{osc}/12$，固定不变。

在方式 2 中，波特率取决于 PCON 中的 SMOD 值，当 SMOD＝0 时，波特率为 $f_{osc}/64$；当 SMOD＝1 时，波特率为 $f_{osc}/32$。

2. 方式 1 和方式 3

在方式 1 和方式 3 时，波特率不仅仅与晶振频率和 SMOD 位有关，还与定时器 T1 的设置有关。波特率的计算公式为：

$$波特率=2^{SMOD}/32\times定时器\ T1\ 溢出率$$

其中，定时器 T1 的溢出率又与其工作关系、计数初值、晶振频率相关。用定时器 T1 做波特率发生器时，通常选用定时器工作方式2(8位自动重装定时初值)，但要禁止T1中断(ET1=0)，以免T1溢出时产生不必要的中断。先设T1的初值为X，那么每过$256-X$个机器周期，定时器T1就会溢出一次。溢出周期为：$12\times(256-X)/f_{osc}$。而T1的溢出率为溢出周期之倒数。所以波特率$=2^{SMOD}/32\times f_{osc}/12/(256-X)$。

如果串行通信选用很低的波特率，可将定时器置于方式0(13位定时方式)或方式1(16位定时方式)。在这种情况下，T1溢出时需要由中断服务程序来重装初值，那么应该允许T1中断，但中断响应和中断处理的时间将会对波特率精度带来一些误差。常用的波特率如表7-2所示。

表7-2　常用波特率

波特率/(b/s)	f_{osc}/MHz	SMOD	定时器T1		
			C/T	方式	初值
方式0：1×10^6	12	×	×	×	×
方式2：375×10^3	12	1	×	×	×
方式1、3：62500	12	1	0	2	FFH
19200	11.0592	1	0	2	FDH
9600	11.0592	0	0	2	FDH
4800	11.0592	0	0	2	FAH
2400	11.0592	0	0	2	F4H
1200	11.0592	0	0	2	E8H
110	6	0	0	2	72H

7.3　项目实施

7.3.1　任务一：单片机串行口实现数据移位

任务要求：利用串行口方式0外接串行输入并行输出寄存器，用于扩展16位并行输出接口，过两个数码管依次显示0—9的数字，在视觉效果上实现了数据的移位。

1. 硬件电路设计

外接串行输入并行输出寄存器可以选择74HC595扩展并行输出口，数码管选用共阳极数码管，具体电路如图7-11所示。绘制原理图时的添加器件有：AT89C51、7SEG－COM－ANODE、74HC595等，注意电源器件的放置与连线、总线的绘制、网路标号放置等。

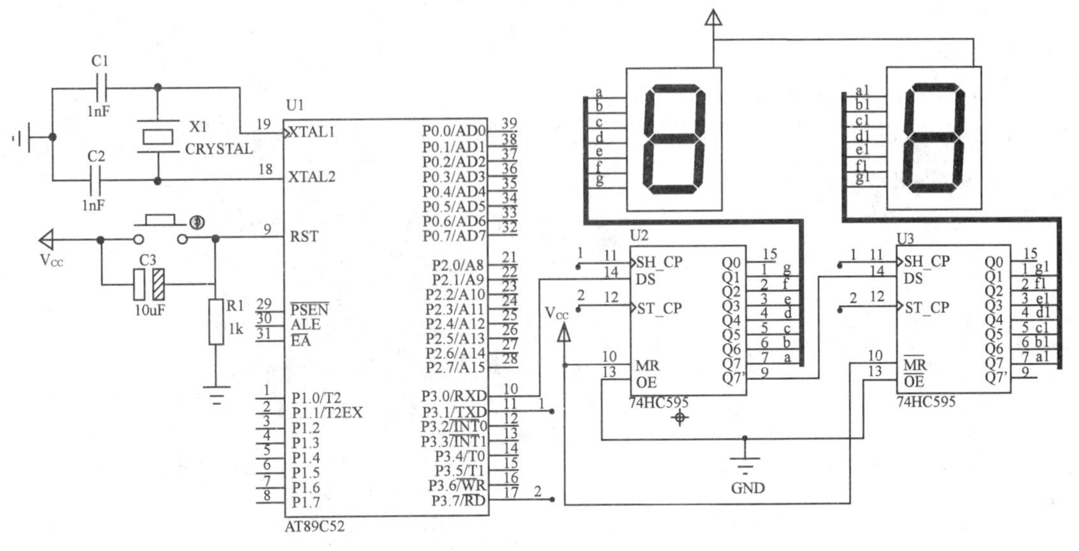

图 7-11　74HC595 扩展并行输出口仿真电路图

2. 程序设计

利用串行口的方式 0 扩展并行输出口，在硬件上要外接串入并出的移位寄存器，在软件上要初始化串行口控制寄存器 SCON，设置串行口的工作方式为方式 0。利用串行口输出数据要通过单片机的 P3.0(RXD)管脚输出。P3.1(TXD)管脚用于提供同步移位脉冲输出，CPU 把要输出的显示数据写入到串行口数据缓冲器就启动串行口工作了，当 8 位数据输出完毕后发送中断标志位 TI=1，CPU 根据 TI 标志位是否为 1 判断一个字节的数据是否发送完成，当 TI=1 时，要由软件对 TI 清零。

首先绘制程序流程图，如图 7-12 所示。

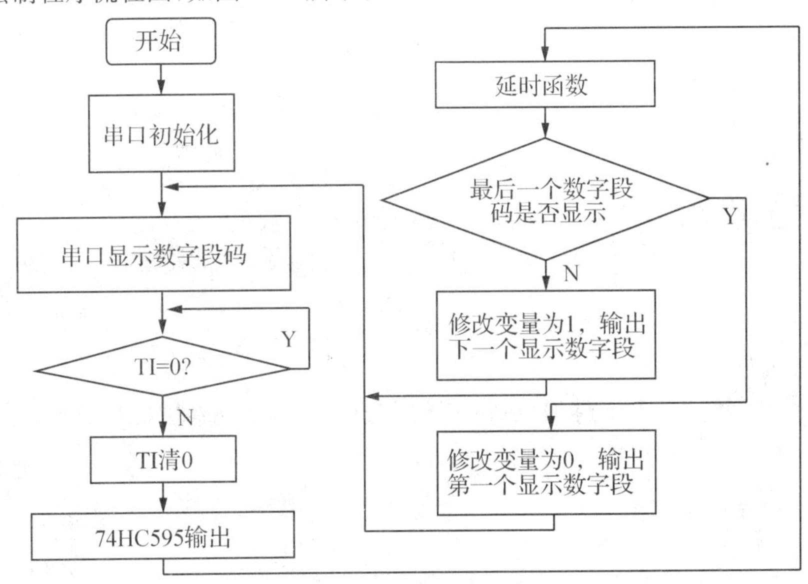

图 7-12　主程序流程图

具体程序如下：

```
#include "reg51.h"
#define uchar unsigned char
uchar code seg[10]={0xc0,0xf9,0xa4,0xb0,0x99,0x92,0x82,0xf8,0x80,0x90};//0—9 共阳段码
sbit P3_7=P3^7;
uchar s_i=0;
void delay()
{   uchar i,j,k;
    for(i=0;i<200;i++)
      for(j=0;j<200;j++)
        for(k=0;k<5;k++);
}
void main()
{
    SCON=0x00;              //串行口工作方式 0
    ES=1;                   //开串行口中断
    EA=1;
    SBUF=seg[s_i];          //串行口输出显示段码
    while(1)
    {;                      //等待中断
    }
}
void serial() interrupt 4
    { TI=0;                 //清 TI 标志
      P3_7=0;               //P3.7 产生脉冲控制 74HC595 输出数据
      P3_7=1;
      delay();
      s_i++;                //为输出下一个数据做准备
      if(s_i==10) s_i=0;    //如果 0~9 都已经输出，再从 0 开始输出
      SBUF=seg[s_i];        //串行口输出下一个显示段码
}
```

3. 仿真与调试

将编译成功后的 HEX 文件加载到 CPU 并执行程序，并观察仿真效果，如图 7-13 所示。

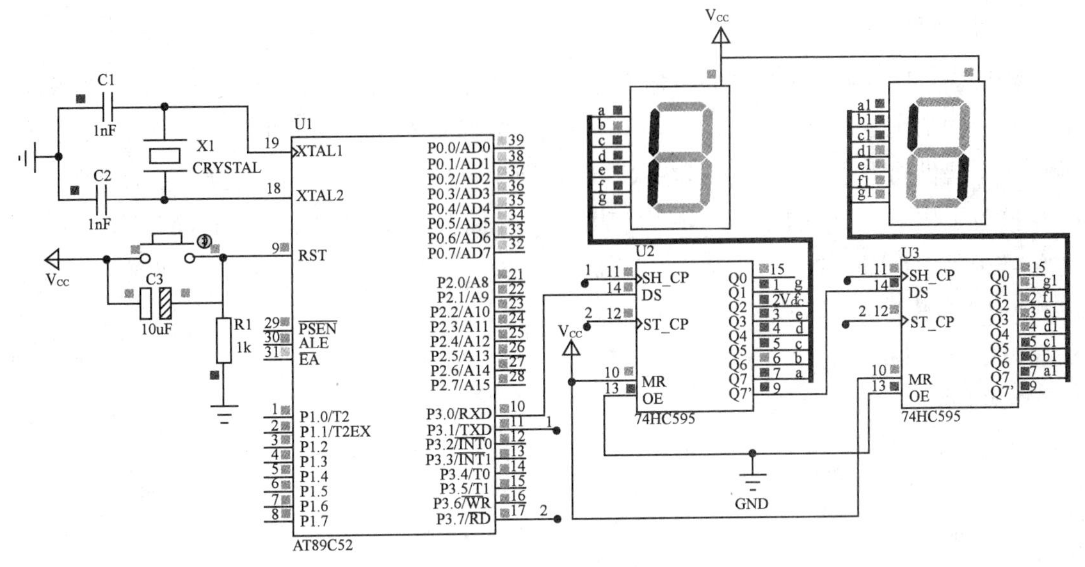

图 7-13　任务一仿真效果图

7.3.2　任务二:单片机串行口扩展 8 位并行输入口

任务要求:利用串行口方式 0 外接并行输入串行输出移位寄存器,用于扩展 8 位并行输入接口,外接 8 位开关,将开关量状态通过 P1 口外接的发光二极管亮灭(如 8 位拨码开关输入 00101100,则 P1.2、P1.4、P1.5 连接的 LED 发光)。

1. *硬件电路设计*

8 位并行输入串行输出移位寄存器可选择 74LS165,绘制电路原理图如图 7-14 所示。绘制原理图时的添加器件有:AT89C51、74LS165、DIPSW_8 等,注意电源器件的放置与连线、总线的绘制、网路标号放置等。

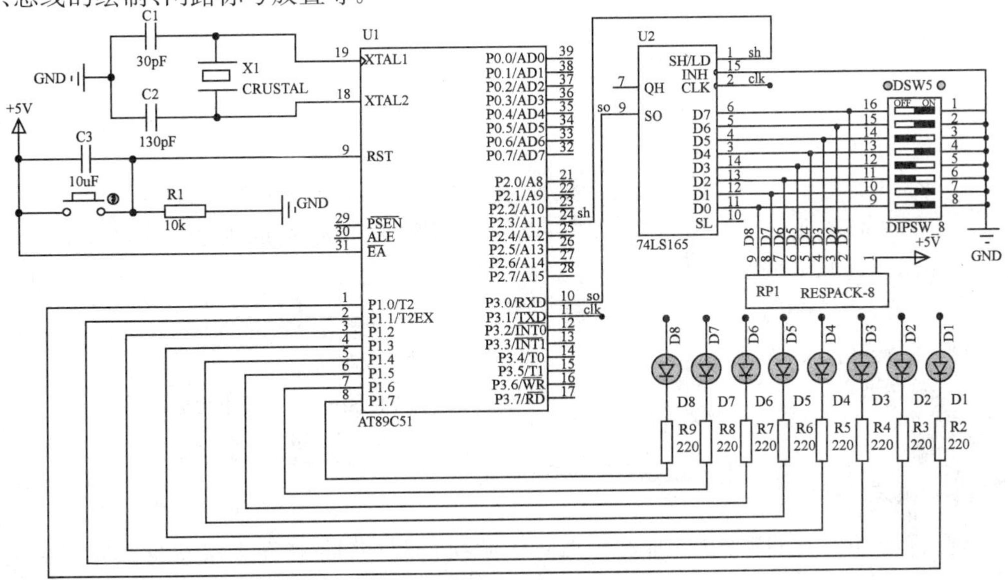

图 7-14　74LS165 扩展输入口电路

2. 程序设计

利用串行口的方式0扩展并行输入口，在软件上要初始化串行口控制寄存器SCON，设置串行口的工作方式为方式0。利用串行口输入数据要通过单片机的P3.0管脚输入，P3.1管脚用于提供同步移位脉冲输出，在REN=1即串行口接收允许控制位置1就启动串行口开始接收工作了，当8位数据输入完毕后接收中断标志位由硬件置RI为1，CPU根据RI标志位是否为1判断一个字节的数据是否接收完成，当RI=1时，说明一个字节的数据接收完毕，此时RI要由软件清零。

```
#include "reg51.h"
sbit SL=P2^3;
void delay(unsigned int k,unsigned int p)          //延时函数定义
{    unsigned int i,j;
     for(i=0;i<k;i++)
       for(j=0;j<p;j++)
       ;
}
void main()
{
    ES=1;                                          //开中断
    EA=1;
    SCON=0x10;                                     //串行口初始化为方式0并启动接收数据
    RI=0;                                          //初始值为0
    SL=0;                                          //启动74LS165并行接收数据
    delay(0x01,0x10);                              //延时一段时间
    SL=1;                                          //选择74LS165串行输出数据
    while(1);                                      //等待中断
}
void serial() interrupt 4                          //串行口中断函数
{    RI=0;                                         //响应中断后RI必须由软件清0
    P1=SBUF;                                       //读取串行口接收的数据并由P1口输出
    delay(0x100,0x200);                            //显示一段时间
    SL=0;                                          //启动74LS165并行接收数据
    delay(0x01,0x10);                              //延时一段时间
    SL=1;                                          //选择74LS165串行输出数据
}
```

3. 仿真与调试

将编译成功后的HEX文件加载到单片机并执行程序，LED亮灭状态与组合开关的设置状态一致。

7.3.3 任务三:单片机双机通信

任务要求:两台单片机之间通信,发送机扫描到 S1(P3.2)键合上后,即启动串行发送,将 64H 这个数发送给接收机,接收机收到数据后,把数据从 P1 口输出显示。

1. 硬件电路设计

主单片机采用频率为 11.0592 MHz 晶振,P1 口输出信号由 LED 显示,具体如图 7-15 所示。

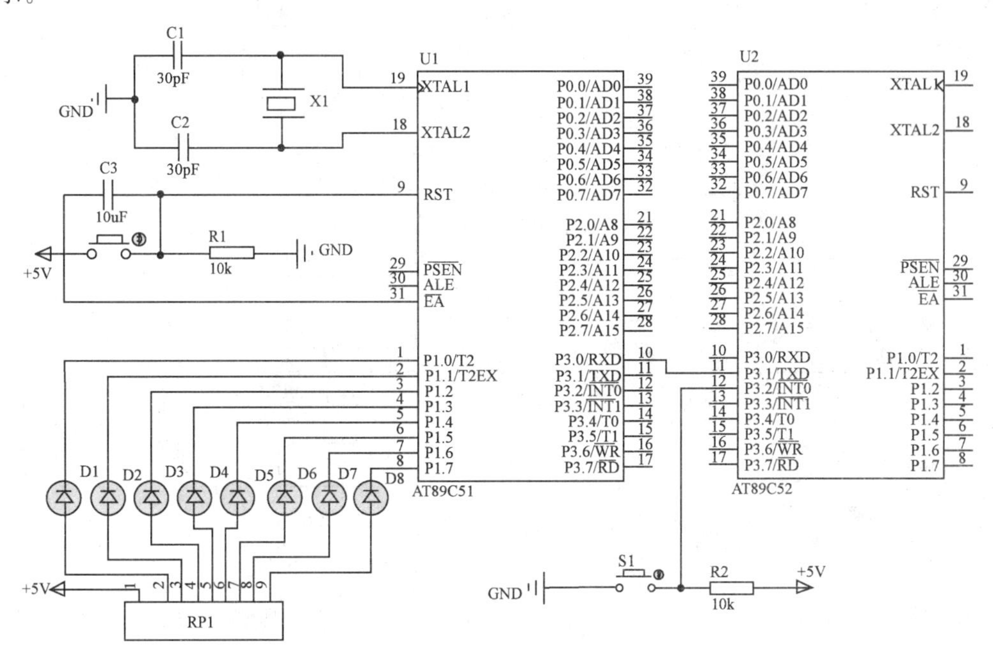

图 7-15 双机通信仿真电路图

2. 程序设计

本任务与之前不同,在任务中有主从两个单片机,要求分别对两个单片机进行程序的编写。对于主单片机,首先需设置波特率。在主程序需要设置定时/计数器的工作方式,启动开启位,但不开启定时/计数器的溢出中断。另外在主单片机的程序中,还需要设置串行口的工作方式。

对于从单片机来说,也需要设置波特率,而且与主单片机的波特率要一致。然后也需要设置串行口的工作方式,然后等待接收数据。本任务中两台单片机之间采用串行口方式 1 实现异步通信,发送机在接收到发送命令即 S1 键按下后,CPU 就启动串行口发送数据,相应地接收机开始接收数据,并在 P1 口输出显示。发送机和接收机的程序流程图如图 7-16 所示。

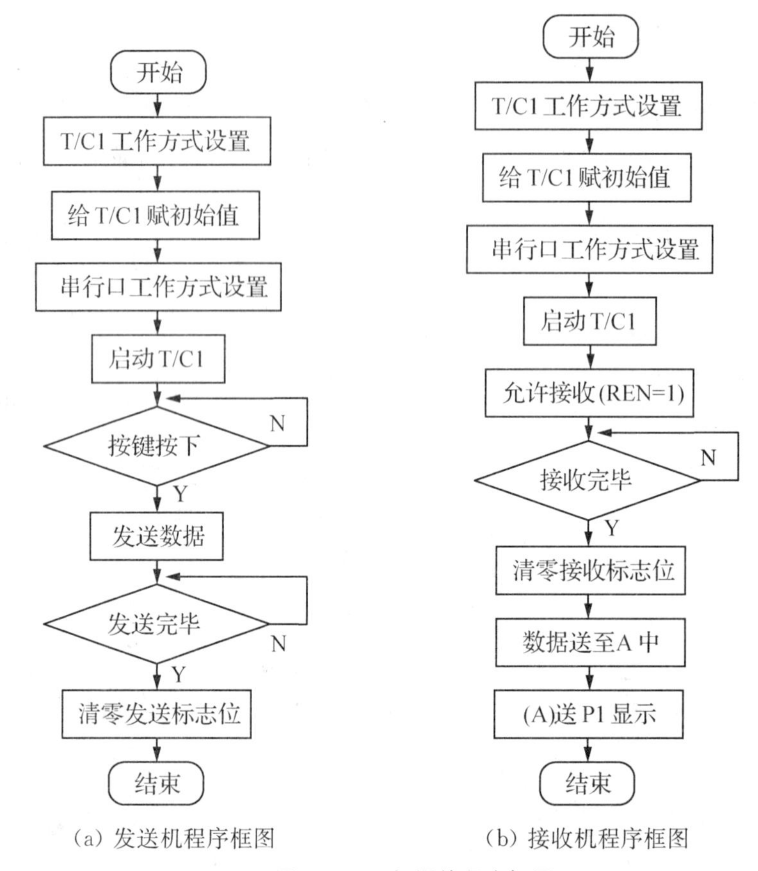

(a) 发送机程序框图　　　　(b) 接收机程序框图

图 7-16　双机通信程序框图

本系统采用定时计数器 T1,工作在方式 1 下,为 8 位自动重装载的定时/计数器。设置波特率为 4800bit/s,通过表 7-2 可知定时/计数器的初始值为 0FAH。

```
/＊发送机程序＊/
#include "reg51.h"
#define uchar unsigned char
sbit P3_2=P3^2;
void delay()
{
    uchar i,j;
    for(i=0;i<40;i++)
        for(j=0;j<250;j++);
}
void main()
{
  SCON=0x40;                    //初始化 SM0、SM1 为 01
  PCON=0x80;                    //使 PCON 的 SMOD 位为 1,波特率增倍
```

```
    TMOD=0x20;                  //定时器 T1 工作 2 定时功能,作为波特率发生器
    TH1=0xfa;                   //计数器初始值设置,波特率为 9600bit/s
    TR1=1;                      //启动定时器 T1 工作
    while(1)
    {
      dg:while(P3_2==1);        //等待按键按下,CPU 不做任何工作
      delay();                  //延时去抖
      if(P3_2==1) goto dg;      //若是抖动,回到 dg 标号描述的语句
      SBUF=0x01;                // 若不是抖动,启动串行口发送数据
      while(TI==0);             //等待发送完毕
      TI=0;
      while(1);
        }
}
/*接收机程序*/
#include "reg51.h"
void main()
{
      SCON=0x40;
      PCON=0x80;
      TMOD=0x20;
      TH1=0xfa;
      TR1=1;
      REN=1;                    //启动接收机接收
      while(1)
      {
        while(RI==0);
        RI=0;
        P1=SBUF;
      }
}
```

3. 仿真与调试

将编译成功后的发送和接收 HEX 文件分别加载到各自的 CPU 中并执行程序,在没有按下 S1 之前,P1 口连接的八个发光二极管都发光,当按下 S1 后,发送机得到指令发送数据 64H,接收机收到数据,输出 P1 口,故只有输出数据对应发光二极管亮,其余都熄灭。

7.4　项目小结

本项目通过3个任务介绍了单片机的串行口的工作方式及其原理，详细阐述了串行口有关的SCON、SBUF、PCON特殊寄存器每一位的作用。通过两个单片机之间的串行通信功能的实现，充分体现了串行口的方式0扩展并行输出口和输入口涉及的硬件和软件设计知识和技巧。主要知识点有：

(1) 串行口通信的基本原理；

(2) 利用串行口方式0扩展并行输出口和输入口；

(3) 利用串行口中断方式和查询方式的软件编写；

(4) 单片机串行通讯的发送和接收方法；

(5) 利用串行口方式1实现双机异步通信。

7.5　拓展训练

在本任务的基础上，发送机将P1口外接的8位开关量状态传送到接收机，接收机将接收到的数据实时地在P1口外接的二极管显示器上显示。试设计电路和编写程序。

习题与思考

1. 编写下列两种情况下的单片机串行口的初始化程序，设主频为12 MHz。

   (1) 工作在方式1，波特率为1.2 bit/s，采用中断形式接收数据。

   (2) 工作在方式1，波特率为9.6 bit/s，，采用中断形式发送字符，字符为"O""K"的ASCII码。

2. 设置单片机的串行为工作方式3，波特率为2.4 bit/s，第9位为奇偶校验位，试编写一段全双工的通信程序，设数据通信采用中断方式。

3. 串行口通信方式2的比特率如何设定。

4. 在收发程序中都用到了SCON、SBUF，这两个寄存器的地址是什么，其作用如何？

5. 动态数码管显示中刷新时间如何规定？

6. 如何实现单片机和PC之间的通信？

项目8　综合项目训练

学习目标

本项目以四个综合实例详细说明软硬件设计的过程，从中可看出模块化设计是这种设计中较为合理的方法。通过综合训练项目可以提升理论及实践技能，并能巩固单片机相关知识。

1. 掌握中断系统的相关知识，会运用中断实现相关功能；

2. 理解ADC0809及DAC0832芯片的性能，掌握它们与单片机的连接及编程方法；

3. 通过实例了解单片机如何进行数据采集及数据处理；

4. 掌握定时器的定时/计数如何实现，如何控制简单的时钟。

8.1　工作任务1

任务名称　四路抢答器的设计与实现。

功能要求　在一般的娱乐节目及各大场合都会用到抢答器装置，这对其娱乐性起到一个公平、刺激的作用。本次任务共有5个按钮，其中，K1被主持人控制，K2、K3、K4、K5被用户控制进行抢答。

设计要求

(1) 在主持人按下K1后，选手方可抢答，如果有选手抢先按下，则其他的按下无效。

(2) 在显示器上显示该按下选手的队号，接着显示倒计时30 s。

(3) 如果在主持人按下K1后10 s内没有人按下抢答器，则显示器显示“88”，此题作废。待主持人再次按下K1后，方可展开第二轮答题。

8.1.1　硬件电路设计部分

随着社会的发展，各种智力竞赛活动越来越被人们喜爱。在该类活动中，我们经常看到有抢答的环节，选手通过按手边的按钮来进行抢答。如果以让选手举答题板或举手的方式来判断哪个选手最先举手，这将在很大程度上会因为主持人的主观误判，从而造成比赛的不公平，所以电子抢答器已成为各种竞赛活动抢答的必备工具，广泛应用于各种智力和知识竞赛场合。

硬件电路主要分为三个模块：单片机系统、按键输入单元和抢答输出显示单元，如图 8-1 框图所示。

图 8-1　四路抢答器硬件电路框图

输出单元采用共阴极七段数码管和一个 LED 指示灯，通过排阻与单片机的 P0 口相连；输入部分的按键分别连接单片机的 P1 口触点五个管脚，同时通过电阻接到 V_{CC}。具体电路如图 8-2 所示。

当检测到有按键按下后，将按键值显示在右侧的 LED 数码管上，同时将指示灯点亮。

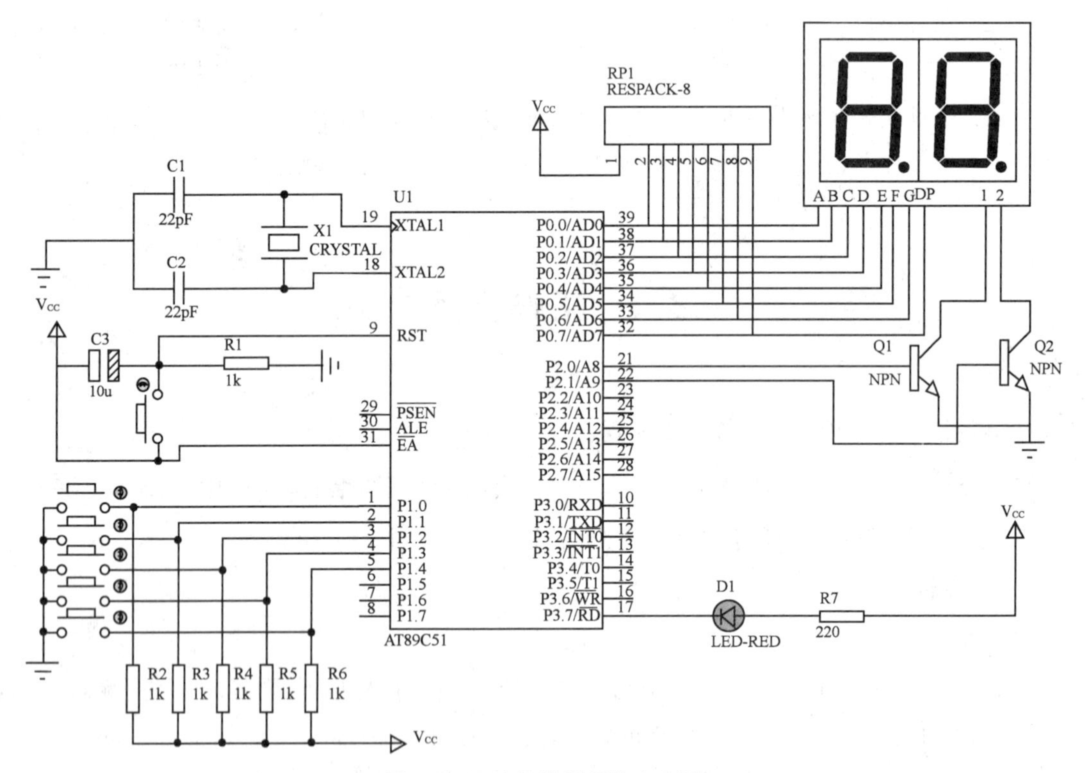

图 8-2　四路抢答器硬件电路图

8.1.2　程序设计

根据系统功能绘制程序流程图，如图 8-3 所示。

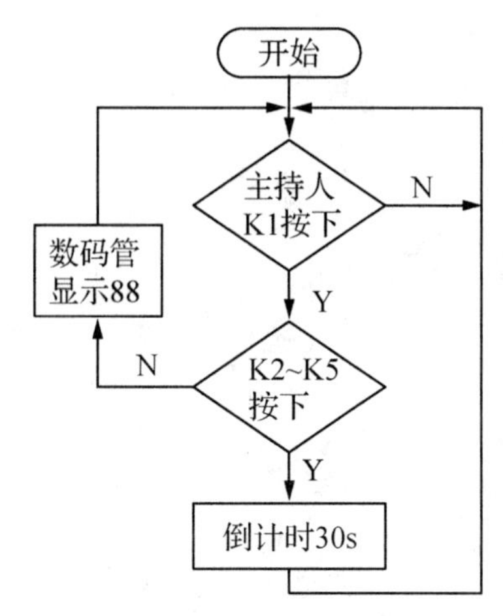

图 8-3　四路抢答器流程图

具体程序代码如下：

```
#include<reg52.h>
#define uint unsigned int
#define uchar unsigned char

sbit k1=P1^0;
sbit k2=P1^1;
sbit k3=P1^2;
sbit k4=P1^3;
sbit l1=P3^7;
bit flag1=0,flag2,st1=0,st2=0,st3=0;
uint miao;
uchar code table[]={0xC0,0xF9,0xA4,0xB0,0x99,
                    0x92,0x82,0xF8,0x80, 0x90}; //数码管字型码 0～9
void delay(uint z)  //延时函数
{
    uint x,y;
    for(x=z;x>0;x--)
    for(y=110;y>0;y--);
}

void display(uchar a) //数码管显示函数
{
    P0=table[a/10];
    P2=0XFE;
    delay(1);
    P0=table[a%10];
    P2=0XFD;
```

```
        delay(1);
        P2=0XFF;
  }
  void kscan()
  {
    if(k1==0)
    {
          delay(10);
          if(k1==0)
          {
               l1=0;
               TR1=1;
               TR0=0;
               miao=0;
               flag1=0;
               flag2=1;
          }
        }
        if(flag1!=1&&flag2==1)
        {
          if(k2==0&&st2==0&&st3==0)
          {
                delay(10);
                if(k2==0&&st2==0&&st3==0)
                {
                     flag2=0;
                     TR1=0;
                     TR0=1;
                     st1=1;
                }
                while(!k2);
            }
            if(!k3&&st1==0&&st3==0)
            {
                delay(10);
                if(k3==0)
                {
                     flag2=0;
                     TR1=0;
                     TR0=1;
                     st2=1;
                }
```

```
            while(! k3);
        }
        if(! k4&&st2==0&&st1==0)
        {
            delay(10);
            if(k4==0)
              {
                flag2=0;
                TR1=0;
                TR0=1;
                st3=1;
              }
              while(! k4);
          }
      }
  }
  void chuli()
  {
    uint i;
    if(st1==1)
    {
        st1=0;
        for(i=0;i<1000;i++)
        {
        display(1);
          }
          miao=30;
        }
        if(st2==1)
        {
            st2=0;
            for(i=0;i<1000;i++)
            {
              display(2);
            }
            miao=30;
          }
        if(st3==1)
        {
        st3=0;
        for(i=0;i<1000;i++)
        {
```

```
            display(3);
        }
        miao=30;
    }
}

void init() //定时器初始化函数
{
        TMOD=0X11;
        TH0=(65536-50000)/256;
        TL0=(65536-50000)%256;
        TH1=(65536-50000)/256;
        TL1=(65536-50000)%256;
        EA=1;
        ET0=1;
        ET1=1;
        TR0=0;
        TR1=0;
}

void main() //主函数
{
    init();
    while(1)
    {
        kscan();
        while(flag1==1)
        {
            kscan();
            display(88);
        }
        chuli();
        display(miao);
    }
}

void t0() interrupt 1
{
    uint t;
    TH0=(65536-50000)/256;
    TL0=(65536-50000)%256;
    t++;
```

```
            if(t>=20)
            {
                miao--;
                t=0;
                if(miao<=0)
                {
                    miao=0;
                    TR0=0;
                }
            }
}
void t1() interrupt 3
{
uint count,min;
TH1=(65536-50000)/256;
TL1=(65536-50000)%256;
count++;
if(count>=20)
{
    l1=1;
    count=0;
    min++;
    if(min>=10)
    {
        flag1=1;
        flag2=0;
        min=0;
        R1=0;
    }
}
}
```

8.1.3 仿真与调试

将编译成功后的 HEX 文件加载到单片机并执行程序，按下 K1 后再按下 K2～K5 中任意一个按键，LED 指示灯亮，数码管开始 30s 倒计时，功能正常。

8.1.4 任务小结

本任务涉及的知识主要是 LED 数码管和单片机的中断系统。LED 数码管是应用非常广泛的显示器，大家应理解其工作原理，并掌握其使用方法。中断系统是单片机系统的重要组成部分，在任务中主要练习使用了外部中断，其在单片机的课程学习中占有非常重要的位置。因此理解中断系统的原理，并熟练掌握其应用，对单片机技术的学习至关重要。本任务涉及的知识点如下：

(1) LED数码管的显示原理；

(2) LED数码管的使用方法(重点)；

(3) 中断的概念(重点)；

(4) 单片机的中断系统(难点、重点)；

(5) 外部中断的工作原理,并掌握其使用(重点)。

8.1.5　拓展训练

1. 如果采用外部中断1,则程序该如何实现?
2. 如果将四人抢答器改为八人抢答器呢?
3. 如果将共阳极LED数码管改为共阴极数码管呢?
4. 使用单片机的两个外部中断源,进行其他的应用设计。

8.2　工作任务2

任务名称　数字钟的设计与实现。

功能要求　利用6个七段式数码管,分别显示时、分、秒,实现数字时钟的显示。具有铃声提醒及小灯显示提醒功能,能设置闹钟时间及校准时间。

设计要求

(1) 自动计时。

(2) 具备校准功能,按下K3菜单键一次时可调节小时,按下K2调整加键,小时便加一次,按下K1则减小。按下K3菜单键第二次时可调节分钟,再按下K2调整加键,分钟便加一次,按下K1则减小。按下K3菜单键第三次时恢复设定值显示。

(3) 具备定时闹钟功能。

(4) 一天计时误差不超过1 s。

8.2.1　相关知识

8255芯片的基本功能：

8255是一种可编程的并行I/O接口芯片,有3个8位并行I/O口。具有3个通道3种工作方式的可编程并行接口芯片(40引脚)。芯片引脚图如图8-4所示。其各口功能可由软件选择,使用灵活,通用性强。8255可作为单片机与多种外设连接时的中间接口电路。

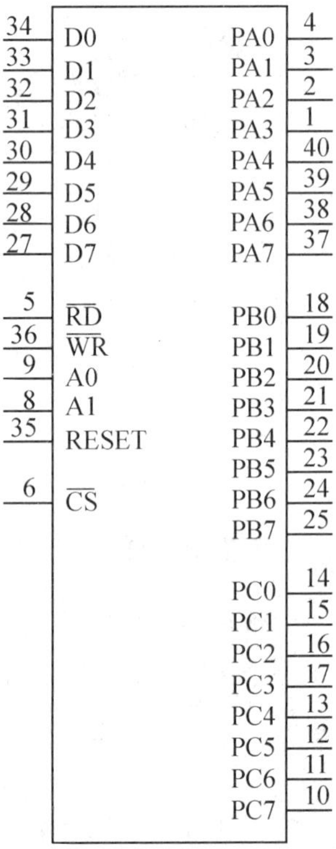

图8-4　8255引脚图

1. 引脚功能

除24个I/O口和电源接口外,其他引脚功能如下:

RESET:复位输入线,当该输入端处于高电平时,所有内部寄存器(包括控制寄存器)均被清除,所有I/O口均被置成输入方式。

CS:片选信号线,当这个输入引脚为低电平时,即$\overline{\text{CS}}$=0时,表示芯片被选中,允许8255与CPU进行通信;$\overline{\text{CS}}$=1时,8255无法与CPU进行数据传输。

RD:读信号线,当这个输入引脚为低跳变沿时,即$\overline{\text{RD}}$产生一个低脉冲且$\overline{\text{CS}}$=0时,允许8255通过数据总线向CPU发送数据或状态信息,即CPU从8255读取信息或数据。

WR:写入信号,当这个输入引脚为低跳变沿时,即$\overline{\text{WR}}$产生一个低脉冲且$\overline{\text{CS}}$=0时,允许CPU将数据或控制字写入8255。

D0～D7:三态双向数据总线,8255与CPU数据传送的通道,当CPU执行输入输出指令时,通过它实现8位数据的读/写操作,控制字和状态信息也通过数据总线传送。

2. 8255芯片结构

作为主机与外设的连接芯片,必须提供与主机相连的3个总线接口,即数据线、地址线、控制线接口。同时必须具有与外设连接的接口A、B、C口。由于8255可编程,所以必须具有逻辑控制部分,因而8255内部结构分为3个部分:与CPU连接部分、与外设连接部分、控制部分。

(1) 与CPU连接部分

根据定义,8255能并行传送8位数据,所以其数据线为8根D0～D7。由于8255具有3个通道A、B、C,所以只要两根地址线就能寻址A、B、C口及控制寄存器,故地址线为两根A0～A1。此外CPU要对8255进行读、写与片选操作,所以控制线为片选、复位、读、写信号。各信号的引脚编号如下:

①数据总线DB:编号为D0～D7,用于8255与CPU传送8位数据。

②地址总线AB:编号为A0～A1,用于选择A、B、C口与控制寄存器。

③控制总线CB:片选信号、复位信号RST、写信号、读信号。当CPU要对8255进行读、写操作时,必须先向8255发片选信号选中8255芯片,然后发读信号或写信号对8255进行读或写数据的操作。

(2) 与外设接口部分

根据定义,8255有3个通道A、B、C与外设连接,每个通道又有8根线与外设连接,所以8255可以用24根线与外设连接,若进行开关量控制,则8255可同时控制24路开关。各通道的引脚编号如下:

①A口:编号为PA0～PA7,用于8255向外设输入输出8位并行数据。

②B口:编号为PB0～PB7,用于8255向外设输入输出8位并行数据。

③C口:编号为PC0～PC7,用于8255向外设输入输出8位并行数据,当8255工作于应答I/O方式时,C口用于应答信号的通信。

（3）控制器

8255将3个通道分为两组，即PA0～PA7与PC4～PC7组成A组，PB0～PB7与PC0～PC3组成B组。相应的控制器也分为A组控制器与B组控制器，各组控制器的作用如下：

①A组控制器：控制A口与上C口的输入与输出。

②B组控制器：控制B口与下C口的输入与输出。

3. 8255的工作方式

8255共有3种工作方式（如表8-1所示），最常用的工作方式是方式0，它是基本I/O方式。方式1为应答I/O方式，当8255工作于应答I/O方式时，上C口作为A口的通信线，下C口作为B口的通信线。方式2为双向应答I/O方式，此方式仅由A口使用，B口无双向I/O应答方式。8255的3种工作方式的选择由8255工作方式选择字决定，具体如图8-5所示。

表8-1 8255的工作方式

工作方式	A	B	C
方式0	基本I/O方式	基本I/O方式	基本I/O方式
方式1	应答I/O方式	应答I/O方式	通信线
方式2	双向应答I/O方式	无	通信线

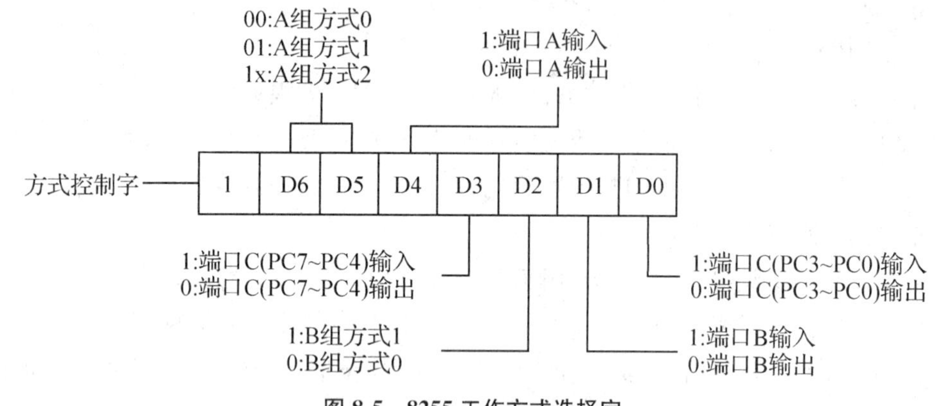

图8-5 8255工作方式选择字

8.2.2 硬件电路设计

数字钟电路可以分为：按键电路（修改时间，定闹钟等作用）、单片机最小系统、数码管显

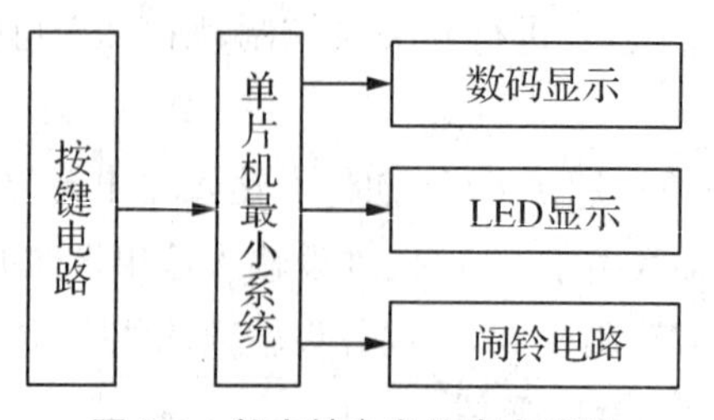

图8-6 数字钟参考仿真电路图

示、LED显示和闹钟电路部分，如图 8-6 所示。整个电路的核心是 AT89C51 单片机，系统配备 6 位 LED 数码管显示(分别显示时、分、秒)和 3 个按键，P1.4，P1.5，P1.6 分别接 K1，K2，K3 作为三个按键进行设置，P1.0 接发光二极管辅助记时。P3.7 接蜂鸣器，因此 A 口输出低电平选中相应的位，而 B 口输出高电平点亮相应的段。P1.0 接蜂鸣器，低电平驱动蜂鸣器鸣叫启闹。具体电路如图 8-7 所示。

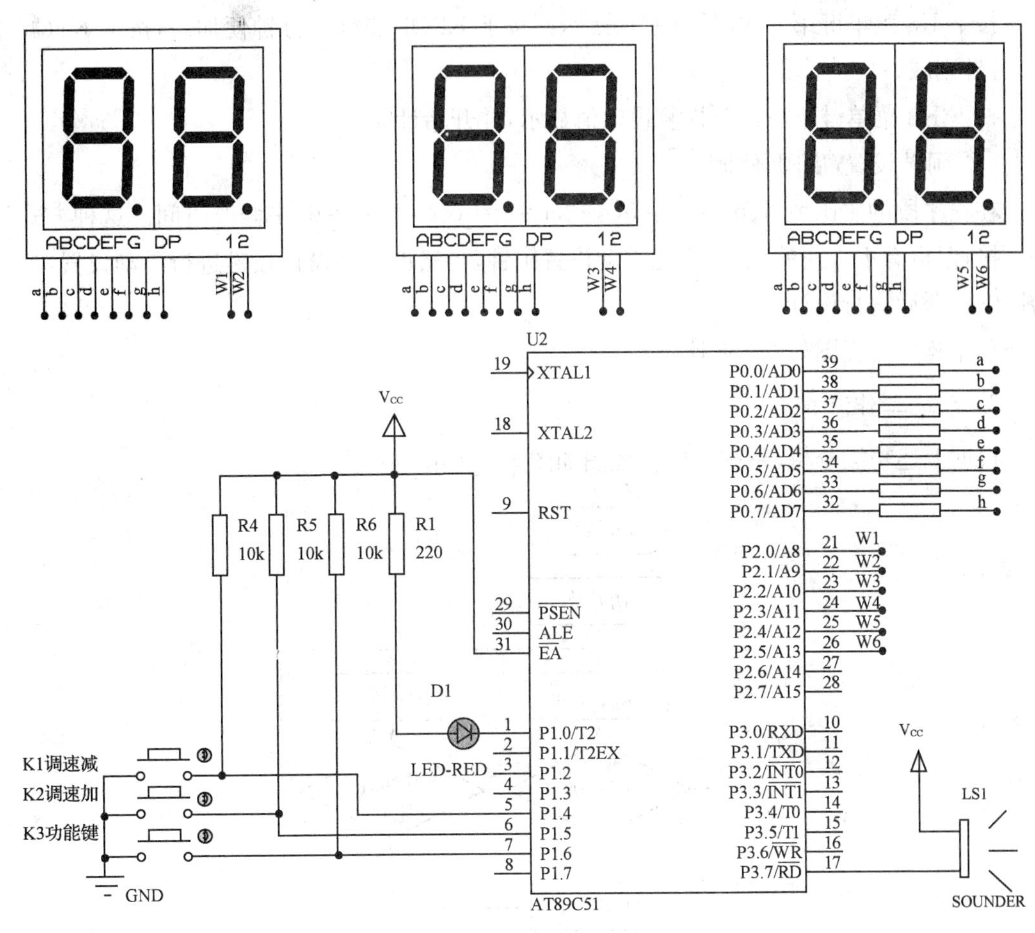

图 8-7　数字钟参考电路图

8.2.3　程序设计

1. 系统具体功能分析

(1) 时间显示

上电后，系统自动进入时钟显示，从 00:00:00 开始自动计时，此时可以利用三个按键设定当前时间。其中自动计时模块方案采用单片机内部的定时/计数器进行中断定时，配合软件延时实现时、分、秒的计时。该方案节省硬件成本，且能够使读者在定时/计数器的使用、中断及程序设计方面得到锻炼与提高，因此本系统将采用软件方法实现计时。

(2) 时间调整

硬件中有三个控制按键,K1,K2 为设置时间数字大小的按键,K3 是综合功能按键,不仅可以选择模式,也可以进行设置,具体功能如下:

按下 K3 菜单键一次时可调节小时,此时按下 K2(增加键)一次,小时便加一,按下 K1(减小键)则小时减一。

按下 K3 菜单键第二次时可调节分钟,再按下 K2(增加键),分钟便加一,按下 K1(减小键)分钟则减一。

按下 K3 菜单键第三次时恢复设定值显示,并开始计时。

(3) 闹钟设置/启闹/停闹

在程序段的主函数 if(miao==0&&fen==0&&shi==6)中修改时间。这种方式虽然直接,但也有不方便的地方,不能手动设置闹钟,当然也可以设计按键进行手动设置,这留给同学们课后进行设计。

程序具体流程图如图 8-8 所示。

2. 系统工作流程

根据上述功能分析,系统程序流程图如图 8-8 所示。

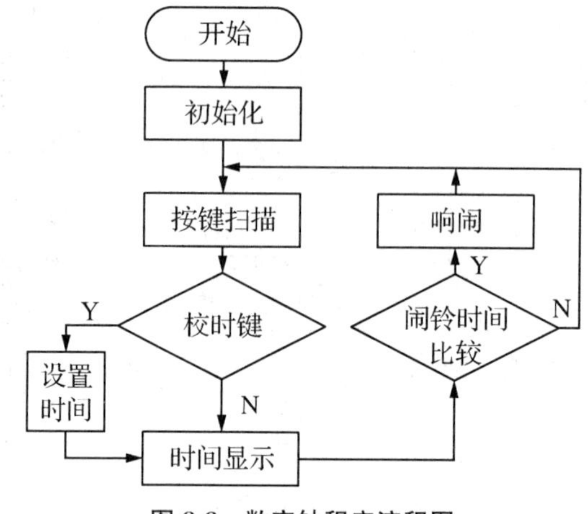

图 8-8 数字钟程序流程图

具体程序如下:

```
#include<reg52.h>
#include<intrins.h>
#define uint unsigned int
#define uchar unsigned char
uint t,miao,fen,shi;
sbit beep=P3^7;                    //蜂鸣器,闹铃
sbit L=P1^0;                       // 指示秒钟闪烁
sbit k1=P1^4;                      //调整减
```

```
    sbit k2=P1^5;                           //调整加
    sbit k3=P1^6;                           //功能键
    sbit L1=P2^0;
    sbit L2=P2^1;
    sbit L3=P2^2;
    sbit L4=P2^3;
    sbit L5=P2^4;
    sbit L6=P2^5;
    uchar code table[]={0xC0,0xF9,0xA4,0xB0,0x99,0x92,0x82,0xF8,0x80,0x90};

    void delay(uint z)                      //毫秒延时
    {
  uint x,y;
  for(x=z;x>0;x--)
    for(y=110;y>0;y--);
}
void delayum(uint z)                        //微秒延时
{
  uint x;
  for(x=z;x>0;x--)
  {
    _nop_();
  }
}

                                            //显示子函数
void display1()                             //小时显示
{
  P0=table[shi/10];
  L1=1;
  delay(5);
  L1=0;
  P0=table[shi%10];
  L2=1;
  delay(5);
  L2=0;
}
void display2()                             //分钟显示
```

```
{
   P0=table[fen/10];
   L3=1;
   delay(5);
   L3=0;
   P0=table[fen%10];
   L4=1;
   delay(5);
   L4=0;
}

void display3()                                //秒显示
{
   P0=table[miao/10];
   L5=1;
   delay(5);
   L5=0;
   P0=table[miao%10];
   L6=1;
   delay(5);
   L6=0;
}
void di()                                      //闹铃
{
   beep=0;
   delayum(50);
   beep=1;
   delayum(50);
}

void k_sele()
{
   uint count;
   if(! k3)
   {
     delay(10);
     if(k3==0)
     {
```

```
        count++;
        di();
        if(count>=3)
        count=0;
    }
   while(! k3);
  }
  if(count! =0)
  {
    if(k2==0)
    {
        delay(10);
        if(k2==0)
        {
              while(! k2);
              di();
              if(count==1)
              {
                  shi++;
              }
              if(count==2)
              {
                 fen++;
              }
        }
    }
    if(k1==0)
    {
        delay(10);
        if(k1==0)
        {
            while(! k1);
            di();
            if(count==1)
            {
               shi--;
            }
            if(count==2)
```

```
                {
                    fen--;
                }
            }
        }
    }
}
                                        //定时器初始化
void intao()
{
    TMOD=0X01;
    TH0=(65536-50000)/256;
    TL0=(65536-50000)%256;
    EA=1;
    ET0=1;
    TR0=1;
}
                                        //主函数
void main()
{
    uint i,j;
    delay(15);
    intao();
    while(1)
    {
      k_sele();
      display1();
      display2();
      display3();
        if(miao==0&&fen==0&&shi==6)     //定时闹钟(6点)
      {
          for(j=0;j<4;j++)
          {
              for(i=0;i<100;i++)
              {
                  di();
```

```
                }
                delay(1000);
            }
            for(i=0;i<500;i++)
            {
                di();
            }
        }
    }
}

                                        //中断函数
void time()interrupt 1
{
    t++;
    TH0=(65536-50000)/256;
    TL0=(65536-50000)%256;
    if(t==10)
    {
        L=0;
    }
    if(t==20)
    {
      miao++;
      L=1;
      t=0;
      if(fen>=60)
      {
          fen=0;
      }
      if(shi>=24)
      {
          shi=0;
      }
      if(miao==60)
      {
          fen++;
          miao=0;
```

```
        if(fen>=60)
        {
          shi++;
          fen=0;
          if(shi>=24)
          {
            shi=0;
          }
        }
      }
    }
}
```

8.2.4 仿真与调试

将编译成功后的 HEX 文件加载到单片机并执行程序，数码管从 00:00:00 开始计时；通过按键调整显示时间；设定闹钟启闹时间，到时间后闹铃启动，功能正常。

8.2.5 任务小结

本任务采用 AT89C52 实现了 6 位数码管的时钟显示，并且以软件的方式实现了定时功能，继续强化了数码管的动态显示功能。通过本任务的学习，大家可以感觉到动态显示要比静态显示复杂，尤其在增加了按键判断或其他的功能时。在处理这类问题时，不能只考虑动态显示，或只考虑按键判断，必须将两者有机结合起来。不过，大家只要多练习一些这方面的设计，总结设计经验和技巧，则会逐步熟练掌握数码管动态显示等应用技能的。

思考：试使用 8.2.1 中介绍的 8255 芯片综合设计数字时钟，并增加手动设置闹钟功能。

8.3 工作任务 3

任务名称 数字电压表的设计与实现。

功能要求 用单片机设计一个电压采集表及显示系统。采用处理器来对这些信号进行采集、编辑等，使用 ADC0809 转换芯片实现对一个电压值的测量，并将其通过数码管显示出来，显示为两位整数和两位小数。

设计要求 调节电位器得到不同的电压，将此模拟量电压值输入 ADC0809 的 IN0 通道，进行 A/D 转换，单片机得到该电压的数字量后，通过计算得到实际的电压值，用数码管显示出来。

8.3.1 相关知识

随着电子技术的发展,越来越多的产品向数字化、智能化方向发展。各种数字化的产品所处理的信号均为数字信号,但现实生活中的各种物理信号多为模拟信号,那么如何实现将模拟信号转变为数字信号呢?这将用到模数转换器件,即A/D转换器件。结合前续课程中所学过的数模转换,典型的数字控制系统如图8-9所示。

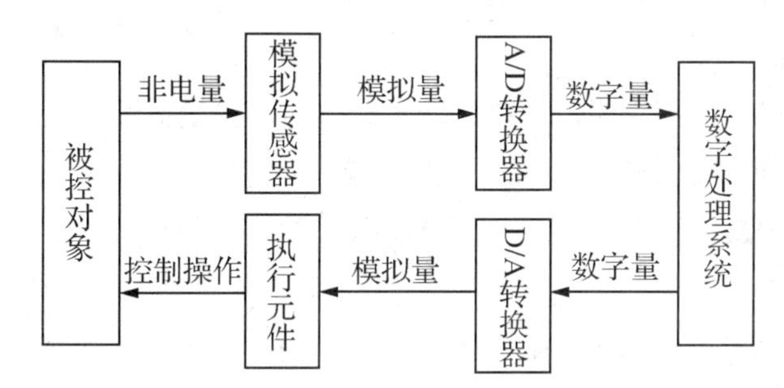

图8-9 典型数字控制系统

1. A/D转换原理

根据转换原理不同,A/D转换主要有以下4类:(1) 计数式A/D转换;(2) 双积分式A/D转换;(3) 逐次逼近式A/D转换;(4) 并行式A/D转换。这里主要学习逐次逼近式A/D转换原理。

在逐次逼近式A/D转换器中,主要由逐次逼近寄存器SAR、DAC、电压比较器、缓冲寄存器和控制电路等组成,如图8-10所示。

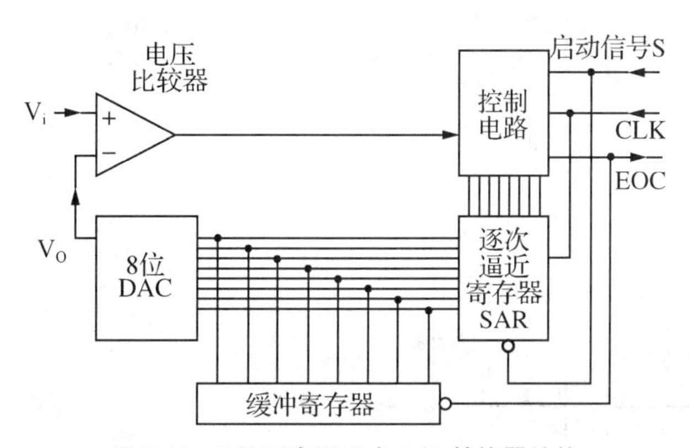

图8-10 8位逐次逼近式A/D转换器结构

启动信号S由低变高时,逐次逼近寄存器清零,DAC输出V_O等于零,电压比较器输出"1",当S变为高电平时,控制电路使SAR开始工作。首先逐次逼近寄存器的最高位置1,经数/模转换变成模拟电压与待转换的模拟电压V_i进行比较,如果$V_i > V_O$,则最高位的"1"保留,否则去掉;然后把次高位置1,再次经过数/模转换、比较,重复这一过程,直到最低位被确定后,控制电路发出转换结束信号EOC。该信号的下降沿把SAR的输出锁存在缓冲寄存器里,从而得到数字量输出。

2. A/D 转换主要指标

(1) 分辨率

分辨率是 A/D 转换器能够分辨最小信号的能力，表示数字量变化一个相邻数码所需输入模拟电压的变化量。例如 8 位 A/D 转换器能够分辨出满刻度的 $1/2^8$，若满刻度输入电压为 5 V，则该 8 位 A/D 转换器能够分辨出输入电压变化的最小值为 19.5mV。

分辨率常用 A/D 转换器输出的二进制位数表示。

(2) 相对精度

相对精度是指 A/D 转换器实际输出数字量与理论输出数字量之间的最大差值。通常用最低有效位 LSB 的倍数来表示。如相对精度不大于 (1/2)LSB，则说明实际输出数字量与理论输出数字量的最大误差不超过 (1/2)LSB。

(3) 转换速度

转换速度是指 A/D 转换器完成一次转换所需要的时间，即从转换开始到输出端出现稳定的数字信号所需要的时间。转换精度反映了一个实际 A/D 转换器在量化上与理想 A/D 转换器的差值。

3. ADC0809 芯片介绍

ADC0809 是 8 位八通道逐次逼近型 A/D 转换器。片内含 8 路模拟开关，可允许 8 个模拟量输入。另外片内带有三态输出缓冲器，因此可直接与系统总线相连。其完成一次转换的时间约为 100μs，ADC0809 的内部结构和管脚分别如图 8-10 和图 8-11 所示。

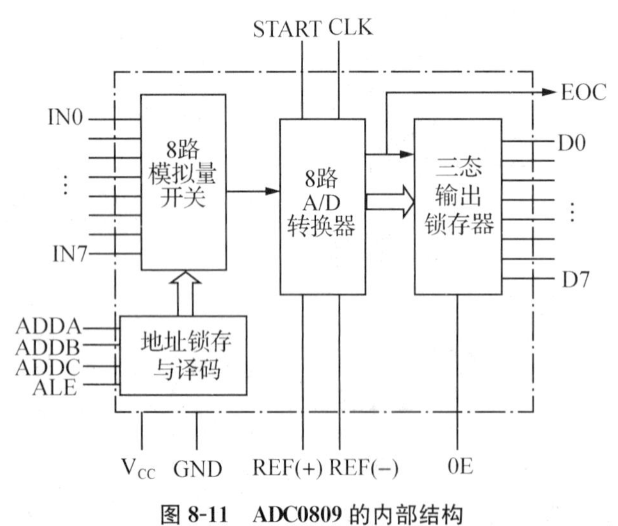

图 8-11　ADC0809 的内部结构

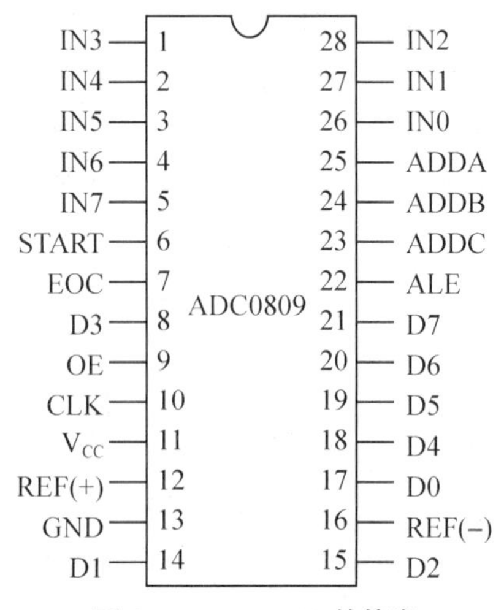

图 8-12　ADC0809 的管脚

(1) ADC0809 的内部结构主要包含以下几部分：

①8 路模拟量选择开关

根据地址锁存与译码装置所提供的地址，从 8 个输入的 0～5 V 模拟量中选择一个输出。

②8 位 A/D 转换器

能对所选择的模拟量进行 A/D 转换。

③3 位地址码的锁存与译码装置

对所输入的 3 位地址码进行锁存和译码，并将地址选择结果送给 8 路模拟量选择开关。

④三态输出的锁存缓冲器

采用 TTL 结构，负责输出转换的最终结果。此结果可直接连接到单片机的数据总线上。

(2) ADC0809 管脚及其功能：

- V_{CC}：电源端。
- GND：模拟地和数字地公用的接地端。
- REF(＋)、REF(－)：基准电源输入端。使用中，REF(－)一般接地，REF(＋)最大可接＋5.12 V，要求不高时，REF(＋)接 V_{CC}的＋5 V 电源。
- CLK：时钟输入引脚。时钟频率范围为 10～1280 kHz，典型值为 640 kHz。
- IN0～IN7：8 路模拟电压输入端，可连接 8 路模拟量输入，ADC0809 的输入输出关系如表 8-2 所示。

表 8-2　ADC0809 的输入输出关系

输入模拟电压/V	输出数字量	输入模拟量/V	输出数字量
0	00000000B	…	…
…	…	5	1111
2.5	10000000B		

- ADDA、ADDB、ADDC 3 个引脚组合起来选择 8 路模拟量输入中的一路输入。ADDC 为最高位，ADDA 为最低位。表 8-3 表示模拟输入通道的选择情况，比如要选择通道 IN0，使 ADDC＝0，ADDB＝0，ADDA＝0 即可。
- ALE：地址锁存允许选通信号，上升沿有效。当 ALE 有效时，C、B、A 的通道地址值才能进入通道地址锁存器；ALE 下跳为低电平时，锁存器锁存进入的通道地址。
- START：启动 A/D 转换控制引脚，由高电平下跳为低电平时有效。对该引脚输入正脉冲下降沿后，ADC 开始逐次比较。也可将 START 与 ALE 连接在一起使用。

表 8-3　模拟通道及其选择

模拟通道	ADDC	ADDB	ADDA
IN0	0	0	0
IN1	0	0	1
IN2	0	1	0
IN3	0	1	1
IN4	1	0	0
IN5	1	0	1
IN6	1	1	0
IN7	1	1	1

- EOC：ADC 转换状态输出信号引脚。未启动 A/D 转换时，EOC 为高电平，启动后，

EOC为低电平。一旦转换完毕,EOC上跳为高电平。此信号可供CPU查询或向CPU发中断请求。

- D7～D0:8位数字量输出引脚。
- OE:数字量输出允许控制端,输入正脉冲有效。

(3) ADC0809的操作时序如图8-13所示。

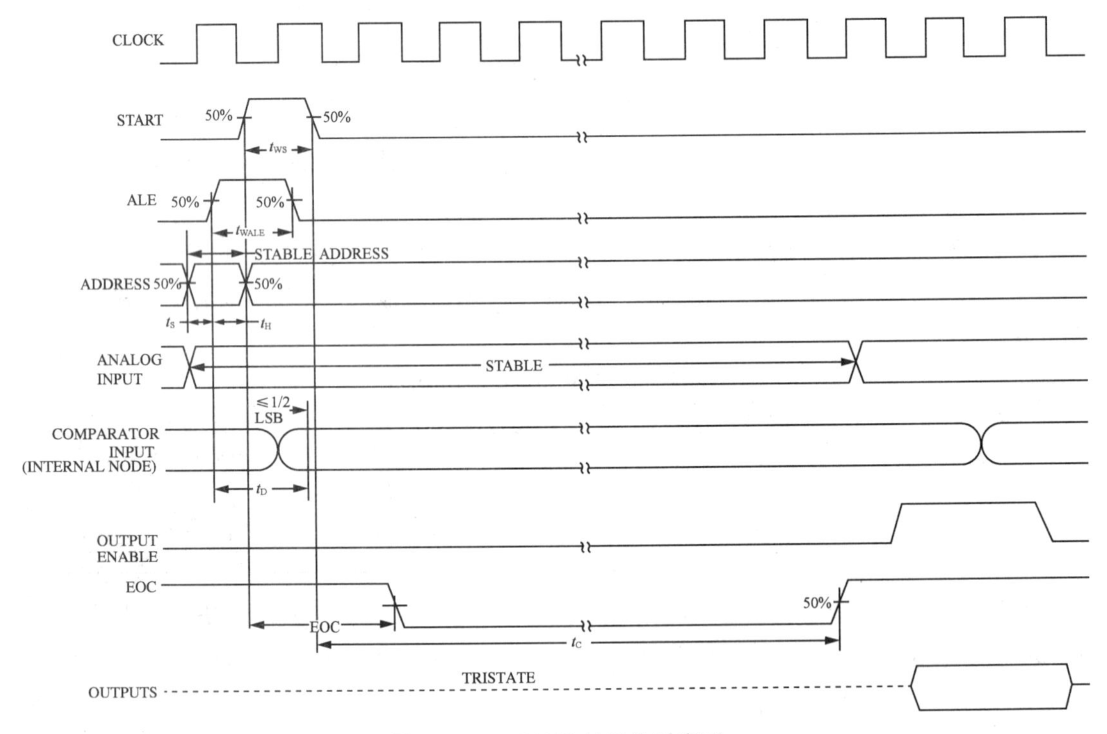

图8-13　ADC0809的工作时序图

8.3.2　任务实施

1. 硬件电路设计

在本系统中,使用一路A/D通道IN0采集一个电压信号。ADC0809的时钟信号输入端与单片机P2.4相连;START管脚与P2.5相连;转换结束信号管脚EOC与单片机P2.6相连。ADC0809的数字输出端与单片机P1口相连。显示部分采用4个数码管进行动态显示。系统框如图8-14所示,硬件仿真电路图如图8-15所示。

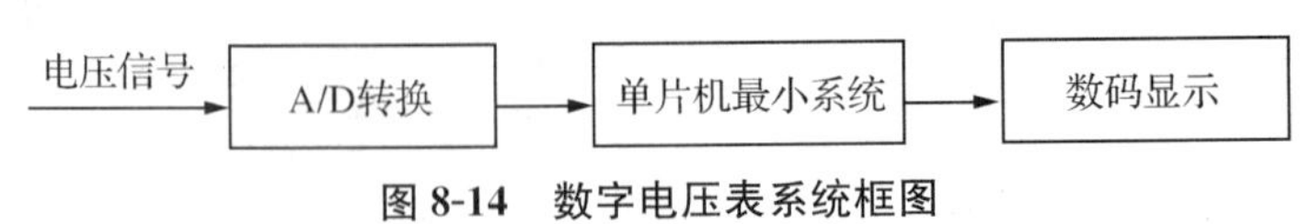

图8-14　数字电压表系统框图

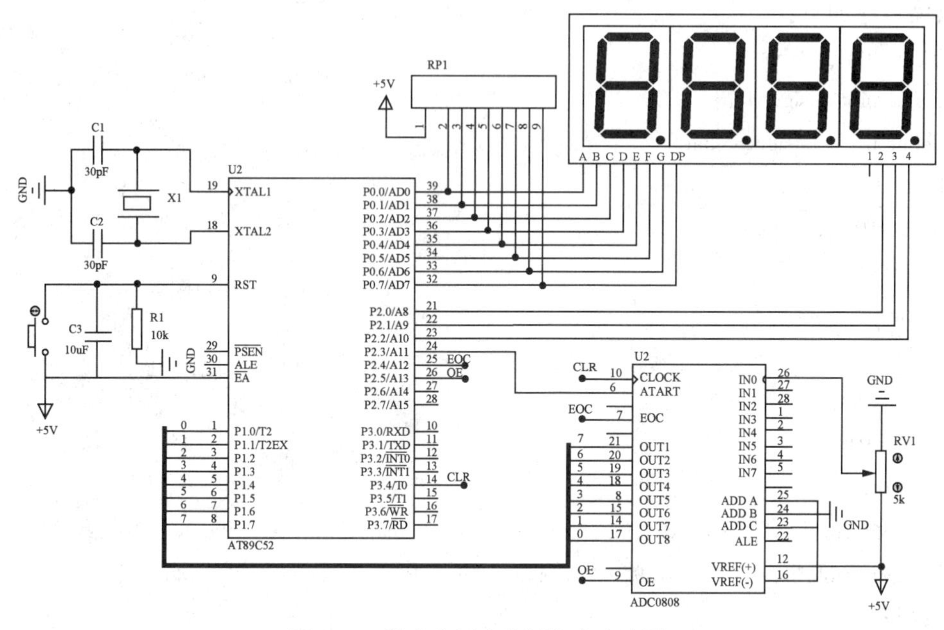

图 8-15　数字电压表硬件仿真电路图

2. 程序设计

在主程序中，主要完成两个方面的任务：一是负责启动 ADC0809，并查询何时转换结束；二是完成对定时/计数器 T0 的初始化，赋初始值和开启相应的控制位等。在这里，定时/计数器用作定时器，用于给 ADC0809 提供时钟信号。显示部分单独做成一个子程序，供主程序调用。主程序和显示子程序的流程如图 8-16 和图 8-17 所示。定时/计数器的中断服务程序比较简单，每次定时时间到之后，就完成 P2.4 的取反，目的在于给 ADC0809 提供合适的时钟信号。

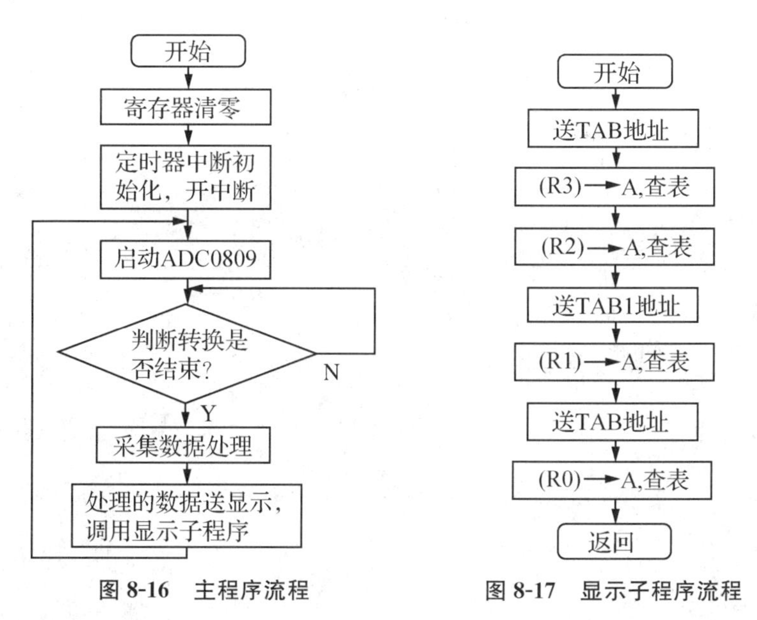

图 8-16　主程序流程　　　　图 8-17　显示子程序流程

具体程序如下：

```
#include<reg52.h>
#define uint unsigned int
#define uchar unsigned char
sbit st=P2^3;
sbit eoc=P2^4;
sbit oe=P2^5;
sbit L1=P2^0;
sbit L2=P2^1;
sbit L3=P2^2;
sbit clr=P3^4;
uint temp;
uchar code table[]={0xc0,0xf9,0xa4,0xb0,0x99,0x92,0x82,0xf8,0x80,0x90,0x90};
uchar code table1[]={0x40,0x79,0x24,0x30,0x19,0x12};
void delay(uint z)
{
	uint x,y;
	for(x=z;x>0;x--)
	for(y=110;y>0;y--);
}
void display(uchar a,uchar b,uchar c)
{
	P0=table1[a];
	L1=1;
	delay(1);
	L1=0;
	P0=table[b];
	L2=1;
	delay(1);
	L2=0;
	P0=table[c];
	L3=1;
	delay(1);
	L3=0;
}
void init()
{
	TMOD=0X01;
```

```
        TH0=(65536-2)/256;
        TL0=(65536-2)%256;
        EA=1;
        ET0=1;
        TR0=1;
}
void main()
{
        init();
        while(1)
        {
            uchar xiaoshu1;
            uchar xiaoshu2;
            uchar ge;
            oe=0;
            st=0;
            st=1;
            st=0;
            if(eoc= =0)
            {
            oe=1;
            temp=P1;
            ge=temp/51;
            xiaoshu1=(temp%51)*10/51;
            xiaoshu2=(temp%51)*10%51/5;
            display(ge,xiaoshu1,xiaoshu2);
            }
        }

void time() interrupt 1
{
            TH0=(65536-2)/256;
            TL0=(65536-2)%256;
            clr=~clr;
}
```

3. 仿真与调试

按照 Keil C51 编译软件的操作步骤对源程序进行编译和调试，将编译成功后的 HEX 文件加载到单片机并执行程序，测量电压，显示正常。

8.3.3 任务小结

本任务涉及的知识主要是ADC0809芯片的使用和单片机的定时中断系统。定时中断系统是单片机系统的重要组成部分,其在单片机的课程学习中占有非常重要的位置。在本任务中主要练习使用了ADC0809芯片的使用及定时器的运用。本任务涉及的知识如下:

(1) ADC0809芯片的工作原理;

(2) ADC0809芯片的使用方法(重点);

(3) 逐次逼近式A/D转换原理;

(4) A/D转换的指标。

8.4 工作任务4

任务名称 多路低频信号发生器的设计与实现。

功能要求 用单片机和DAC0832芯片设计一个多路低频信号发生器,可以产生三角波、锯齿波、方波、正弦波四种基本波形。

设计要求

(1) 用键盘控制输出正弦波、三角波、锯齿波、方波;

(2) 用键盘控制输出幅度和频率的变化,并将幅值和频率显示,幅度范围1 V~5 V,频率范围0~10 kHz。

8.4.1 相关知识

信号发生器在生产实践和科技领域中有着广泛的应用,尤其是在电子工程、通信工程、自动控制、遥测控制、测量仪器、仪表和计算机等技术领域,经常需要用到各种各样的信号波形发生器。它能够产生多种波形,如三角波、锯齿波、矩形波(含方波)、正弦波等,因此常被称为函数信号发生器。函数信号发生器在电路实验和设备检测中具有十分广泛的用途。例如在通信、广播、电视系统中,都需要射频(高频)发射,这里的射频波就是载波,把音频(低频)、视频信号或脉冲信号运载出去,就需要能够产生高频的振荡器。在工业、农业、生物医学等领域内,如高频感应加热、熔炼、淬火、超声诊断、核磁共振成像等,都需要功率或大或小、频率或高或低的振荡器。

传统的信号发生器一般可以完全由硬件电路搭接而成,如采用555振荡电路发生正弦波、三角波和方波的电路便是可取的路径之一,但是这种电路存在波形质量差、控制难、可调范围小、电路复杂和体积大等缺点。而在科学研究和工业过程控制中常常要用到低频信号源。由硬件电路构成的低频信号的性能难以令人满意,而且由于低频信号源所需的RC要很大,大电阻、大电容在制作上有困难,参数的精度亦难以保证,体积大、漏电、损耗显著更是其致命的弱点，一旦工作需求功能有增加，则电路复杂程度会大大增加。

利用单片机采用程序设计方法来产生低频信号，其频率可以做得很低。具有线路相对简单、结构紧凑、价格低廉、频率稳定度高、抗干扰能力强和用途广泛等优点，并且能够对波形进行细微调整，以改良波形，使其满足系统的要求。单片机所产生的信号是数字信号，而本任务中所要求的各种波形信号为模拟信号，这就要求在该任务的电路中要求一个能够完成将数字信号转变为模拟信号的器件。能够完成数字信号变为模拟信号的器件，称之为数/模转换器，DAC0832 就是一种常见的数/模转换芯片。

1. D/A 转换原理

如果把模/数转换看作编码过程，那么数/模转换相当于是一个译码过程。为完成数/模转换功能，一般需要如下几部分：基准电压、二进制位切换开关、产生二进制位权电流（权电压）的精密电阻网络以及求和放大器等，其结构如图 8-18 所示。

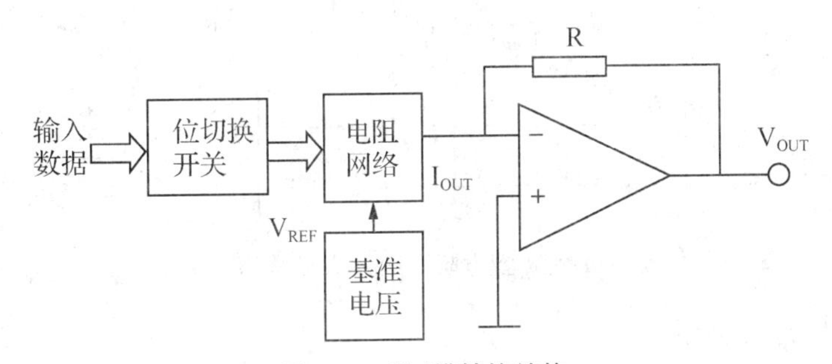

图 8-18　数/模转换结构

由图中可以看出，D/A 转换器的输入有两种：数字输入信号（二进制或 BCD 码）和基准电压 V_{REF}。D/A 转换器的输出是模拟信号，可以是电流也可以是电压，多数是电流。

大多数 D/A 转换器是由电阻阵列和多个电流、电压开关构成的。按数字输入值切换开关，产生相应输出的电流和电压。一般而言，电流开关的切换误差小，因此 D/A 转换器多采用电流开关型电路。电流开关型电路如果直接输出生成的电流，则为电流输出型 D/A 转换器，电流输出型 D/A 转换器往往通过外接转换电路进行电流至电压转换。常用的转换方法是外接由运算放大器组成的电流至电压转换电路；如图 8-19 所示，输入数据通过位切换开关电路控制电阻网络，高精度的基准电压通过切换后的网络，输出与输入数据相对应的电流，再经过运算放大器求和并转换为相应的输出电压。如果采用内置运算放大器以低阻抗输出电压，则为电压输出型 D/A 转换器。也有的电压 D/A 转换器是直接从电阻阵列输出电压的，这种器件仅用于高阻抗负载。由于它没有输出放大器部分的延时，所以常用作高速 D/A 转换器。

D/A 转换的方法很多，主要有以下四种：(1) 权电阻网络转换法；(2) T 型电阻网络转换法；(3) 倒 T 形电阻网络转换法；(4) 权电流转换法。这里仅介绍 T 形电阻网络转换法，以把 4 位二进制数转换成模拟量为例进行讲解，电路原理如图 8-19 所示。

四个开关 S3～S0 受单片机输出的四位二进制数 D3～D0 控制，当某个二进制数为“1”

时，对应的开关与运放的反相输入端相连；当某个二进制数为“0”时，对应的开关与运放的同相输入端相连。根据运放虚短和虚断的特性，可知不管四个开关与运放的同相端相连还是与反相端相连，其电流近似为相同。但开关与运放不同的端相连，对输出电压的影响则不相同。设流过最右端2R电阻的电流为I，则流过与S0相连的2R电阻的电流也为I（无论S0与哪端相连）。经分析可知，流过与S1相连的2R电阻的电流为2I，流过与S2和S3相连的电阻的电流分别为4I和8I。由此，可以得出输出电压的值V_0可以用下式表示：

$$V_0=-(D3\times 8I+D2\times 4I+D1\times 2I+D0\times I)\times R_f$$

$$=-(D3\times 2^3+D2\times 2^2+D1\times 2^1+D0\times 2^0)\times I\times R_f \qquad (公式)(8\text{-}1)$$

式中，D3～D0即为单片机输出的二进制数，取值为0或1。

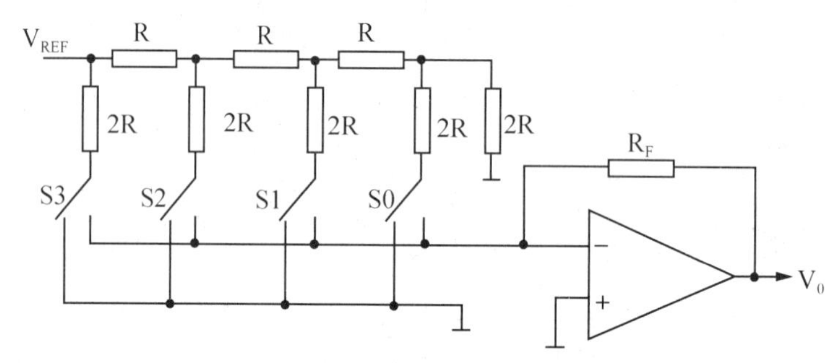

图8-19　T型电阻网络D/A转换原理

2. D/A转换的主要指标

在选用D/A转换器时，应考虑的主要技术指标是分辨率、精度、输出电平和稳定时间。

（1）分辨率

是指D/A转换器能分辨的最小输出模拟增量，即当输入数字发生单位数码变化时所对应输出模拟量的变化量，它取决于能转换的二进制位数，数字量位数越多，分辨率也就越高。分辨率与二进制位数n呈下列关系：分辨率＝满刻度值/(2^n-1)。例如：对于满刻度值5.12 V，单极性输出，8位D/A转换器的分辨率为20 mV，10位D/A转换器的分辨率为5 mV，12位D/A转换器的分辨率为1.25 mV。

（2）转换精度

是指转换后所得的实际值和理论值的接近程度。它和分辨率是两个不同的概念。例如，满量程时的理论输出值为10 V，实际输出值是在9.99～10.01 V之间，其转换精度为±10 mV。对于分辨率很高的D/A转换器并不一定具有很高的精度。

（3）输出电平

D/A转换器输出电平的类别有电压输出型和电流输出型两种，不同型号的D/A转换器件的输出电平相差较大。电压输出型的输出，低的为20mA，高的可达3A。

（4）偏移量误差

是指输入数字量为零时，输出模拟量对于零的偏移值。此误差可通过D/A转换器的外接VREF和电位器加以调整，通常称为“零偏校正”。

（5）稳定时间

是描述D/A转换速度快慢的一个参数，在输入代码作满度值的变化时（例如从00H变到0FFH），其模拟输出达到稳定（一般达到离终值$\pm\frac{1}{2}$LSB值相当的模拟量范围内）所需的时间。稳定时间越大，转换速度越低。对于输出是电流的D/A转换器来说，稳定时间是很快的，约几微秒。输出是电压的D/A转换器，其稳定时间主要取决于运算放大器的响应选择D/A转换芯片时，主要考虑芯片的性能、结构及应用特性。在性能上必须满足D/A转换的技术要求，在结构和应用特性上满足接口方便、外围电路简单、价格低廉等要求。

D/A转换器性能指标包括静态指标（各项精度指标）、动态指标（建立时间、尖峰等）、环境指标（使用的环境温度范围、各种温度系数）。这些指标通过查阅手册可以得到。

3. D/A转换的主要特性

D/A转换器的结构特性与应用特性主要表现在芯片内部结构的配置状态，它对接口电路设计影响很大。主要的特性有：

（1）输入特性：D/A转换器一般只能接收二进制数码，当输入数字代码为偏置码或补码等双极性数码时，应外接适当偏置电路才能实现。D/A转换器一般采用并行码和串行码两种数据形式，采用的逻辑电平多为TTL或低压CMOS电平。

（2）数字输出特性：指D/A转换器的输出电量特性（电压还是电流），多数D/A转换器采用电流输出。对于输出特性具有电流源性质的D/A转换器，用输出电压允许范围来表示由输出电路（包括简单电阻或运算放大器）造成输出电压的可变动范围，只要输出端电压在输出电压允许范围，输出电流与输入数字间就保持正确的转换关系，而与输出电压的大小无关，对于输出特性为非电流源特性的D/A转换器，无输出电压允许范围指标时，电流输出端保持公共端电流虚地，否则将破坏其转换关系。

（3）锁存特性及转换控制：D/A转换器对输入数字量是否具有锁存功能，将直接影响与CPU的接口设计。若无锁存功能，通过CPU数据总线传送数字量时，必须外加锁存器。同时有些D/A转换器对锁存的数字量输入转换为模拟量要施加控制，即施加外部转换控制信号才能转换和输出，对这种D/A转换器在分时控制多路D/A转换器时，可实现多路D/A转换的同步输出。

（4）参考源：参考电压源是影响输出结果的模拟参量，它是重要的接口电路。对于内部带有参考电压源的D/A转换芯片不仅能保证有好的转换精度，而且可以简化接口电路。

4. DAC0832芯片介绍

DAC0832是8位分辨率D/A转换集成芯片，与处理器完全兼容，其具有价格低廉、接口简单、转换控制容易等优点，在单片机应用系统中得到了广泛的应用。DAC0832主要技术指标是：分辨率为8位，功耗为20mW，单电源供电，电源范围为+5 V～+15 V，建立时间为1 μs，电流型输出。其内部结构如图8-20所示。

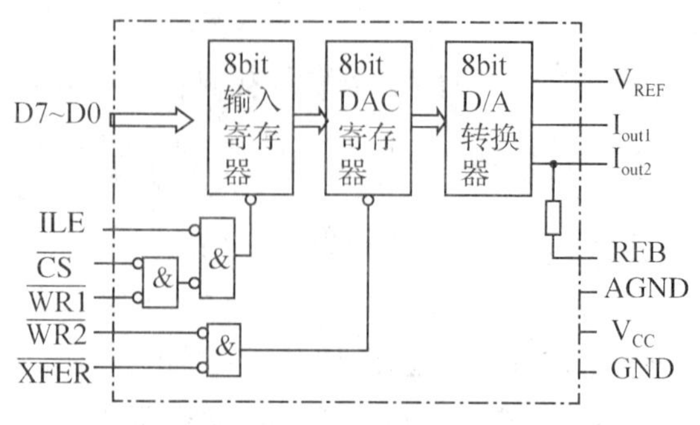

图 8-20 DAC0832 芯片的内部结构

从上图可以看出，DAC0832 的内部有两级锁存器：第一级是 0832 的 8 位数据输入寄存器，第二级是 8 位的 DAC 寄存器。根据这两个寄存器使用的方法不同，可将 0832 分为单缓冲、双缓冲和直通三种工作方式。

（1）单缓冲方式

单缓冲工作方式是使输入寄存器或 DAC 寄存器中的任意一个工作在直通状态，另一个由 CPU 控制。通常$\overline{WR2}$和$\overline{XFER}$连接数字地，使第二级寄存器工作在直通状态，输入寄存器的控制端 ILE 接+5 V，$\overline{CS}$接端口地址译码器输出，$\overline{WR1}$连接单片机系统总线的写控制信号。当 CPU 执行 OUT 指令时，使$\overline{WR1}$和$\overline{CS}$有效。

（2）双缓冲方式

双缓冲工作方式是指输入寄存器和 DAC 寄存器分别受到控制。在双缓冲方式下，CPU 要对 DAC0832 进行两步写操作，即首先将数据写入输入寄存器，然后将输入寄存器的内容写入 DAC 寄存器。

（3）直通工作方式

这种工作方式是将$\overline{CS}$、$\overline{WR1}$、$\overline{WR2}$、$\overline{XFER}$均接数字地，ILE 接+5 V，DAC0832 的输入寄存器和 DAC 寄存器均处于直通状态。此时 DAC0832 就一直处于 D/A 转换状态，即模拟输出端始终跟踪输入端 D0～D7 的变化。

DAC0832 芯片的管脚如图 8-21 所示。

引脚名	引脚号	引脚号	引脚名
$\overline{CS}$	1	20	V_{CC}
$\overline{WR1}$	2	19	ILE
GND	3	18	$\overline{WR2}$
D3	4	17	$\overline{XFER}$
D2	5	16	D4
D1	6	15	D5
D0	7	14	D6
V_{REF}	8	13	D7
R_{FB}	9	12	I_{out1}
AGND	10	11	I_{out2}

图8-21 DAC0832 的管脚图

各管脚的含义定义如下：

- D0～D7：数据输入线，TLL 电平；
- ILE：数据锁存允许控制信号输入线，高电平有效；
- $\overline{CS}$：片选信号输入线，低电平有效；
- $\overline{WR1}$：输入寄存器的写选通信号；
- $\overline{XFER}$：数据传送控制信号输入线，低电平有效；
- $\overline{WR2}$：DAC 寄存器写选通输入线；
- I_{out1}：电流输出线，当输入全为 1 时 I_{out1} 最大；
- I_{out2}：电流输出线，其值与 I_{out1} 之和为一常数；
- R_{FB}：反馈信号输入线，芯片内部有反馈电阻；
- V_{CC}：电源输入线（＋5 V～＋15 V）；
- V_{REF}：基准电压输入线（－10 V～＋10 V）；
- AGND：模拟地，模拟信号和基准电源的参考地；
- DGND：数字地，两种地线在基准电源处共地比较好。

从图 8-20 可以看出，芯片内有两级输入寄存器，使 DAC0832 具备双缓冲、单缓冲和直通三种输入方式，以便适于各种电路的需要（如要求多路 D/A 异步输入、同步转换等）。D/A 转换结果采用电流形式输出，要是需要相应的模拟电压信号，可通过一个高输入阻抗的线性运算放大器实现这个功能。运放的反馈电阻可通过 R_{FB}端引用片内固有电阻，也可以外接。

8.4.2 任务实施

1. 硬件电路设计

本任务设计一个能产生正弦波、三角波、方波及锯齿波的信号发生器，不同信号产生由矩阵键盘选择。系统由矩阵键盘、单片机系统、D/A 转换和 LCD 显示单元组成，如图 8-22 所示。

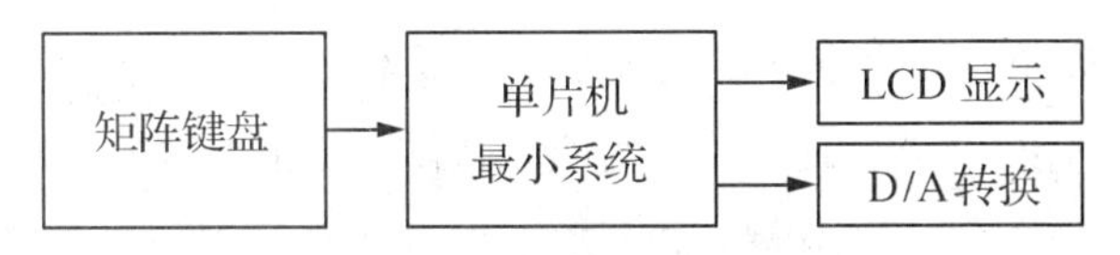

图 8-22 多路低频信号发生器系统框图

使用 AT89C52 作为 CPU 单元，波形函数由单片机产生，经过 DAC0832 芯片处理得出模拟信号。为了达到输出幅值控制的目的，本系统用两片 0832 控制，其中一片作为信号输出，另一片作为基准电压的输入。显示部分用 1602 液晶显示模块设计，主要显示输出频率及幅值。其具有价格低、性能高、在低频范围性能稳定等特点。

图 8-23 为任务主控及键盘显示电路，可采用键盘操作控制输出波形转换，并且可用键盘方便地控制频率和幅值的变化，并将幅值和频率用 LCD 显示出来。其中单片机的 P1 口提供液晶显示 1602 的数据交换口，P3 口的 P3.0、P3.1、P3.2 提供与液晶进行数据交换的控制端口，P2 口提供 16 个键行列式的接入。

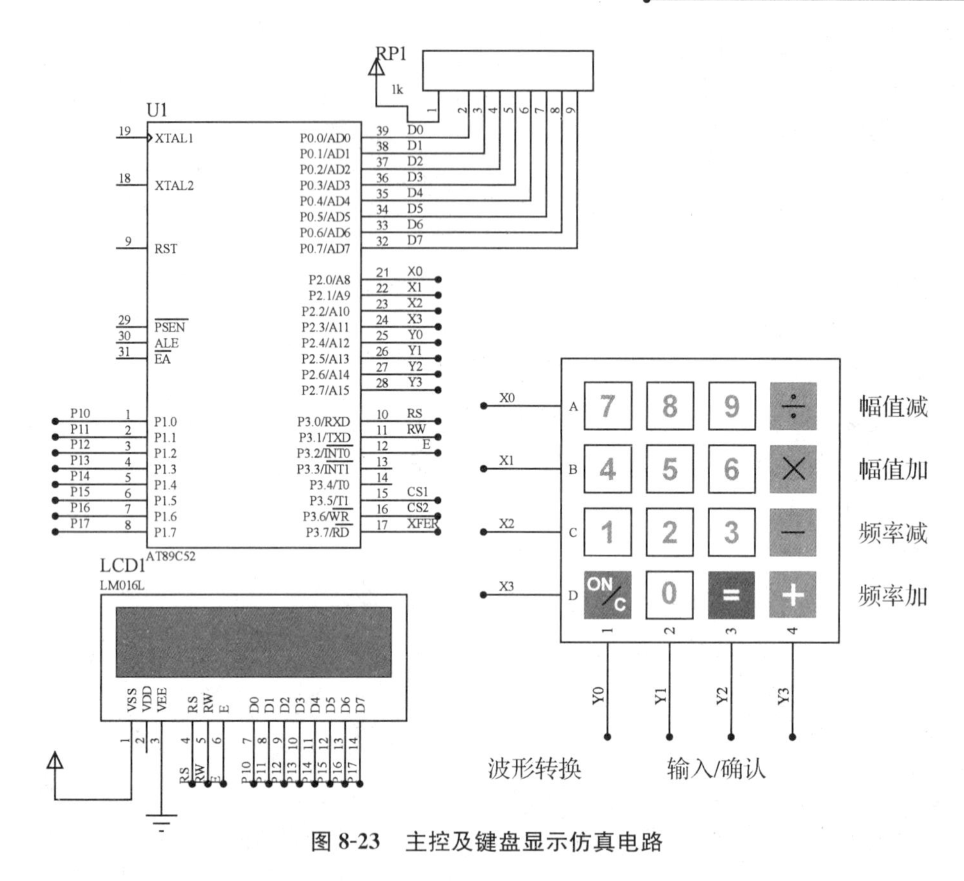

图 8-23　主控及键盘显示仿真电路

图 8-24 为电压基准输出与波形电压输出电路，其主要有单片机 AT89C52 与两片 DAC0832 数模转换器以及几个集成运算放大器组成双极型电压输出(－5 V～＋5 V)。其中单片机 AT89C52 的 P0 口做 8 位二进制的输出，经第 1 级 DAC0832 数/模转换器的转换及运放组成的双极型电压输出电路，输出的电压做第 2 级 DAC0832 数/模转换器的基准电压。P0 口的 8 位二进制输出信号，再经第 2 级 DAC0832 数模转换输出，使输出精度更高。第 1 级 DAC0832 的基准电压为＋5 V，由电源直接提供。

单片机的 P3.5 与 P3.6 端口分别做两级 DAC0832 的片选信号控制，P3.7 端为两个 DAC0832 的输出控制。

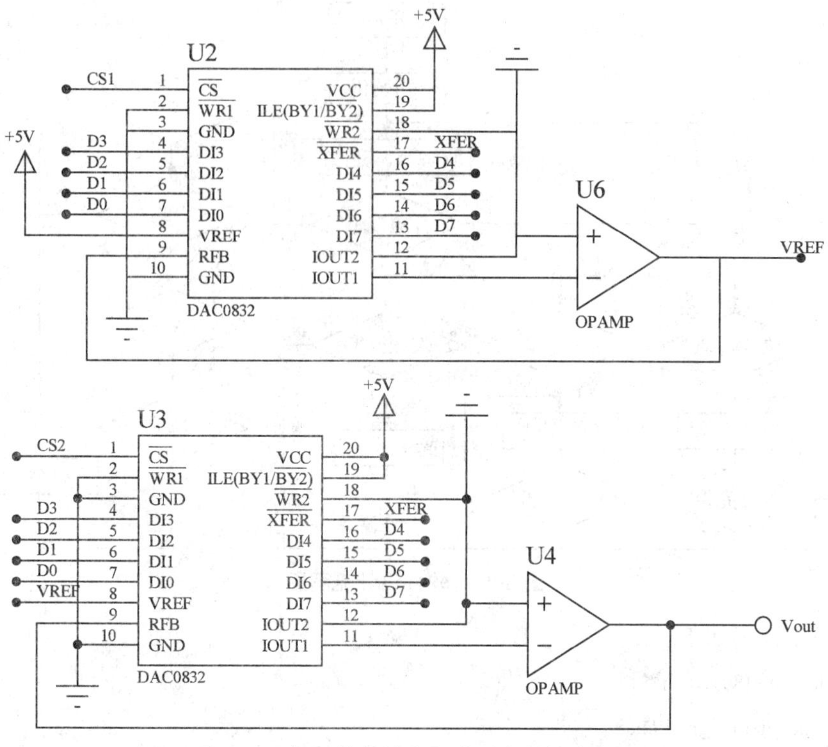

图 8-24　电压基准输出与波形电压输出电路

2. 程序设计

本系统程序实现的主要功能是检测键盘的输入，根据输入的结果选择相应的波形信号。单片机根据要输出的波形信号由算法或查表取出波形数据送 DAC 进行转换输出。

由于三角波、锯齿波及方波其波形数据相对规范，可用计算的办法控制输出。而对于正弦信号波形相对复杂，可以用 MATLAB 或其他正弦波数据产生工具计算出每个波形的采样点，然后由单片机再把这些数据输出到 DAC0832 即可得波形。

对于频率的控制，只要用单片机控制波形数据相邻两点数据输出时间，就可以达到所需要的输出频率周期(频率)。而输出幅值则和 DAC0832 的基准电压的关，用单片机控制基准电压就达到控制幅值的目的。

显示部分可根据基准电压的大小返回一个值到 LCD 显示。并且根据控制输出数据的时间参数确定 LCD 显示波形的频率。

程序设计流程如图 8-25 所示，上电初始化后，就调用显示子程序进行显示，同时等待按键。当按键后即可根据需要转向相应的子程序进行处理。

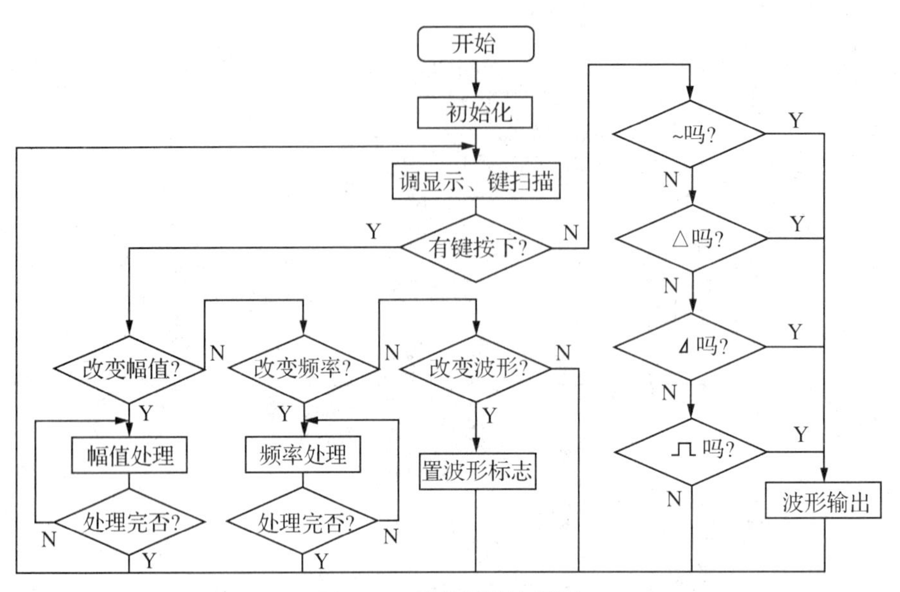

图 8-25　软件设计流程图

具体程序代码如下：

```
#include  <at89x51.h>
#define uchar unsigned char
#define uint unsigned int
#define ulong unsigned long
sbit RS=P3^0;                                     //液晶 RS
sbit RW=P3^1;                                     //液晶 RW
sbit E=P3^2;                                      //液晶 E
sbit daccs1=P3^6;                                 //波形输出控制
sbit daccs2=P3^5;                                 //基准电压控制
sbit dacxfer=P3^7;                                //同步数据输出控制
uchar keynum;                                     //数字键码缓冲
uchar speed=1;                                    //频率控制数据缓冲
uchar value=0x7f;                                 //幅值控制数据缓冲
bit value_fg=0;                                   //幅值调整标志
bit change_fg=0;                                  //波形转换标志
bit speed_fg=0;                                   //频率转换标志
bit sine_fg=0;                                    //正弦波输出标志
bit trig_fg=0;                                    //三角波输出标志
bit sawt_fg=0;                                    //锯齿波输出标志
bit squa_fg=0;                                    //方波输出标志
bit entkey=0;
char code welcode[]={"————WELCOME! ————"};        //欢迎屏显
```

```
char code sigcode[]={"SIGNAL GENERATOR"};
char code sinecode[]={"SINE>>>>WAVE"};          //Sine WAVE 正弦波
char code trigcode[]={"TRIA>>>>WAVE"};          //Triangular WAVE 三角波
char code sawtcode[]={"SAWT>>>>WAVE"};          //Sawtooth 锯齿波
char code squacode[]={"SQUA>>>>WAVE"};          //Square 方波
char code vfcode[]={"2.15 V   3.156 KHz"};      //Square 方波
/*正弦波数据表*/
char code sinewave[]={
0x7F,0x85,0x8B,0x92,0x98,0x9E,0xA4,0xAA,
0xB0,0xB6,0xBB,0xC1,0xC6,0xCB,0xD0,0xD5,
0xD9,0xDD,0xE2,0xE5,0xE9,0xEC,0xEF,0xF2,
0xF5,0xF7,0xF9,0xFB,0xFC,0xFD,0xFE,0xFE,
0xFE,0xFE,0xFE,0xFD,0xFC,0xFB,0xF9,0xF7,
0xF5,0xF2,0xEF,0xEC,0xE9,0xE5,0xE2,0xDD,
0xD9,0xD5,0xD0,0xCB,0xC6,0xC1,0xBB,0xB6,
0xB0,0xAA,0xA4,0x9E,0x98,0x92,0x8B,0x85,
0x7F,0x79,0x73,0x6C,0x66,0x60,0x5A,0x54,
0x4E,0x48,0x43,0x3D,0x38,0x33,0x2E,0x29,
0x25,0x21,0x1C,0x19,0x15,0x12,0x0F,0x0C,
0x09,0x07,0x05,0x03,0x02,0x01,0x00,0x00,
0x00,0x00,0x00,0x01,0x02,0x03,0x05,0x07,
0x09,0x0C,0x0F,0x12,0x15,0x19,0x1C,0x21,
0x25,0x29,0x2E,0x33,0x38,0x3D,0x43,0x48,
0x4E,0x54,0x5A,0x60,0x66,0x6C,0x73,0x79
};

/*子函数*/
void freqdelay(uchar i)
{
while(i--);
}
////////////液晶显示子函数////////////////////
/*判断LCD是否忙*/
uchar busy_lcd()
{
    uchar a;
start:
    RS=0;
```

```
    RW=1;
    E=0;
    for(a=0;a<2;a++);
    E=1;
    P1=0xff;
    if(P1_7==0)
      return 0;
    else
      goto start;
}
/*写控制字*/
void cmd_wr()
{
      RS=0;
      RW=0;
      E=0;
      E=1;
}
/*设置LCD方式*/
void init_lcd()
{
      P1=0x38;
      cmd_wr();
      busy_lcd();
      P1=0x01;                                    //清除
      cmd_wr();
      busy_lcd();
      P1=0x0f;
      cmd_wr();
      busy_lcd();
      P1=0x06;
      cmd_wr();
      busy_lcd();
      P1=0x0c;
      cmd_wr();
      busy_lcd();
}
/*LCD显示一字符子程序*/
```

```
void show_lcd(uchar i)
{
        P1=i;
        RS=1;
        RW=0;
        E=0;
        E=1;
}
/*开场欢迎屏*/
void dispwelcom(void)
{
        uchar i;
        init_lcd();
        busy_lcd();
        P1=0x80;
        cmd_wr();
        i=0;
        while(welcode[i]! ='\0')                        //显示 WELLCOM!
        {
            busy_lcd();
            show_lcd(welcode[i]);
            i++;
        }
    busy_lcd();
    P1=0xC0;
    cmd_wr();
    i=0;
    while(sigcode[i]! ='\0')                            //显示 SIGNAL GENERATOR
    {
        busy_lcd();
        show_lcd(sigcode[i]);
        i++;
    }
}
/*正弦波屏显示*/
void dispsine(void)
{   uchar i;
    init_lcd();
```

```
    busy_lcd();
    P1=0x80|0x02;
    cmd_wr();
    i=0;
    while(sinecode[i]! ='\0')                         //显示 SINE<<<<WAVE
    {
        busy_lcd();
        show_lcd(sinecode[i]);
        i++;
                                                      }
    }
/*三角波屏显示*/
void disptrig(void)
{
    uchar  i;
    init_lcd();
    busy_lcd();
    P1=0x80|0x02;
    cmd_wr();
    i=0;
    while(trigcode[i]! ='\0')                         //显示 TRIA<<<<WAVE
    {
        busy_lcd();
        show_lcd(trigcode[i]);
        i++;
    }
}
/*锯齿波屏显示*/
void dispsawt(void)
{
    uchar i;
    init_lcd();
    busy_lcd();
    P1=0x80|0x02;
    cmd_wr();
    i=0;
    while(sawtcode[i]! ='\0')                         //显示 SAWT<<<<WAVE
    {
```

```
            busy_lcd();
            show_lcd(sawtcode[i]);
            i++;
        }
}
/*方波波屏显示*/
void dispsqua(void)
{
        uchar i;
        init_lcd();
        busy_lcd();
        P1=0x80|0x02;
        cmd_wr();
        i=0;
        while(squacode[i]! ='\0')                //显示 SQUA<<<<WAVE
        {
            busy_lcd();
            show_lcd(squacode[i]);
            i++;
        }
}
/*电压频率显示示例*/
void dispvf(void)
{
        uchar i;
        busy_lcd();
        P1=0xc0;
        cmd_wr();
        i=0;
        while(vfcode[i]! ='\0')                  //显示 SQUA<<<<WAVE
        {
          busy_lcd();
          show_lcd(vfcode[i]);
          i++;
        }
}
/*用于键消抖的延时函数 */
void keydelay()
```

```
{
        uchar i;
        for (i=400;i>0;i--){;}
}

/* 键扫描函数 */
uchar keyscan(void)
{
        uchar scancode,tmpcode;
        P2 = 0xf0;                                        // 发全 0 行扫描码
        if ((P2&0xf0)! =0xf0)                             // 若有键按下
        {
            keydelay();                                   // 延时去抖动
            if ((P2&0xf0)! =0xf0)                         // 延时后再判断一次,去除抖动影响
            {
                scancode = 0xfe;
                while((scancode&0x10)! =0)                // 逐行扫描
                {
                    P2 = scancode;                        // 输出行扫描码
                    if ((P2&0xf0)! =0xf0)                 // 本行有键按下
                    {
                        tmpcode = (P2&0xf0)|0x0f;
                    /* 返回特征字节码,为 1 的位即对应于行和列 */
                        return((~scancode)+(~tmpcode));
                    }
                    else scancode = (scancode<<1)|0x01;   // 行扫描码左移一位
                }
            }
        }
    return(0);                                            // 无键按下,返回值为 0
}

/* 获按键位置函数 */
void getkeynum(void)
{
      uchar key;
      key = keyscan();                                    // 调用键盘扫描函数
          keydelay();
```

```
switch(key)
    {
        case 0x11:                              // 第 1 行第 1 列
        keynum=7;                               //数字键 7
        break;
    case 0x21:                                  // 第 1 行第 2 列
        keynum=8;                               //数字键 8
        break;
    case 0x41:                                  // 第 1 行第 3 列
        keynum=9;                               //数字键 9
        break;
        case 0X81:
            value--;                            //幅值减一挡
        value_fg=1;                             //幅值调整标志
        break;
        case 0x12:
            keynum=4;                           //数字键 4
        break;
        case 0x22:
        keynum=5;                               //数字键 5
        break;
        case 0x42:
            keynum=6;                           //数字键 6
        break;
        case 0x82:
            value++;                            //幅值加一挡
        value_fg=1;                             //幅值调整标志
        break;
        case 0x14:
            keynum=1;                           //数字键 1
        break;
        case 0x24:
            keynum=2;                           //数字键 2
        break;
        case 0x44:
            keynum=3;                           //数字键 3
        break;
        case 0x84:
```

```
                speed++;                        //频率减一挡
            speed_fg=1;                         //频率调整标志
            break;
            case 0x18:
                change_fg=1;                    //波形转换有效
            break;
            case 0x28:
            keynum=0;                           //数字键 0
            break;
            case 0x48:
                entkey=1;
            break;
            case 0x88:
                speed--;                        //频率加一挡
            speed_fg=1;                         //频率调整标志
            break;
        default:break;
        }
}

/* 主程序 */
void main()
{   uchar j,keyon,tempdata;
    uchar times;
    daccs1=1;
    daccs2=0;                                   //基准电压到内部缓冲区
    P0=value;
    dispwelcom();
    while(1)
    {
        for(j=0;j<127;j++)
        {
        dacxfer=1;
        daccs1=0;
        daccs2=1;
        if (sine_fg) tempdata=sinewave[j];      //正弦波数据
        else if(trig_fg)                        //三角波数据
        {
```

```
                if (j<64) tempdata=j*4;
                else tempdata=(127-j)*4;
            }
        else if(sawt_fg) tempdata=j*2;                        //锯齿波数据
        else if(squa_fg)                                     //方波数据
        {
                if (j<64) tempdata=0;
                else tempdata=0xFF;}
        else tempdata=0;
        P0=tempdata;                                         //输出一个数据形成电压
        dacxfer=0;                                           //同步输出基准电压
        freqdelay(speed);                                    //改变 speed 即可改变周期,频率
    }
if((keyon=keyscan())! =0x00)   getkeynum();
if(change_fg)
{
      times++;
      switch(times)
      {
        case 1:
          dispsine();
          dispvf();
          sine_fg=1;
          trig_fg=0;
          sawt_fg=0;
          squa_fg=0;
          break;
        case 2:
          disptrig();
          dispvf();
          sine_fg=0;
          trig_fg=1;
          sawt_fg=0;
          squa_fg=0;
          break;
        case 3:
            dispsawt();
            dispvf();
```

```
            sine_fg=0;
            trig_fg=0;
            sawt_fg=1;
            squa_fg=0;
            break;
        case 4:
            times=0;
            dispsqua();
            dispvf();
            sine_fg=0;
            trig_fg=0;
            sawt_fg=0;
            squa_fg=1;
            break;
        default:break;
        }
    change_fg=0;

    }      //if change
  if(value_fg)
        {
  value_fg=0;
  daccs1=1;
  daccs2=0;                                                    //输出基准电压
  P0=value;
  }
 }  //while(1)
}
```

3. 仿真与调试

按照 Keil C 编译软件的操作步骤对源程序进行编译和调试，将编译成功后的 HEX 文件加载到单片机并执行程序，通过按键选择输出波形，观察 LCD 显示正常，虚拟示波器显示波形正常。

8.4.3 拓展训练

1. 如果让各种波形的幅度可调，该如何实现？
2. 设计一个矩形波发生器，其占空比可调。

8.4.4 任务小结

本任务通过单片机和D/A转换器实现了一种简单的智能信号发生器，任务中也介绍了常用模拟量输出通道中的一些处理方法，以及数模转换的实现方法。任务硬件设计中仅简单介绍了主要硬件实现，在设计时还要注意放大器的选择以及电源电路的设计。软件设计中未对电压与频率的计算方法进行介绍，实际设计时应考虑以上内容。另外在设计硬件印刷电路板时要注意模拟部分与数字部分的处理，以防止干扰。

通过本任务的学习，需要掌握的知识点如下：

(1) D/A转换原理；

(2) D/A转换的主要指标；

(3) DAC0832的应用；

(4) 产生各种波形的思路和方法。

习题与思考

在前面几个任务中，已经讲解了单片机应用技术的主要内容，下面的综合实训作为拓展内容来进行介绍。这里仅给出设计任务和参考硬件电路，具体设计思路和程序没有给出，供有能力的学生进行自行学习，也可以作为本门课程的实训任务，让学生来完成。

1. 基于DS18B20的分布式温度监测系统

分布式温度监测系统在许多工厂、仓库等有着广泛的应用。本任务拟采用数字温度传感器DS18B20来完成系统的设计。DS18B20是DALLAS公司生产的一线式数字温度传感器，具有3引脚TO-92小体积封装形式；温度测量范围为−55～+125℃，可编程为9位～12位A/D转换精度，测温分辨率可达0.0625℃，被测温度用符号扩展的16位数字量方式串行输出；其工作电源既可在远端引入，也可采用寄生电源方式产生；多个DS18B20可以并联到3根或2根线上，CPU只需一根端口线就能与诸多DS18B20通信，占用微处理器的端口较少，可节省大量的引线和逻辑电路。以上特点使DS18B20非常适用于远距离多点温度检测系统。

在本任务中要求有4个温度传感器，由LCD1602液晶显示模块循环显示4个温度传感器采集到的温度值，每次显示时间为5s。本系统硬件仿真电路如图8-26所示。

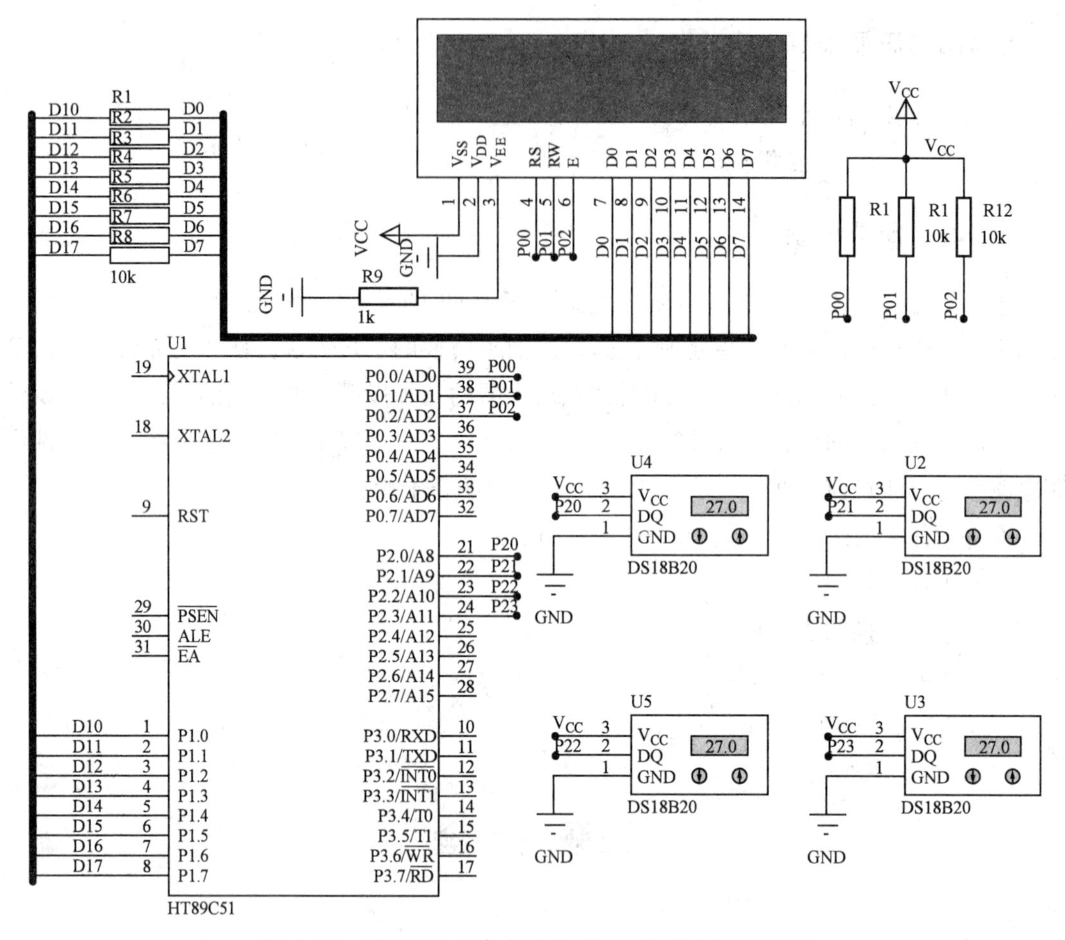

图 8-26　DS18B20 分布式温度监测系统硬件仿真电路

设计关键：了解 DS18B20 的命令字和其操作实训。

拓展：思考在电路基础上增加按键控制，例如增加 4 个按键，当按键 1 按下时，显示第一个 DS18B20 采集到的温度值；当按键 2 按下时，显示第二个 DS18B20 采集到的温度值。另外也可以设置报警电路，当温度超过某个值或低于某个值时，通过蜂鸣器或 LED 来进行报警提示。

2. 基于时钟芯片 DS1302 的万年历的设计

电子万年历在日常生活中有着广泛的应用，本任务拟采用时钟芯片 DS1302 来设计一个万年历。DS1302 是美国 DALLAS 公司推出的一种高性能、低功耗、带 RAM 的实时时钟电路，它可以对年、月、日、周日、时、分、秒进行计时，具有闰年补偿功能，工作电压为 2.5 V～5.5 V。DS1302 与单片机之间能简单地采用同步串行的方式进行通信，仅须用到三个口线：(1) RES 复位；(2) I/O 数据线；(3) SCLK 串行时钟。时钟/RAM 的读/写数据以一个字节或多达 31 个字节的字符组方式通信，DS1302 工作时功耗很低，保持数据和时钟信息时功率小于 1mW，在没有电源供电的情况下，可以工作长达 10 年的时间。

在本任务中，通过数码管动态扫描的方法来实现电子万年历的设计，要求能够显示年、月、日、时、分、秒。参考仿真电路如图 8-27 所示。

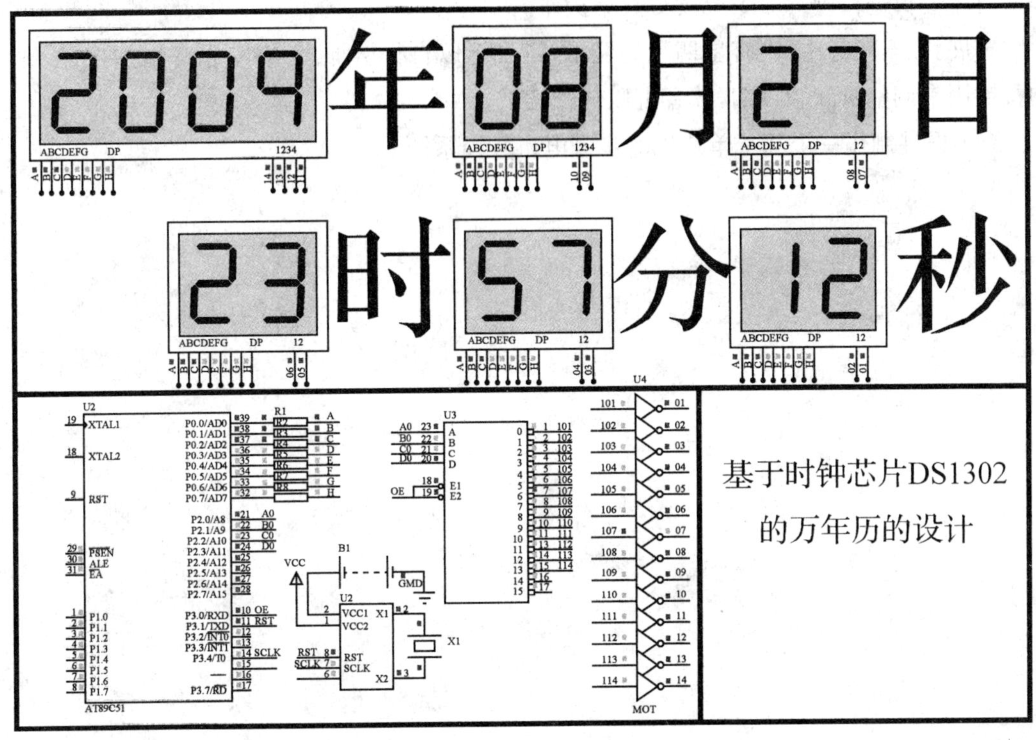

图 8-27 电子万年历硬件仿真电路

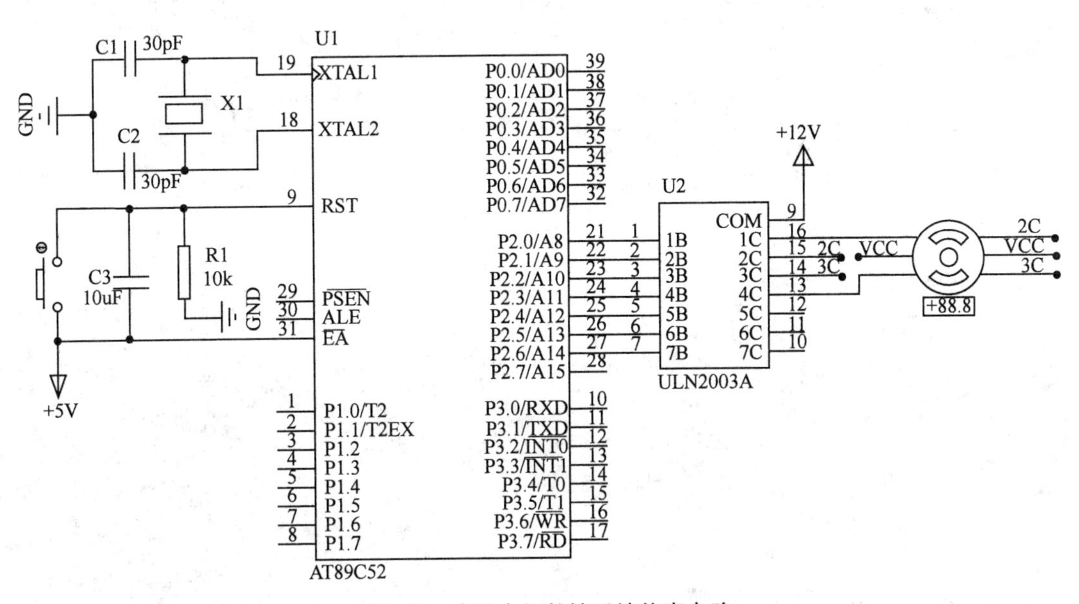

图 8-28 步进电机数控系统仿真电路

设计关键：

(1) 本任务的突出特点就是数码管的数目比较多。采用动态扫描方式，注意整个扫描周期不宜过长，否则数码管会产生闪烁现象。

(2) 掌握译码器的使用,了解 DS1302 的有关知识,理解 DS1302 命令字及其工作时序。按照时序逻辑进行读写命令及读写数据操作。

拓展:在本任务中,没有星期几的显示,读者可以自行增加。另外,思考增加按键,即增加按键用来调整时间和日期,读者可以自行尝试。

(3) 设计制作一个基于单片机的步进电机数控系统。

参考文献

[1] 郭天祥. 新概念51单片机C语言教程:入门、提高、开发、拓展全攻略[M]. 北京:电子工业出版社,2009.

[2] 朱清慧. Proteus教程:电子线路设计、制作与仿真[M]. 2版. 北京:清华大学出版社,2011.

[3] FYD12864液晶中文显示模块说明书.

[4] LCD1602液晶显示模块说明书.

[5] 陈海宴. 51单片机原理及应用:基于Keil C与Proteus[M]. 北京:北京航空航天大学出版社,2010.

[6] 周润景,等. PROTEUS入门实用教程[M]. 2版. 北京:机械工业出版社,2009.

[7] 李全利,等. 单片机原理及应用技术[M]. 3版. 北京:高等教育出版社,2009.

[8] 王静霞,等. 单片机应用技术(C语言版)[M]. 北京:电子工业出版社,2009.

[9] 张毅刚. 基于Proteus的单片机课程的基础实验与课程设计[M]. 北京:人民邮电出版社,2012.

[10] 彭伟. 单片机C语言程序设计实训100例:基于8051+Proteus仿真[M]. 2版. 北京:电子工业出版社,2012.

[11] 赵建领,等. 51系列单片机开发宝典[M]. 2版. 北京:电子工业出版社,2012.

[12] 郑锋,等. 51单片机典型应用开发范例大全[M]. 北京:中国铁道工业出版社,2011.

[13] 宋戈,等. 51单片机应用开发范例大全(第2版)[M]. 北京:人民邮电出版社,2012.

[14] 林立,等. 单片机原理及应用:基于Keil C与Proteus[M]. 2版. 北京:电子工业出版社,2013.

[15] 赵建领,等. 零基础学单片机C语言程序设计[M]. 2版. 北京:机械工业出版社,2012.

[16] 蔡骏. 单片机实验指导教程[M]. 合肥:安徽大学出版社,2012.

[17] 孙育才. MCS-51系列单片机及其应用[M]. 5版. 南京:东南大学出版社,2012.

[18] 陈宁,等. 单片机技术项目教程[M]. 南京:东南大学出版社,2008.

[19] 焦玉全,等. MCS-51单片机原理及应用[M]. 南京:东南大学出版社,2010.

[20] 王琼. 单片机原理及应用[M]. 2版. 合肥:合肥工业大学出版社,2013.

[21] 蒋辉平,等. 基于PROTEUS的单片机系统设计与仿真实例[M]. 北京:机械工业出版社,2009.
[22] 宋一兵,等. 零点起步:51单片机轻松入门与典型实例[M]. 北京:机械工业出版社,2011.
[23] 张玲玲,等. 单片机项目式教程(基于Proteus虚拟仿真技术)[M]. 天津:天津大学出版社,2011.
[24] 邓兴成. 单片机原理与实践指导[M]. 北京:机械工业出版社,2009.
[25] 江世明,等. 基于Proteus的单片机应用技术[M]. 北京:电子工业出版社,2009.
[26] 何小海. 微机原理与接口技术[M]. 北京:科学出版社,2006.
[27] http://www.labcenter.com.
[28] http://www.keil.com.
[29] http://www.stcmcu.com.